享千年文化遗韵 承霓裳彩衣精粹

服饰文化传承与传播研究

梁惠娥　邢乐　著

中国纺织出版社有限公司

内 容 提 要

本书共五章，以呈现中国传统服饰“礼俗观念性”文化、“地域多样性”文化、“哲学符号性”文化为核心，从服饰文化的传承与发扬角度切入，展现我国传统服饰文化历经千百年的光辉发展历程和丰富文化内涵，探讨现代服饰文化遗产保护的新手段、新技术、新方法。书中结合团队承担的2018国家艺术基金传播推广项目“中国传统服饰文化创新设计作品美国巡展”——“游”“囍”“悠”“礼”四篇专题实践展，引发对于服饰文化海外传播策略的思考，旨在助力传承中国传统服饰中的优秀文化基因，探索发现新的传承发展模式，提高国家文化软实力、国民文化认同感，让中国传统文化这颗千年大树根深叶茂、永葆生机。

图书在版编目（CIP）数据

享千年文化遗韵，承霓裳彩衣精粹：服饰文化传承与传播研究 / 梁惠娥，邢乐著. —北京：中国纺织出版社有限公司，2021.6

ISBN 978-7-5180-8540-8

Ⅰ. ①享… Ⅱ. ①梁… ②邢… Ⅲ. ①服饰文化—研究—中国 Ⅳ. ①TS941.12

中国版本图书馆CIP数据核字（2021）第082227号

责任编辑：魏 萌 谢婉津　　责任校对：王蕙莹
责任印制：王艳丽

中国纺织出版社有限公司出版发行
地址：北京市朝阳区百子湾东里 A407 号楼　邮政编码：100124
销售电话：010—67004422　传真：010—87155801
http://www.c-textilep.com
中国纺织出版社天猫旗舰店
官方微博 http://weibo.com/2119887771
北京华联印刷有限公司印刷　各地新华书店经销
2021 年 6 月第 1 版第 1 次印刷
开本：787 × 1092　1/16　印张：14.5
字数：224 千字　定价：98.00 元

前言

（一）

我们的祖先从披着兽皮与树叶，以保暖蔽体作为服装首要目的开始，到戴冠冕服显示等级差异，如今以服饰装饰和表达自我精神，经历数千年，创造出中国服饰辉煌灿烂的历史。服饰作为一种文化形式，贯穿于中国古代历史的各个时期，凝结着深刻的时代烙印。不同时期服装形制、色彩配比、面料选用、场合着装的搭配，记录着特定时期的社会历史、生活状况和科技水平，反映着民众的思想文化、宗教信仰和审美情趣，构成人类生活的要素，成为人类文明的标志。

我国服装学科的成长，伴随着改革开放以来经济发展、科技进步，纺织服装产业变化、社会文化与审美趋势的重大变革。而今，在全球化背景的影响下，对具有中国特色的服装学科建设提出了新的要求。既要适应世界科技进步和当代社会发展，也要立足于中国政治基础、民族文化与历史传统的实际，秉持开放与融合的态度，打通古今，融合中外，将理论研究的结果及时落地，文化与历史、民族与时尚、理论与实践等有机结合，构建“传承到创新”“创造到传播”“传播与发展”的研究路径。

（二）

中国传统服饰遗产具有独特的文化意蕴，是宝贵的文化资源，对于传统服饰文化的深入研究，为打造中国设计的核心话语，传播中国服饰的文化特色，促进新时期中华文化的创新发展起到相当重要的作用。

本书上篇主题为“享千年文化遗韵”，以呈现中国传统服饰“礼俗观念性”文化、“地域多样性”文化、“哲学符号性”文化为核心，展开“礼俗篇”“地域篇”和“理念篇”的基础研究，展现我国传统服饰文化历经千百年的光辉发展历程和丰富文化内涵。“中国有礼仪之大，故称夏；有服章之美，谓之华。华、夏一也。”作为礼仪之邦、衣冠古国，以“礼”为核心的传统观念贯穿整个中国传统服饰发展进程，官方礼仪服饰和民间礼仪服饰在礼的基础上追求和谐统一，强调稳定与延续，将服饰与礼仪紧密联系，共同构成华夏民族文化的核心和精华。不仅如此，中华大地疆域广阔，民族众多，不同地域的民间服饰更是因其地理环境、自然气候、历史风俗和文化氛围的差异，呈现出丰富多样、风格迥异的特点。汉族民间服装被喻为“写在身上的历史”，以近代传世实物为参考，进而展开对不同地域民间服饰实用价值、装饰艺术及民俗情感的探讨，是对汉民族服饰艺术与地域服饰思想的有效展现。此外，传统服饰体现着古代百姓造物智慧与美学理念，渗透在服饰图案、色彩、技艺等各个方面，遵循着服饰与自然、服饰与社会、服饰与人的和谐统一，体现着东方文化模式和中华民族内敛的民族精神。

下篇主题为“承霓裳彩衣精粹”，从服饰文化的传承与发扬角度切入，探讨现代服饰文化遗产保护的新手段、新技术、新方法，并结合团队承担的2018国家艺术基金传播推广项目“中国传统服饰文化创新设计作品美国巡展”——“游”“囍”“悠”“礼”四篇专题实践展，引发对于服饰文化海外传播策略的思考。习近平总书记提到“中华优秀传统文化是中华民族的‘根’与‘魂’，是我们必须世代传承的文化根脉。”中国传统服饰文化是中国各民族人民共同创造的优秀文化，更是世界文化中的宝贵财富。服饰文化的发展轨迹是动态的，对其追求应多方位、多角度、多层次，在不同群体间进行文化交流时，传承中国传统服饰中的优秀文化基因，探索发现新的传承发展模式，对于提高国家文化软实力，国民文化认同感，让中国传统文化这棵千年大树根深叶茂、永葆生机，显得尤为重要。

（三）

江南大学服饰文化与时尚创意研究团队，从事汉族民间服饰遗产、服饰文化创新设计、服饰消费与文化传播等研究工作20余年，并尝试与人类学、社会学、民族学、传播学等学科交叉融合，研究方向与深度不断扩展。

国内外优秀的研究成果为研究工作的开展提供了丰富的经验指导；团队带头人梁惠娥教授及其硕博研究生们的研究工作为本书的撰写提供了扎实的理论基础；江南大学汉族民间服饰传习馆馆藏为本书实物研究提供了充足的物质基础；团队近年来承担的国家社科基金、国家艺术基金、教育部人文社科基金、企业合作等科研项目为本书的撰写提供了宝贵的资金支持与实践经验。

本书全面而细致地展示中国传统服饰所具有的礼俗情感、地域特色和哲学理念，并借助现代技术手段实现服饰遗产的展示与传承；通过 2018 国家艺术基金传播项目“中国传统服饰文化创新设计作品美国巡展”实践佐证，总结服饰文化传播实践经验，寻求传统文化与当代意识、艺术遗产与生活模式、民俗文化特色与新技术的有机结合，为传统服饰文化遗产传承与传播探索道路。

梁惠娥　邢乐

2020 年 10 月

目录

第一章 礼俗篇

第一节 服饰礼俗

在中国古代社会，“礼”与政治统治、社会文化、日常生活紧密相连，尤其在服饰之中体现显著。对于统治阶层而言，服饰之“礼”具有维护社会等级秩序的功能，统治者建立了一系列等级森严的服饰制度，辨身份、彰等威。对于民间百姓而言，服饰是婚丧嫁娶等民俗活动的参与者与见证者，服饰之“俗”贯穿人的整个生命历程，成为民间审美文化、社会风尚的集中体现。

研究团队对传统服饰礼俗进行了研究，例如李俞霏等曾发表的《论中国古代服饰中儒家礼文化的价值呈现》[1]文章中提道：“礼”，始于夏商，原是祭祀天地神灵及尊祖、祭祖中的仪式规范。经过夏、商、周三代不断发展演化，汇集了典章之礼、制度之礼、规矩之礼和仪式之礼，成为一套相对完善的体系。

《礼记》云：“民之所由生，礼为大。非礼，无以节事天地之神也。非礼，无以辨君臣、上下、长幼之位也。非礼，无以别男女、父子、兄弟之亲，昏姻疏数之交也。君子以此之为尊敬然。”由此可见，“礼”，作为中国古代社会各阶层体现尊卑、强调等级差异、确定名分地位的行为准则，不仅具有观念之礼的道德自律性意义，而且具有制度之礼的法定他律性意义以及仪式之礼的宗教性意义。

中国古代服饰文化始终遵循“礼”的精神内涵，对于不同时间、不同空间、不同性别和不同社会角色的服饰式样及其规制均有全面、严格的规范和要求，做到了以“礼”为导向，以服饰为载体的性别、纹饰、燕居与祭祀的服饰等级差异。《礼记》记载：“夫礼者，所以章疑别微，以为民坊者也。故贵贱有等，衣服有别，朝廷有位，则民有所让”“容体正，颜色齐，辞令顺，而后礼义备，以正君臣、亲父子、和长幼”。因此，若要做到君臣正、父子亲、长幼和而后礼义立，则须冠而后服备，服备而后容体正、颜色齐、辞令顺。这种“服以旌礼”，依礼着服，等级有序，贵贱有别，是古代服饰制度的显著特点，严守“礼”的服饰规制，成为中国人几千年传承的服饰主流思想。

---

❶ 李俞霏，梁惠娥．论中国古代服饰中儒家礼文化的价值呈现［J］．东岳论丛，2018，39（11）：56-61．

第二节 服饰礼制

我国古代服饰在长期的发展演变中受到众多思想和流派的影响，其思想观念、文化主张等内容潜移默化地改变着服饰的样貌，其中以儒家思想为代表的儒家“礼”文化思想体现在传统服饰的方方面面，本节主要以儒家“礼”文化服饰为例，研究传统礼制服饰。

春秋时期“礼崩乐坏”，孔子从哲学思想及社会历史观的角度对“夏礼”“殷礼”“周礼”的内涵及外延进行了全方位、多层次的阐释，构建出以“礼”为核心的儒家思想体系，逐步确立了士、农、工、商等社会各阶层融合的社会理想。儒家秉承这一属性，用“礼”来匡正天下，对社会政治进行改造，使其与法律、行政联系在一起，成为有权阶层的社会控制形式，具有广泛意义的社会规范作用[1]。本节从古代服饰中的顺天道之术、尊卑有序之制和忠孝之情三个方面介绍中国传统礼制服饰中所蕴含的儒家政治思维、宗教思想及伦理道德观等内容。

一、传统服饰中的顺天道之术

在儒家“礼”文化意识领域中，“天”既有人们对自然崇拜的所谓自然之天，又有对天地神灵崇拜的所谓天命之天的双重含义。人与自然的和谐相处是“天人合一”的本质所在。古人认为，人在天地之中，应当把人与自然看作有机的整体，强调人对天地的敬畏。只有将个人置身于自然当中，追求天、地、人之间的和谐，才能够达到生命与宇宙的融合，做到和谐统一、共生共荣。服饰，以物化的形式展现“天人合一”的哲学思想，以象征的手法区别帝王、将相的服饰形制、色彩，力求达到与天地乾坤相顺应，体现“君权神授”的合理性以及人与自然的融合。

（一）顺天道之形

中国古代，人们追求宽衣博带的飘逸与流畅。服饰形制通过衣裳面料的悬

---

[1] 段秋关．中国古代法律及法律观略析——兼与梁治平同志商榷［J］．中国社会科学，1989（5）：3-14．

垂遮掩人体原有曲线，最大限度地挖掘、表现面料的自然特征，讲求含蓄、古朴，体现着“天人合一”的自然观。天子、诸侯通过自身服饰力求与“天道”相应，体现“君权神授”的合理性。例如：天子的冕冠以天数“十二”象征天，因此冕冠前后各十二旒，每旒十二璪；皮弁十二缝，每缝五彩玉十二；大裘冕服纹样十二章等。冕冠的颜色，以象征未明之天及黄昏之地而选用上玄下纁的颜色。古代深衣，是将上衣与下裳在腰部缝合起来的长衣，流行于春秋战国，在天下一统的秦、汉两代，男女、贵贱通用。

制十有二幅，以应十有二月。袂圜以应规，曲袷如矩以应方，负绳及踝以应直，下齐如权衡以应平。故规者，行举手以为容，负绳抱方者以直其政，方其义也。故《易》曰：“坤六二之动，直以方也。”下齐如权衡者，以安志而平。

——《礼记·深衣》

“短毋见肤，长毋被土”，即上衣合体，下裳宽广，长不及地，因为及地有污辱之意。“负绳及踝以应直”，即上衣与下裳分裁，腰间合为一体，背缝垂直连接，以示为人方正。“下齐如权衡以应平”，即下摆像用秤杆一样平直，以示“志安而平心”，体现出遵循儒家的规、矩、绳、权、衡五种法度。马王堆一号汉墓出土的帛画充分体现出深衣“衣裳相连，被体深邃”的形态。褐罗绮曲裾锦袍，其上衣、下裳为斜裁拼接，所用衣片共计十片。上衣有衣身两片，袖子各两片，一片宽一幅，另一片宽半幅，袖子呈垂胡形状。下裳共计四片，每片宽一幅，这也印证了上衣四幅代表一年有四季；下裳十二幅衣片代表一年有十二个月。同时，深衣用白色的细布制成，上衣与下裳缝合，领子、袖子和下摆用黑色装饰。白色和黑色均为素色，犹如白昼与黑夜的交替，阴与阳的轮回，寓意万物负阴而抱阳的状态。作为华夏服饰的重要代表之一，深衣的每一个细节都融入了儒家礼仪教化的理念，体现着造物思想的伦理道德内涵。由此可见，中国古代服饰受到“天人合一”思想的影响，以服装形制特点、工艺手法等为表象的造物活动均依据阴阳五行、男尊女卑、天地共生等道德、审美标准，通过不同形式体现在帝王、文武官员和庶民等阶层的服饰当中，借以表达对天地的敬畏顺应、期望得到庇护的美好诉求，并通过相关仪礼实践，达到通天致礼和维护封建家族统治的目的。

“礼法自然”，是儒家在“天人合一”意识的基础上，根据人类对自然的领悟与效仿，将人与自然的关系在“礼”的推动下演进到更高的层次，从而进一步提出了古人制礼的另一基本原则。

（二）顺天道之色

《周礼》中，为了合天地四时之数，分别将天官、地官、春官、夏官、秋官、冬官称为“六官”，充分体现了中国古代以天地为本、“礼法自然”的核心思想与文化价值观。表现在服饰色彩方面，中国古代不同历史时期在儒家色彩观的长期影响下，按照天地玄黄、阴阳五行、正色间色等象征色彩，逐步将色彩审美心理内化为民众共同遵守的服饰色彩制约。礼服玄衣黄裳（即黑色礼服搭配黄色衣裳），祀天的大裘为黑色高裘，朝服缁衣，玄色祭祀皇天后土等。君王按春庆、夏赏、秋罚、冬刑，来穿不同色彩的服装以施四政。

君子不以绀緅饰，红紫不以为亵服。

——《论语·乡党》

绀，深青带红色；緅，黑里透红色；绀緅在古代被视为间色；饰，领与袖之边饰；亵服，即为贴身内衣。意思是君子不用黑里带红的间色做领和袖的饰边，不能将正色用于私居之服，因而古人的贴身衣物多为白色。《后汉书》记载阴太后遗物有五时衣，为“春青、夏朱、季夏黄、秋白、冬黑”。而由“四时衣”改为“五时衣”显然是为了与五行、五色相应，说明古人在努力寻求与大自然色彩的统一，也在寻求一种人与天地相融合的至高境界。具体来说：西汉武帝以土为德，改正朔，服色尚黄，董仲舒及时提出了“五色莫盛于黄”，开启了帝王天子专用黄色的制度。

在新疆塔克拉玛干沙漠尼雅三号墓出土的汉魏云气纹织锦，在用色总数上恰好是五色，特别是五星出东方利中国锦明显将五星与织锦中的五种配色一一对应，这也与中国传统文化中的五行、五星、五方一致。唐代高宗武德初用隋制，天子常服黄袍，遂禁止士庶不得服，而服黄有禁自此始[1]。明代衍圣公蟒袍恪守儒家色彩观，将象征东南西北的五色（青、赤、黄、白、黑）作为正色，把五色相生相克而来的绀、缥、紫、流黄作为间色。袍服中正色作为底色，高饱和度的间色作为纹样色彩出现在蟒纹、花卉枝叶、祥云等处，或者以合股彩线形式运用于纹样局部的点缀，使得纹样色彩之间、纹样色与底色之间蕴含着丰富的文化内涵，对天地自然的敬畏表现得十分鲜明。清代朝服有四色——明黄、蓝、红及月白，冬至祭圜丘坛用蓝色以象天（天坛），夏至祭方泽坛用明黄色以象地（地坛），春分祭朝日坛用赤色以象日（日坛），秋分祭夕

---

[1] 王楙．野客丛书·卷八·禁用黄［M］．北京：中华书局，1987：86．

月坛用白色以象月（月坛）。四色朝服恰好呼应了万物起源的四种媒介——天、地、日、月，从而寓意皇帝于祭祀时达到“天人合一”之境，强化了“君权神授”的正统[1]。同时，四色朝服也反映出“以五采彰施于五色作服”。在清代帝王的观念里，黄色依然是自己与天地特定的象征关系，只有天子和皇亲才能与天地参而官民同禁，故曰：“古色用玄色黄，取象天地。”[2]

（三）顺天道之饰

传统服饰的装饰主要体现在纹样方面。纹样，即图案，它不仅表达出社会的政治伦理观念、道德观念、价值观念、宗教观念，同时也成为人们与天地祖先沟通的手段，表达着人们的美好心愿。中国古代服饰中最具有影响力的纹样当数十二章纹。它是先民认识自然和宇宙的十二种象征物，最早源于古人对图腾的崇拜，后以象征德行及人格的符号标识出现在服装上，表达对自然的敬畏。千百年来十二章纹的沿用，体现了古人对中华传统的崇敬，以及历代帝王追溯华夏本源的执着。

> 予欲观古人之象，日、月、星辰、山、龙、华虫，作会；宗彝、藻、火、粉米、黼、黻，絺绣，以五采彰施于五色，作服汝明。
>
> ——《尚书·皋陶谟》

传说舜帝时代服饰中的日、月、星辰、山、龙、宗彝、华虫、藻、火、粉米、黼、黻十二章纹（图1-1），集中体现在天子的服饰装饰中，日、月、星辰为三光。日，乃众阳之精；月，乃大阴之精；星辰，乃万物之精。日、月、星辰与山、龙、华虫（雉）同绘于上衣，山取其稳固，龙取其应变，华虫取其华丽。宗彝代表忠孝，藻代表洁净，火代表光明，粉米代表滋养，黼代表决断，黻代表明辨。定陵出土的明万历皇帝缂丝十二章衮服是国内目前发现最早的十二章齐备的实例。

袍服中分布十二个团龙，分别为袍服的前身三个，后背三个，左右肩部各一个，袍服下摆两侧各两个，肩部有日、月，背部有星辰，下方有山川，肩部下侧装饰有华虫四只，宗彝、藻、火、粉米、黼、黻并排四行。

这些纹样既有天地万物主宰一切、凌驾其上的最高权力象征，昭示着君权神授和君主的崇高伟大、神圣英明，又是帝王特定的服饰文化心态和价值趋向

---

[1] 张廷玉．明史·舆服志·皇帝冕服［M］．北京：中华书局，2015：1618．

[2] 刘瑞璞．清古典袍服结构与纹章规制研究［M］．北京：中国纺织出版社，2017：105．

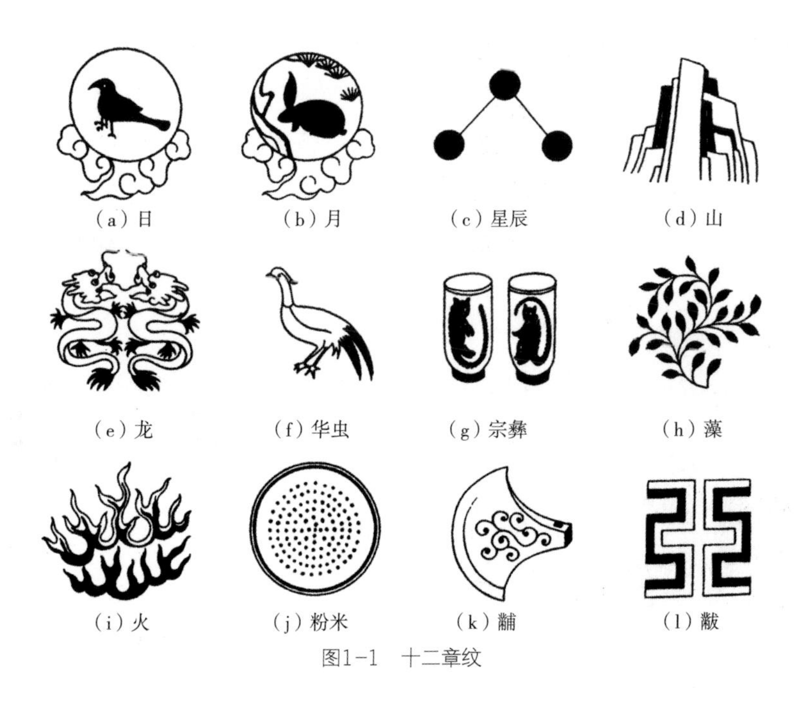

图1-1　十二章纹

的形象化反映。同时，古代帝王相信天地共生的自然法则，借助祭服、礼服和礼祭器以物化的形式显现及象征“天”的特点；服装以物化的形式体现其象征意义，形成上层社会尤其是帝王的祭服、礼服和礼祭器象征“天”的特点，体现天子、诸侯自身的形象要与“天道”相应，表达“君权神授”的合理性。古人对自然气象有着特殊的亲缘情感。例如，汉代袍服中的纹样包含自然、神仙、游猎等方面，充分表达出在汉代，人们对自然的追求、对和谐的向往、对修道成仙的期盼以及汉人精神世界的绚丽多姿。明代袍服下摆处装饰有水浪和山纹，被称为海水江崖纹。以自然气象作为服饰纹样，寓意江山稳固、国泰民安。从“天人合一”到“礼法自然”，中国古代服饰充分体现出人们遵循自然规律，自觉维护与自然和谐的强烈愿望。

二、传统服饰中的尊卑有序之制

依礼着服，是中国古代服饰制度的显著特点。上衣下裳、束发右衽、宽袖博带是一种约定俗成的礼。上自治国，下至齐家，服饰制度与儒家思想互相依存，成为礼制度至关重要的组成部分[1]。尊卑有序、贵贱等级在服饰草创之初

---

[1] 沈从文．中国古代服饰研究［M］．上海：上海书店出版社，2011：542．

就对其注入了精神文化内涵，在意识形态和价值观方面是礼之千古不变的坚定内质。

（一）先秦时期服饰中的尊卑有序之制

经过虞夏殷商的演进，到西周衣冠制度已臻完善，服饰的君臣有别、尊卑之分、长幼有序被记入《周礼》。服饰不仅与国家权力发生关联，而且与社会文化发生关联，服饰中的形制、色彩、面料、纹样均具有集礼制、政治、文化、伦理、道德、等级、地位、宗教等为一体的符号象征，此现象在当时的文献中也有所记载：

服以旌礼。

——《左传·昭公九年》

物之不齐，物之情也。

——《孟子·滕文公上》

在古代社会，人被分为贵与贱、尊与卑，服饰被用来区分社会等级、控制人们的行为、协调社会关系，体现出规范和秩序。战国后期，荀子意识到治国应该隆礼义、齐制度，即通过服饰制度及其相关礼仪实践达到通天致礼、维护封建家族统治的目的，因而进一步梳理了早期儒家关于服饰的规范制度，这使得服饰的基本原则与作用，在礼制过程中得以体现。

若夫重色而衣之……非特以为淫泰也，固以为王天下，治万变，材万物，养万民，兼制天下者，为莫若仁人之善也夫。[1]

卑绕、黼黻、文织、资粗、衰绖、菲穗、菅屦，是吉凶忧愉之情发于衣服者也……若夫断之继之，博之浅之，益之损之，类之尽之，盛之美之使本末终始莫不顺比，足以为万世则。则是礼也，非顺孰修为之君子莫之能知也。[2]

——《荀子集解》

（二）汉唐时期服饰中的尊卑有序之制

汉代贾谊主张将等级秩序制度化，对服饰进行管理，建立严格的服饰等级体系。他在《服疑》一文中写道：

---

❶ 王先谦．荀子集解·卷六·富国篇第十［M］．北京：中华书局，1988：178．

❷ 王先谦．荀子集解·卷十三·礼论篇第十九［M］．北京：中华书局，1988：366．

制服之道，取至适至和以予民，至美至神进之帝。奇服文章，以等上下而差贵贱。是以高下异则名号异，则权力异，则事势异，则旗章异，则符瑞异，则礼宠异，则秩禄异，则冠履异，则衣带异，则环佩异，则车马异，则妻妾异，则泽厚异，则宫室异，则床席异，则器皿异，则食饮异，则祭祀异，则死丧异。贵周丰，贱周谦。[1]

——《新书·服疑》

贾谊的服制理论成为后世舆服制度的思想基础，随着汉武帝“罢黜百家，独尊儒术”，儒家的“礼治”思想开始逐步制度化，并促进朝廷服饰等级制度开始建立。《春秋繁露》也有相关记载：

天子服有文章，不得以燕飨，公以朝，将军大夫不得以燕飨，将军大夫以朝官吏；以命士止于带缘，散民不敢服杂采，百工商贾不敢服狐貉，刑余戮民不敢服丝玄纁乘马，谓之服制。

——《春秋繁露·服制》

这一理论通过尊卑有序的服饰制度，将不同的社会地位用服饰标示出来，在社会活动中形成泾渭分明的上下关系，不仅标示出高贵者的等级秩序，而且服饰将贵族与平民的贵贱加以区分。

进贤冠是汉代的文官、儒士佩戴的礼冠。前高七寸，后高三寸，长八寸，冠上有梁，以梁的多少象征尊卑，公侯三梁，博士两梁。唐代开始利用一定的动物纹样来标识百官等级，《通典》记载：

诸王饰以盘龙及鹿，宰相饰以凤池，尚书饰以对雁，左右将军饰以麒麟，左右武卫饰以对武（虎），左右鹰扬卫饰以对鹰，左右千牛饰以对牛，左右豹韬饰以对豹，左右玉钤卫饰以对鹘，左右监门卫饰以对狮子，左右金吾卫饰以对豸。

——《通典·礼二十一·嘉六·君臣服章制度》

（三）宋至清时期服饰中的尊卑有序之制

宋代官员等级一般可以从其朝服绶带的花色中看出，天下乐晕绶为第一等，杂花晕绶为第二等，方胜宜男锦绶为第三等，翠毛锦绶为第四等，簇四雕锦绶为第五等。至明代，统治者运用缀于品官官服前胸、后背的补子强调服饰的等级标识特性，使着装者的身份地位、尊卑贵贱、品级高下得以凸显。文武

---

[1] 贾谊．新书校注·卷一·服疑［M］．北京：中华书局，2000：53．

官员的补子分别用飞禽和走禽标识，如仙鹤、锦鸡、孔雀、云雁、白鹇代表文官一至四品；武官的补子为一品、二品狮子，三品、四品虎豹，五品熊。补子的“文采”越斑斓，所体现的爵位品秩的等级越高，反之则越低。明代贵族女性用大衫、霞帔作为礼服，其中霞帔以龙、凤、翟作为区分尊卑的纹样标识。皇后霞帔用织金云霞龙纹，皇妃与亲王妃用织金云霞凤纹，郡王妃用翟纹。江西南昌吴氏墓中出土的霞帔共绣十四只翟鸟，可见墓主地位之尊贵。以章纹形制区分亲疏等级，在清代补子中亦有体现。清代补子分为圆补和方补，皇亲宗室用圆补，民公文武百官用方补，圆补等级高于方补。圆为尊，方为卑，对应的是天圆地方，体现出尊卑之分。由此可见，除皇帝唯我独尊之外，王公、诸侯、百官的地位差别十分鲜明。通过服饰显示的身份差别，形成以帝王为首的官场秩序，成为重要的治国之道。

礼，以服饰分尊卑，用服饰标示社会地位的高低，并建立与宗法专制社会相适应的服饰制度。通过对贵族与平民以及贵族阶层中高低不同的尊卑秩序进行具体规定和限制，将统治者与被统治者加以区分。这种“别同异，明是非”上下有序的政治思想和社会秩序，将封建社会的礼文化推向世界文明的顶峰。

三、传统服饰中的忠孝之情

忠孝是儒家伦理道德观念的本元思想，在家国同构的宗法社会里，忠与孝包括对国君的忠诚和对父母的孝顺。围绕忠和孝的观念，中国古代服饰的内涵及外延形成了许多独具特色的形式，其广泛性为世所罕见。

（一）传统服饰之孝

所谓孝，乃是善事父母，使他们生有所养，死有所归，是道德的根本。产生于西周的五服制度亦名丧服制度，是传统儒家文化的主要标志之一，通过丧葬时所穿着的服装，来体现孝道。

五服，分为斩衰、齐衰、大功、小功、缌麻五种级别。根据生者与逝者血缘关系的远近亲疏，来确定生者服孝时间的长短以及所穿孝服的面料、款式以及穿戴方式。服装为麻布所制，麻布的粗细、轻重、工艺的精良或粗糙程度、服期长短等取决于逝者与生者的亲疏关系。斩衰，是指所穿粗麻布左右两边不缉边，绳缨冠，苴绖、绞带、菅屦，服丧期为三年，是五服中最重的一种[1]。

---

[1] 丁凌华．五服制度与传统法律［M］．北京：商务印书馆，2013：14．

亲缘越近，用的麻布越粗。齐衰仅次于斩衰，是用每幅四至六升的粗麻布制作的丧服，衣服侧边缝裹，用粗麻布制成。丧冠所用麻布也较斩衰略细，并以麻布为缨，叫冠布缨。疏屦也是草鞋，但用细于菅草的蕉草、蒯草编成。大功，其服用熟麻布做成，麻布较齐衰要细腻，比小功略粗，分为成人大功服和殇大功服，所针对的年龄不同。小功，其服用较细的熟麻布做成，分为殇小功服和成人小功服两种，丧期为五个月。缌麻，其服用细麻布制成，是五服中最轻的一种。它是用制作朝服的麻布每幅十五升，抽去一半麻缕做成的，丧期仅为三个月。古人认为，发肤、身体是父母所给予的，理应使其完整不损，任何一处损害都会令父母伤心，是不孝敬的表现，其中以头发最为典型。

身体发肤，受之父母，不敢毁伤，孝之始也。

——《孝经》

天之所生，地之所养，无人为大。父母全而生之，子全而归之，可谓孝矣。不亏其体，不辱其身，可谓全矣。故君子顷步而弗敢忘孝也。

——《礼记·祭义》

周代诸侯的同族犯罪以髡刑代替宫刑，是指将头发全部剃去，给予受刑者莫大的羞辱使其无颜见人，即所谓的“髡者使守职”。更为严重的髡钳，是将头发剃去之后用铁圈锁颈。

中原文化中，男女向来以束发、蓄发为典型标志，也是与周边其他民族的区别所在。这一习俗随着汉民族的发展一直延续到明代，直至清初满族入关强迫汉人剃发，造成激烈的满汉民族冲突，江阴、嘉定起义的导火线便是“剃发令”。故断发、披发均被认为是严重的带有侮辱性的行为。可见，在古代人们的意识中，根深蒂固的忠孝思想已落实到生活的各个方面，身体、发肤、着装，无一不体现着“孝”道。

（二）传统服饰之忠

儒家认为孝与忠不可分，以孝事君、以孝对国就是忠。忠孝不能两全时，忠可替代孝。东汉儒学大师马融在《忠经》曰：

忠也者，一其心之谓矣。为国之本，何莫由忠？忠能固君臣，安社稷，感天地，动神明，而况于人乎？

——《忠经·天地神明》

“忠”在中国封建社会长期的发展过程中，逐步成为社会文明最中心的义务和最高尚的品德。以“顺”为特征的“忠”，在政治道德范畴中具有维护社会秩序的普遍意义和重要性。此一点在服饰当中也有体现，春秋时期，士大夫被放逐时须素衣、素裳、素冠而行，到国境要设坛位向国君的方向哭泣，因为“臣无君犹无天也”。如此服丧三月。如国君送来玉环即可归国，送来玉玦则只能远走他乡。在古人看来，衣服是身份的标志，配饰是心意的旗帜。历代章服制度中，均有服饰被赋予忠孝的思想内涵，如明世宗嘉靖年间百官燕居时佩戴的“忠靖冠”，冠框以乌纱制成，后列两山，冠顶平，中间高起三梁，各压金线，边用金缘。忠靖冠式样的宗旨在《皇明宝训》中有明确记载：

凡尔内外群臣，尚当稽其名以见其义，观其制以思其德，务期成峨峨之誉髦，无徒侈楚楚之容与，庶道德可一，风俗可同也。

——《皇明宝训》

清后期的“忠孝带”，是短而阔的帉，绣有忠孝二字，挂于腰间，使百官时刻提醒自己对朝廷尽忠尽孝，即要做到：“君在则裼，尽饰也。服之袭也，充美也，是故尸袭，执玉、龟，袭。无事则不裼，弗敢充也”[1]。

四、传统服饰中的礼制呈现

儒家对礼的认识和发展，主要表现为对礼的外在制度性形式的补充以及对礼的内在道德性特征的阐释。对礼的外在制度性形式的补充，是依据社会的发展变化而做出的，这是儒家思想与时俱进的表现，这种补充是通过统治者的制度规范而体现出来的，儒家思想在其中起了一定的影响作用。更重要的是，儒家对礼的内在道德性特征的阐发，这种阐发让礼真正影响到整个社会，而决定着中国礼仪之邦的形成。由此，礼由外在制度性的形式上升为内在道德性的体现。这种道德性的体现，是儒家对礼的内在本质和社会作用的具体揭示。它将礼这一外在的文化上升为道德性的文化。服饰作为政治与文化相结合的产物，不仅是文化的象征，更是思想的形象展示。它的核心原则为：

见其服而知贵贱，望其章而知其势。

——《新书·服疑》

强调服饰的社会功能，表现君君、臣臣、父父、子子的伦常等级关系。同

---

[1] 王熹．明代服饰研究配［M］．北京：中国书店，2013：101．

时，服饰从上衣下裳，上玄下黄，日、月、星辰等纹样在天子冕服上的应用，到“衣裳相连，被体深邃”的服饰造型，通过服饰的色彩、形制、面料、纹样，自上而下、由表及里地传达出人与自然和谐统一的哲学思想，表现美统一于善的美学命题。儒家礼文化继承和发展了礼乐传统，并以此作为分析解决服饰思想和服饰美学的根本立场，造就了中国古代服饰文化“以礼为本”的文化价值观之全面构建。

第三节 人生礼仪服饰

人的一生中总会经历一些重要的时刻，从婴儿呱呱坠地宣告新生命的到来，到丧礼上亲友的哀悼声标志着生命的谢幕，人生礼仪记录着生命的成长和变化历程，也参与着家庭、家族变迁和个人经历、交往的方方面面，人生礼仪服饰就是这些特殊场合的衣着装扮。本节选取人生礼仪服饰中的典型案例，以先秦婚礼服饰和近代婚服的特征展现传统婚服的古今之变，以南方育俗文化中的寄名袋与包领大介绍育服中承载的长辈对子孙的关怀，以江苏地区民间丧服的形制演变及其文化解读窥见服饰中的缅怀与哀思。

一、鸾凤和鸣之婚服

古今中外，婚礼都是人生中的大礼，婚礼服饰在整个婚礼中的地位不言而喻。在中国悠久的历史当中，周代是中国奴隶社会的最高阶段，出现了一整套冠服制度，此后中国两千多年封建社会的文化历程，服饰制度成了“昭名分，辨等威”的特殊工具，婚礼服制也随着婚姻礼制在周代的确立而逐步完善。

（一）中华传统婚服

1．先秦婚姻礼制及婚服形制

研究团队对传统婚礼服饰进行了研究，例如邓雅等曾发表的《探源中华婚礼服饰》[1]文章中提道：先秦时期迎娶新娘通常在黄昏进行，故而称作“昏礼”。且整个婚礼为“六礼之制”，包括“纳采”“问名”“纳吉”“纳征”“请期”“亲迎”六个步骤。“六礼”是中国古代社会缔结婚姻关系的六个必须环节。俗传

[1] 邓雅，梁惠娥．探源中华婚礼服饰［J］．辽宁丝绸，2007（4）：28-29．

周公是婚姻礼俗的制订者，所以过去人们常以“周公之礼”来代称婚礼。

我们今天最熟悉的汉族传统婚礼礼服当属彩绣龙凤的大红吉服、大红盖头。但三千多年前的周代，其婚礼服的颜色与后来中国传统婚礼中“尚红”的传统有很大区别，新娘的礼服为爵弁，形制与冕服相似（图1–2）。

自周代以后，尽管各个朝代的婚姻礼制都有或多或少的变迁演化，各个地域之间也存在差异，但六礼的基本内容却始终作为历代婚姻礼俗的重要成分而传承下来。正是六礼的基本内容构成了独具特色的中国传统婚姻礼仪。

2．婚礼服饰所蕴含的文化内涵

周代礼乐制度建立后，颜色用以区别等级的功能明显增强，且颜色的施用大有讲究。尽管春秋至秦所崇尚的服色有所不同，如《明史·舆服制三》所记载：“（洪武）三年，礼部言：历代异尚。夏黑，商白，周赤，秦黑，……”但总体而言，先秦婚礼服制崇尚典雅端庄，有着浓郁的神圣感和象征意义，婚礼服饰色彩基本循“玄纁制度”，取天地的色彩为之。玄，黑中泛赤，象征天的颜色；纁，黄里并赤，其意表征大地。这二色是华夏文化中神圣和高贵的色彩，天地间的和谐映照在服饰上，写在华夏先民的心里，使人感到穿在身上的不只是衣服，而是一种天人合一的智慧和敬天礼地的虔诚。

图1–2　着冕服的帝王[1]

先秦人们对婚服的精心安排符合阴阳相交之义。新婿的礼服是爵弁，纁裳缁纁和玄端，缁为黑色，和玄同为一个色系，又以缁色为下裳边缘装饰，象征阳气下施，与阴气相交。新娘衣裳相连，不异其色，都是表阴的纁色，象征妇人有专一之德，但以纁黄色为衣缘饰，象征阴气上扬，与阳气相交。不仅婚服尚黑，连“亲迎”的时间也选在黄昏，原因何在？《仪礼·士昏礼》云：“昏礼下达”。郑玄注：“士娶妻之礼，以昏为期，因而名焉。阳往而阴来，日入三商为昏”。古人认为：夫为阳、妇为阴；昼为阳、夜为阴；赤为阳、墨为阴。迎

[1] 沈从文．中国古代服饰研究［M］．北京：商务印书馆，2011：312．

阴气入家宜以夜，衣黑衣。此时，日月渐替，含有“阳往阴来”之意，讲究阴阳和谐的华夏先民选择了这么一个微妙的时刻，巧妙地诠释了婚义，同时也给这个仪式带上了神圣虔敬的情愫。但也有学者认为这实际上反映的是上古抢婚的遗风。只不过后来汉儒们为其注入了阴阳五行的内容，使其复杂化罢了。直到近代，这种黄昏迎亲之俗在我国一些地区仍有流传。

华夏服制历来等差分明，而对婚礼有特例。冕服的使用，本只限于特别隆重的场合，如祭祀天地、五帝、先公，祀四望山川，祭社稷等。可是到了春秋时代，在婚礼上也开始使用冕服了。据《礼记·哀公问》载，鲁哀公对此不满且困惑，向孔子请教：“结婚着冕服，是否过分和违礼？”孔子别出心裁却又斩钉截铁地说道：“天地不合，万物不生，大昏，万世之嗣也，君何谓已重乎？”即婚姻是人类得以万世承传生生不息的大事，像天地和谐万物生息一样的隆重自然，仅仅穿戴一下冕服，怎么就能说过分，难道婚姻不能承受如此之重吗？冕服作为祭服，就其实用功能而言，渗透的是重传统、重祖先、重既往的文化信息，且有《周礼》等规定的经典依据，随意僭越者很难找到自圆其说的文化依据。而孔子此时却撇开这一点存而不论，从重子嗣重婚姻着眼，使之具备了重未来的文化意蕴。这一洒脱的目光，源于他重视世俗生活的实践理性精神。

制礼作乐的先贤圣哲指出：“昏礼者，将合二姓之好，上以事宗庙，下以继后世。故君子重之。”并认为：“昏（婚）礼者，礼之本也。”将婚礼上升到“礼之本”的高度，显然不仅仅就新婚男女而言，婚姻首先是家庭、家族的大事，关系到家族世系能否延续的大问题，即所谓：“上以事宗庙，下以继后世”。同时也是关系整个社会的大事，家庭被视为社会机体的胚胎，婚姻礼仪成了以礼治国的一个极重要的组成部分。

从先秦时期婚礼服饰的形制看其文化内涵，无不体现出当时“礼”的至高无上以及先民们对天地的敬畏。无论从色彩还是形制上都已经把整个自然纳入自己的婚礼服饰之中。但在这等级森严的服饰制度下，婚服的僭越也让人感到统治者们对婚礼这“礼之本也”的特殊对待。中国汉族传统的婚姻礼制——六礼，确立于周代，其内容、仪注都比较繁杂，但当时由于“礼不下庶人”，故未完全达于民间。不过总体来看，先秦时期所形成并成熟起来的婚礼服制一直影响着历朝历代婚礼服饰，后世婚聘礼仪以及服制也大多未脱离这个基本框架。

（二）近代传统婚服

研究团队对我国近代婚服进行了研究，例如赵誉钦等曾发表的《中国近代

“传统婚服”流变的原因分析与启示》[1]文章中提道：传统婚服历经秦、汉的发展，唐宋达到高峰，至明清形成近代“传统婚服”。鸦片战争后，洋务运动兴起，中国的社会政治、经济、文化都发生了巨变，国人也不可避免地受到西方文化和生活方式的影响，人们的审美观也随之发生改变。而婚服作为服饰文化中的重要组成部分，同样受到了西方服饰文化的强烈冲击。特别是教会的兴起，大批传教士进入中国，对传统的婚俗尤其是对教徒的婚姻产生了较大的影响，有别于“传统婚服”的“文明婚服”悄然出现。

至1911年辛亥革命爆发，中国经历了一场前所未有的变革，从而加剧了国人婚俗观念的转变，婚服文化也随之出现传统服饰与西方服饰交融的特殊景象，并且在沿海城市与内陆地区乡村中呈现出完全不同的形态。在这一时期，新郎着装既有长袍马褂，又有西装领带，还有穿长衫戴西式礼帽；而新娘着装既有小凤冠霞帔，又有大红绣袄、绣裙，以及头披白纱、身着丝织礼服等着装。

至20世纪30年代初，“文明结婚”已经过了近30年的实践，此时的婚礼仪式与婚服逐渐定型。1928年，国民政府礼章服制审订委员会及大学院长蔡元培、内政部长薛笃弼，“以各地行礼自为风气，或仍沿清朝旧习，或滥用缛节繁文”，遂制定《婚礼草案》，作为全国各地结婚仪式的参照制度文本，“俾全国民众有所适从”。其在第三款第三条明确提出：“结婚时，应着礼服[2]。”

到了20世纪30年代后期，部分地方政府开始倡导新式婚礼仪式，并制定相关规章制度，对婚服也做了进一步的规范。如1935年2月7日，上海市社会局公布了以简单、经济、庄严为宗旨的集团结婚办法，规定新郎穿蓝袍黑褂，新娘均着粉红色软缎旗袍，头披白纱，手持鲜花[3]。1942年2月，湖南省新生活运动促进会制定了《湖南省新生活集团结婚办法》，其中第五条规定：“新郎穿蓝袍黑褂或中山装，新娘穿长旗袍或短衣长裙。”同年11月1日，国民政府在各省举办集团结婚及制定有关规定的基础上，内政部发布《集团结婚办法》，其中第七条也对婚服作了类似的规定[4]。在官方倡导下，集团结婚成为时尚，而“文明婚服”亦趋于规范。

---

[1] 赵誉钦，梁惠娥．中国近代“传统婚服”流变的原因分析与启示［J］．丝绸，2013，50（4）：67-71．

[2] 陈蕴茜．崇拜与记忆：孙中山符号的建构与传播［M］．南京：南京大学出版社，2009．

[3] 上海市通志馆年鉴委员会．上海市年鉴（民国二十五年）：集团结婚［M］．上海：上海市通志馆，1936．

[4] 国民政府内政部．集团结婚行礼仪式［M］．北京：中国第二历史档案馆，1942．

百年间，中国人参酌中西礼法，汲取西式婚仪的隆重、热烈、简便之优点，抛弃其在教堂举行等宗教习俗，创造了一套中国式的“文明结婚”仪式和与之相对应的“文明婚服”，从而完成了中国近代“传统婚服”向西化的“文明婚服”的转变和跨越。

1．近代传统婚服的流变

戊戌维新期间，资产阶级维新派从变法的角度提出了“移风易俗”这一口号，并将之与政治变革相关联，明确指出“风俗之害”与“政治之害”并列。近代中国人“西学”的历程可以用“西器”“西艺”和“西政”来概括，可以说这一历程中始终贯穿渗透着“西俗”。而“移风易俗”要解决的首要问题就是“妇女解放”。许多革命者和思想家都对封建婚姻制度和“裹足”的习俗进行了猛烈抨击，提出女人不缠足，并倡导婚姻改良和婚姻家庭革命。如1913年5月15日，章太炎与汤国梨在上海哈同花园举行文明婚礼，新郎章太炎西装革履，新娘汤国梨亦西式白色礼服曳地，证婚人是蔡元培[1]，由于来宾众多（据《大共和日报》记者估计有两千多人），礼堂设在天演界剧场，热闹非凡，这一盛大婚礼在当时称为“文明婚礼”，又指现代化的西式婚礼（图1–3）。因此，“传统婚俗”与婚服的改变不仅是中国近代时期服饰文化移风易俗的表现，更是人们思想观念从传统到接受西方文化再到中西合璧的发展历程。

在清末民初，我国仍然是自给自足的农业社会。因此，整个社会主要是节俭实用、满足生存基本需要的传统消费模式。但伴随国内早期资本主义工商业的发展，以及受西方资本主义文化的影响，一些与中国传统消费方式和文化差异较大的资本主义生活方式开始在当时的中上阶层中出现。国内大中城市的中产阶级与资产阶级人群开始以看电影、参加舞会、打网球、吃西餐、穿西装等形式展开社交活动，并逐步形成社交场域。举行西式婚礼自然就成为这部分人群追求新潮、迎合变革和展现自身生活品位的方式。

图1–3　章太炎与汤国梨在上海哈同花园举行文明婚礼

五四运动后，中国进入了新民主主义革命时期，很多进步青年尝试彻底抛弃旧式婚俗，追求纯粹的西式“文明结婚”。此时，“传统婚服”虽然没有完全退出中国近代婚服文化的历史舞台，但“文明婚服”已经在上海、广州、天津等

[1] 汪荣祖．章太炎汤国梨姻缘叙［J］．读书文摘，2009（4）：45–49．

图1-4　郭婉莹与吴毓骧在1934年末举行婚礼所着婚服

沿海通商口岸蔚然成风，在江苏、浙江、河北等地亦已流行，甚至逐渐普及到了乡镇，为大多数的国人所接受。如上海四大环球百货之一的永安公司老板郭标的千金郭婉莹与林则徐的后人吴毓骧在1934年末举行的婚礼中，新郎穿深色西装，新娘着浅色拖地婚纱并手持鲜花，如此西化的婚服着装当然也与新娘由澳大利亚回国、新郎有美国留学的背景有关（图1-4）[1]。

2．“文明婚服”的产生

在上海建立通商口岸的第四年（1846年），上海天主教神父郎怀仁规定教友结婚要遵守天主教婚礼仪式，摒弃封建婚俗礼仪[2]。因此，许多信奉天主教、基督教的中国人不顾世俗的嘲笑和辱骂，以虔诚的态度自愿接受这种礼仪的规定和约束。而国人的“教会婚礼”就是中国最早的“文明婚礼”的萌芽。新郎、新娘所着婚服就是中国近代汉族“文明婚服”的雏形。到1851年，也就是上海开埠后仅8年时间，上海天主教董家渡主教公署在非正式会议上达成一项共识，即“应该严格遵守天主教有关婚礼的种种规章条例”。这种新式婚礼和婚服虽然局限于教徒内部，但对中国传统婚俗的冲击力和影响力都不容忽视，可以说是西方教会打破中国传统婚服围墙的第一个缺口。

1942年，沿海城市成为通商口岸后，英、法、美等西方列强纷纷划定租借界，外国商民开始来华经商、居住，成为租界的移民[3]。在这些移民中，除了中国人以外，还有大量的英、美、法、意、德、日、俄等外国移民为我国带来全新的婚俗观念，推动了“传统婚服”向“文明婚服”的转变。1853年，随着“华洋分居”局面的打破，租界内人口剧增，大量外国移民带来不同国家的文化、生活方式、社会习俗，使社会文化、风俗出现多元化发展的趋势[4]。而在

---

❶ 王宏付．民国时期上海婚礼服中的“西化”元素［J］．装饰，2006（5）：20-21．

❷ 邓伟志，胡申生．上海婚俗［M］．上海：文汇出版社，2007．

❸ 姜龙飞．上海租界百年［M］．上海：文汇出版社，2008．

❹ 周鹤．上海租界华洋杂居形成的社会背景分析［J］．东华大学学报：社会科学版，2008，34（3）：253-256．

婚俗方面，国人也深受西方文化思潮影响，出现自由恋爱、文明结婚等新的婚姻风气，从而推动了“传统婚服”向“文明婚服”的转变。

鸦片战争爆发前，国人对西方文化始终报以藐视的态度，即使当鸦片战争失败后，国人依然认为“师事洋人”是奇耻大辱。但随着与外国人的交往日益增多，国人发现西方世界不仅船坚炮利，还有先进的科技、文化和生活方式。如电灯、电报、电话、汽车、火车、轮船，以及洋布、洋面等。这些实用方便的生产生活物品逐渐改变了国人的生活。人们目之所及耳之所闻，都是西方输入的“新”生活方式，而国人的思想意识和文化理念也受到了极大的影响。尤其在沿海地区的大城市中，崇洋趋新在上流社会已经形成了一种风气。在如此背景之下，婚俗的西化和“文明婚服”的出现就成为必然。

3.“文明婚服”的流行

在传统婚服向“文明婚服”的转变过程中，当时的社会媒体也起到推波助澜的作用。如《上海新报》和《申报》就抨击封建传统礼教和婚俗文化，大力宣扬男女平等的婚姻制度，推崇文明婚礼。如1887年2月10日的《申报》刊登《原俗》一文，文中说：“西人婚姻必从男女之所自愿，使男女先会面，若朋友然，往来数次，各相爱悦，然后告知父母，为之婚配。”西方的这种婚俗同中国传统的“父母之命、媒妁之言”大相径庭，媒体的这种宣传、介绍，对于上海人慢慢了解西方婚俗，无疑起到了启蒙作用。《点石斋画报》作为中国最早的时事画报也在“择偶奇闻”“跳舞结亲”“恰斯送行”“女塾宏开”等题目下，引进男女交往新的观念，并通过图文并茂的方式展示凸显西方女性美的容貌特征和婚礼服饰，让更多的民众接触和了解西方婚服文化，同时积极刊登“文明婚服”图片，促进了普通民众对“文明婚服”的接纳（图1–5）。

图1–5 点石斋画报上的“西例成婚”

民国初期，西式婚服虽然已经传入中国，但真正采用白色婚纱作为女子婚服并不普遍。而使得白色婚纱风靡全国，成为“文明婚服”重要标志之一的是蒋介石、宋美龄的婚礼。1927年12月1日下午，蒋、宋的新式婚礼在外滩大华饭店举行，由蔡元培主持，1300多位各界名流参加，出席婚礼者有美、英、日、挪威、法等16国领事[1]。蒋介石与宋美龄入场时，蒋着西式大礼服，宋穿白色长裙婚礼服。同天，蒋介石在《大公报》发表《我们的今日》一文，随同见报的还有蒋、宋两人新婚照片。照片上的宋美龄，身着白色婚纱，风姿绰约，光彩照人，之后，白色婚纱开始在全国流行。

中国近代婚服流变虽然与当时社会变革及西方婚服文化东渐密不可分，但其根源是国人思想观念的巨大转变，“文明婚服”的出现和流行也极大地冲击和撼动了人们保守的思维模式，成为这一时期国人同封建礼教决裂，追求“西式文明”的一个重要标志，这也在一定程度上推动了中国近代社会的变革，成为中国近代社会服饰时尚的体现。

二、彬彬济济之育服

“中国传统育俗文化是对人类早期生育文化的继承和发展，生殖崇拜是中国传统生育文化的源头”。[2]由于社会条件的一系列变化，由原始社会逐步过渡到奴隶社会，生殖崇拜的文化逐步向传统生育文化发展，而进入封建社会之后，则逐步形成系统的传统育俗文化。研究团队对育服进行了研究，例如王中杰等曾发表的《论南方育俗文化中的寄名袋与包领大》[3]，本节中对育服的研究主要以此为典型案例。

寄名袋与包领大是流传于南方育俗文化中的物化表达，与传统育俗思想息息相关。寄名袋与包领大不仅体现出传统育俗中的长寿观与对子孙健康连绵的企盼，也体现出“学而优则仕”与对子孙学业事业昌盛的企盼。

寄名的风俗曾经在全国普遍存在，南方与北方都曾有此风俗。寄名在北方、华北地区称为“小儿跳墙”[4]，南方称“拜亲爷”“寄名打点关煞”[5]“寄父母”等，寄名风俗可追溯至汉朝：

后生辩，养於史道人家，号曰史侯。注云：灵帝数失子，不敢正名，寄养

---

[1] 李佳，蒋宋佳礼之盛况［N］. 上海民国日报，1927-12-02（1）；梅生. 蒋介石宋美龄昨日结婚盛况［N］. 上海申报，1927-12-02（1）.

[2] 郑晓江. 生育的禁忌与文化［M］. 北京：中央编译出版社，2014：26，245.

[3] 王中杰，梁惠娥. 论南方育俗文化中的寄名袋与包领大［J］. 广西社会科学，2018（1）：186-189.

[4] 平凡. 寄名与跳墙［J］. 北京：世界宗教文化，2006（4）：43-44.

[5] 梁谞. 会同民间寄名习俗［C］//广东省民俗文化研究会. 2015年11月（上）民俗非遗研讨会论文集. 广州：广东省民俗文化研究会，2015：8.

道人史子眇家，即其事也。

——《后汉书·何后纪》

所谓寄名，即指“为求孩子长命而认他人为义（寄）父母，用其姓氏命名；或拜僧尼为师而不出家”。[1]吴江境内俗称认过房亲，即“认过房爷、过房娘”或称为寄父母。徐珂的《清稗类钞》中也有记载：“吴俗曰过房，越俗曰寄拜。惧儿夭殇，他日自为若敖之鬼，因择子女众多之人，使之认为干爹干娘。且有寄名于鬼神，如观音大士、文昌帝君、城隍土地，且及于无常是也。或寄名于僧尼，而亦皆称曰干亲家。”寄名在明清时期达到顶峰，其中明清小说中有许多对于寄名的描写。《金瓶梅》第三十九回西门庆得子后，将儿子寄名于玉皇庙，寄法名官哥，随后玉皇庙吴道官为其儿子准备的寄名礼中便有寄名锁，“一道三宝位下的黄线索（锁），一道子孙娘娘面前的黄紫线索（锁）”。《红楼梦》的第三回与第二十九回也分别提到贾宝玉的寄名锁与巧姐儿的寄名符。对于寄名风俗的物化表现形式有很多，其中寄名袋与包领大是兼具育俗文化趋吉护生意识与地方特色的典型代表，对研究中国南方各地域育俗文化的关联性、传承性与地方性具有参考作用。

（一）寄名袋与包领大的基本特征和文化属性

寄名袋，又称过寄袋，将孩子寄名子女多的人家或寺庙神佛后，“生母要将孩儿庚帖和讨口彩物品，诸如7粒米、7片茶叶与万年青叶储于红绸袋内”[2]，挂于寄父母家的厅堂高处或寺庙的悬橱上。其形制为三角形与长方形相互组合的袋子，高约36厘米，宽约25厘米。寄名袋顶端系有红绳，红绳上会系一枚古钱。袋口与袋面均用苏绣绘以图案。而包领大则包含包袱、项领与肚兜三样，取吴地方言谐音“保领大”（“大”与“肚”同音），祈愿孩子顺利长大。

寄名袋与包领大是专用于寄名风俗中的物化形式，并在苏州地区盛行，同时在无锡、杭州等地都曾留下痕迹。其主要是祈求小孩免遭夭折，也有为求儿女双全或两家为了加强彼此之间的关系与情感。《无锡市志》记载：“旧时孩子生下后还有寄名风俗。找寄爷寄娘一定要找生肖相合和多子女的人。”[3]“杭州承寄干儿子、干女儿，干爷干娘送礼，以包袱、肚兜二物为重，其余衣帽鞋袜

---

❶ 沈建东，等．风俗里的吴中（下）[M]．南京：凤凰出版社，2015：462．

❷ 沈建东．苏南民俗研究［M］．南昌：江西人民出版社，2007：35-36．

❸ 无锡市地方志编纂委员会．无锡市志［M］．南京：江苏人民出版社，1995：2896．

等项，若云取名压帖，此中丰啬不等”[1]。寄名袋与包领大首先属于精神文化，以祈求子嗣平安与连绵为旨，通过对寄名袋与包领大的制作、装饰和造型，反映出期盼子孙平安、事业顺利的社会文化心理。其次属于物质文化，从寄名袋与包领大的制作与表现形式中，社会风俗与地方技艺的融合使之呈现出物质文化色彩，属于一种民间民俗艺术的体现。最后属于制度文化，寄名袋和包领大与当时社会儒家人伦思想相关联，时代的延续性发展成约定俗成的礼仪制度。

（二）寄名袋与包领大的育俗企盼

1．子孙健康连绵之企盼

传统育俗观念中最重要的体现就是对生命长寿的崇尚。“长寿作为一种特定的生理现象和文化现象，在中国广大的民间是一个有限生命得以延长的时间概念。”[2]包领大在题材选择与寓意中更偏重对孩童健康的祈福。在包领大中涉及长寿主题的图案有仙鹤与松树所组成的鹤寿松龄；菊花、竹子与梅花组合的长寿万代；长春花、海棠花与玉兰花组合的万代长春；蜿蜒缠绕的枝蔓纹样寓意子孙万代、万代平安。

包领大由包袱、肚兜与项领组成。其中包袱上的主体图案绘以仙鹤站在被浪潮拍打的岩石上。仙鹤主要有两层意思，首先表达了对延年益寿的寄愿，仙鹤雪白的羽毛也是年龄的象征。其次，仙鹤的雅名为一品鸟。“潮”音同“朝”。古时称宰相为一品当朝。一品当朝寓意仕途顺畅，官位显赫。周围的松树、竹子、菊花都是长寿的象征。松象征长青不老；菊花因花期时间长，有长寿花之称；竹子寓意平安。同时，松树上攀爬的藤蔓寓意子孙万代，“蔓带”音同“万代”，有代代长寿，辈辈相传之意。[3]包袱上部的图案绘有长春花枝叶蔓延的纹样与玉兰花、海棠花的纹样。长春花是月季花、金盏花的别称。其花开四季，常年如春，枝叶蔓延寓意子孙万代连绵不断。其与主体图案呼应，强调生命的延续性与富贵吉祥的美好祝愿。而“玉棠音同玉堂。玉堂乃翰林院的雅称，泛指书香门第，寓意书香门第后继有人。”[4]肚兜处同样绘有月季花、菊花与蝴蝶，都是寓意长寿的代表纹样；同时与领子均采用回纹装饰，寓意富贵不断。

---

[1] 胡朴安．中华全国风俗志（下）[M]．上海：上海科学技术文献出版社，2008：499．

[2] 李宏复．枕顶绣的文化意蕴及象征符号研究[D]．北京：中央民族大学，2004．

[3] 刘钢．中国古代美术经典图式（民间绣花纹样卷）[M]．沈阳：辽宁美术出版社，2015：2．

[4] 刘钢．中国古代美术经典图式（民间绣花纹样卷）[M]．沈阳：辽宁美术出版社，2015：4．

2．子孙学业事业昌盛之企盼

与包领大相比，寄名袋在题材选择与寓意中更偏重对孩童学业、仕途顺利的祈愿。寄名袋的袋面主体图案寓意指日高升或独占鳌头。绘以少年身穿红袍纱帽的状元及第服装，左手执书，右手执桂花和兰花并指向太阳的纹样。寓意少年刻苦读书、学业有成，将来走向仕途并成就一番事业。同时兰花和桂花的纹样名曰兰桂齐芳，古人称兰花为香草，常用来比喻有出息的子弟。关于桂花，据史料记载，晋武帝问雍州刺史郤诜关于举荐天下贤才良士之策。郤诜答道："臣举贤良对策，为天下第一，正好比桂林一枝，昆山之片玉"。[1]后人遂以折桂来比喻考试名列榜首，寓意子孙万代名扬天下、于世飘香。而且，袋面主体图案的构图也与独占鳌头相似，独占鳌头来自元无名氏《陈州粜米》楔子："殿前曾献升平策，独占鳌头第一名"。也有典故称，唐宋时期，皇宫正殿雕龙和鳌于台阶正中石板上。只有头名状元才能站在鳌头上迎榜，故名独占鳌头。鳌被形容为龟头鲤鱼尾的鱼龙或者是龙之九子中的老大，为龙头、龟身、麒麟尾。而图中少年也正是站在龙头、麒麟尾化身的神兽上。并且，寄名袋的顶端会有萝卜图案，寓意拔得头筹，与主体图案中指日高升相互呼应。少年的袍服上绘有牡丹花的图案，寓意官居一品。唐代诗人皮日休诗《牡丹》中，祝牡丹为百花之王，赞其"竟夸天下无双艳，独占人间第一香"，在绘制细节处无不强调对仕途顺利的祈愿。

在另一枚鲤鱼跳龙门的寄名袋中，主体图案绘以鲤鱼与博古图的搭配。"博古图是以古代的各种器物作为装饰的一种纹样，寓意博古通今，志趣高雅，驱灾避邪，富贵吉祥"。[2]绘以琴棋书画的纹样也常题为博古图。

在细节处的水仙花与莲藕，分别象征神仙祥瑞与一品清廉。宋代周敦颐《爱莲说》中盛赞莲花"出淤泥而不染，濯清涟而不妖"。"出淤泥而不染"的莲花是清廉的象征，也多用于对为人清廉的正人君子的赞誉。蝙蝠和古钱相互呼应，寓意福在眼前，好运即将降临。周围的祥云与牡丹皆是富贵吉祥的寓意。祥云即慈祥云，佛教称如云覆盖世界，寓意吉祥连绵不断，在袋子顶端处绣了笔与锭，谐音为必定，寓意为必定中举。与此相似的构图也出现在孩童用的书包上，根据包天笑《钏影楼回忆录》记载："里面书包的描述与寄名袋相似：说起我的书包，也大为考究，这也是外祖家送来的。书包是绿绸面子的，桃红细布的夹里，面子上还绣了一位红袍纱帽的状元及第，骑着一匹白马。书

---

[1] 刘钢．中国古代美术经典图式（民间绣花纹样卷）[M]．沈阳：辽宁美术出版社，2015：7．

[2] 田自秉，吴淑生，田青．中国纹样史[M]．北京：高等教育出版社，2003：356．

包角上，还有一条红丝带，系上一个金钱，均有科举时代祝颂之意。”[1]

3．寄名袋与包领大的双重象征寓意

自宋至明清，纹样从叙事型表达向欣赏心理的方向发展。在纹样题材中也出现综合题材时期，其基本特征体现为“图必有意，意必吉祥”。[2]因此，在同种图案中也往往拥有双重寓意。寄名袋与包领大则将双重寓意表现得淋漓尽致，形成单项题材与整体寓意表达的双重性、呼应性与强调性。单项题材表现在单个纹样的寓意双重性，例如，仙鹤不仅表达长寿，也有仕途顺利之意。组合纹样表现在寓意呼应性，例如，袋子顶端的萝卜寓意拔得头筹，就与主体图案的指日高升相呼应。而无论是在主体图案的组合上，还是在周围服装细节与细小纹样的刻画上，无不再次显现了社会文化心理。

寄名袋与包领大里既有对生命延续的祈愿，还体现出“学而优则仕”的崇文重教情怀，并相互承接，展现出以“护生”和“崇文”为主，财富和富贵为辅的育俗文化内涵，形成寓意的延续性与跨越性。

（三）寄名袋与包领大的育俗文化内涵

“‘生生’思想贯注于儒家哲学的历史发展和内在结构中”[3]。《大生要旨》中记载：“天地之大德曰生，人者天地之心也”。“生生之德”是中国传统育俗文化之观念。所谓“生生”既指宇宙创生生命体的连续过程，也指万事万物蓬蓬勃勃、生长发育不息。这种以“生生之德”为核心的观念，使中国全社会阶层都十分热衷于创“生”、育“生”、护“生”的活动。“无论民间与官方求子习俗与仪式如何繁复多样，共同的理念基础都是基于‘以天地之大德曰生’为核心的生命哲学”[4]。以此为基础，寄名袋与包领大不仅体现了“生生”观念中对育俗的创生与续生、共生与养生、贵生与护生的共性特征，还体现出崇文重教的社会文化意识。

1．由护生纳吉的祈子初衷到崇文重教的人伦转变

在传统育俗文化“生生之德”的核心观念下，祈子只是“生生之德”的初始表现，而让新生命得到良好的启蒙教育，由生理人转变为精神人，才是生生之德的完成。转而言之，这是由生理到精神的转变。而在寄名袋与包领大中则体现了这一趋势的发展。如果将寄名袋与包领大看作一个文化整体，它们的盛

---

[1] 包天笑．钏影楼回忆录［M］．上海：上海三联书店，2014：7．

[2] 田自秉，吴淑生，田青．中国纹样史［M］．北京：高等教育出版社，2003：382．

[3] 陶新宏．“生生”：儒家对生命的诠释［J］．广西社会科学，2017（5）：53-57．

[4] 郑晓江．生育的禁忌与文化［M］．北京：中央编译出版社，2014：26，245．

行来源于祈子初衷，即对子嗣的延续；而它们背后的文化寓意则体现了文化社会性中崇文重教的人伦道理。如果将包领大与寄名袋看作一个文化整体中的两个部分，包领大中仙鹤不仅体现了对子嗣连绵的祈子初衷也体现了对仕途顺利的愿望；而寄名袋中的鲤鱼跳龙门、拔得头筹、独占鳌头等寓意虽都代表了对“禄”的追求，但也不忘引导孩童以后为官清廉，因此用莲藕、荷花寓意一品清廉。其中用文具、博古图等图案的表达不仅包含对孩子未来发展的祝愿，也鼓励孩童以一种崇文的路径表达与实现。通过走正途、尚读书的引导方式也体现出崇文重教、蒙以养正的人文思想观念。

“在中国文化中，文化在这个特殊意义上具有的历史性，又紧密地与文化的社会性相联系”。[1]《后汉书·第五伦传》对于寄名袋与包领大流行地域记载：“因士类名于历代，而人尚文”。《旧志》曰：“当赵宋时，俗益丕（大）变，有胡安定、范文正之遗风焉。及后礼仪渐摩，而前辈名德，以身率先，又皆以文章振动；今后生文辞，动师古昔，而不梏于转经之陋。矜名节，重清议，下至布衣韦带之士，皆能擒章染墨，其格甚美。”寄名袋与包领大流行地域中好学深研意识和不断追求超越自我的精英意识的盛行，于寄名袋和包领大上，即体现为二者的物化内涵与社会人文观念的相互关照。

2．由育俗文化的循环意识到育俗仪式的周期体现

阴阳学说是中国育俗文化的基本构成因素之一。《太阳经》对阴阳促成万物有描绘：“天，太阳也；地，太阴也；人居中央，万物亦然。天者常下施，其气下流也；地者常上求，其气上合也。两气交于中央，人者，居其中为正也。两气者，常交用事，合于中央，乃共生万物。”其中，阳气“下施”，阴气“上求”，交于中央，进而融合成万物。体现出阴阳间的相互交融闭合。在这一思想影响下的育俗行为，体现出阴阳循环的闭合过程。例如，在寄名袋中所涉及的民俗行为与循环周期的过程也是育俗文化中阴阳循环的体现。在寄名袋的仪式行为方面，“寄儿入门时，门口要立一张梯子，生母将孩子从木梯空档间传递给寄母”[2]，传递了一种生育的过程；在寄名袋的循环周期方面，等到孩子长大结婚时，再去寄父母家将寄名袋赎回。也有寄名神佛并将寄名袋悬于寺庙佛橱上，“待到小儿年长成婚，要先往庙中拈香，将从前所悬的红布取回，名曰拔袋”。[3]这种育俗仪式始与终的周期过程，不仅体现出阴阳的交融、闭合与循环，也体现出上层思想下施于下层行为的制度文化。

---

[1] 费孝通．对文化的历史性和社会性的思考［J］．思想战线，2004（2）：1-6．

[2] 沈建东．苏南民俗研究［M］．南昌：江西人民出版社，2007：35-36．

[3] 庄世杰．吴县小儿寄名神佛之奇俗［J］．少年，1919（12）．

寄名袋与包领大作为一种育俗文化的表达形式，是传统育俗文化与地方文化特色相结合的典型案例。虽然因为民俗中涉及鬼神方面而存在一些陋习，但作为一种民俗物化的载体，从中体现出的重视人伦道德、崇文重教、蒙以养正的育俗思想与民俗艺术的表现不容忽视，对研究中国南方各地域育俗文化的关联性、传承性与地方性具有参考作用，对研究中国传统主流意识形态也具有一定的补充作用。

三、伦理孝道之丧服

死亡是每个人都必须面对却又无法体验的事情，丧葬是人生中的最后一礼，丧葬礼仪中，亲属要为逝者穿着丧服。丧服是指亲人去世后，家人及亲朋为哀悼逝者而穿的衣帽、服饰。研究团队对丧服进行了研究，例如陈潇潇曾发表的《江苏民间丧服形制演变及其文化解读》[1]文章中提道：丧服属于中华礼服的一种，除衣裳外，还包括传统的冠、带、屦、杖，以及近代开始流行起来的白花、黑纱等附属物。晚辈为长辈穿的丧服称孝衣、孝服。在古代，除了晚辈应为过世的长辈穿丧服外，长辈也要为五服以内的晚辈穿丧服。丧服除了回避、吓鬼神、表悲痛等原始文化意义外，还具有尊重逝者，明亲疏、显贵贱、别等级等意义，是人们对生命价值和生活意义认识的反映以及物化形式的表现。

丧服习俗与人们的生活有着千丝万缕的联系，也关系到思想文化的发展和经济的进步。我国的传统丧服看似粗制滥造、不修边幅，实则礼仪完备，讲究颇多。以我国江苏地区为例，在多种文化融合和社会转型中，服饰形制在不断革新，其中也包括丧服。

（一）古代民间丧服

我国古代传统丧服是指在西周宗法制下规范化的“五服”。五服根据穿着者与逝者血缘关系的亲疏不同可以分为：斩衰（cui）、齐衰（zi cui）、大功、小功、缌麻五种。其质地和工艺都有所区别。五服在城市的葬礼中已经很少出现，但在江苏民间和我国广大农村等地区仍沿袭这一习俗。

1．斩衰

通常丧服的上衣叫“衰”，下衣叫“裳”。斩衰是指五服中“最重”的一种

---

[1] 梁惠娥，陈潇潇．江苏民间丧服形制演变及其文化解读［J］．创意与设计，2015（4）：25-32.

丧服，最为粗重，且杖期长达三年（斩衰衣和裳的款式如图1-6所示）。郑玄作注写的《礼记正义》中的《礼仪·丧服》篇中描写道："斩衰裳，苴绖（zū dié），杖，绞带，冠绳缨，菅屦者。"衰，是披于胸前的麻质布条；斩，是不缝边的意思。

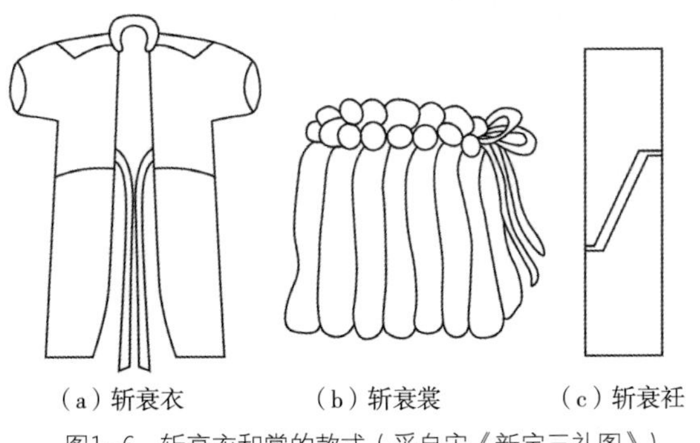

图1-6 斩衰衣和裳的款式（采自宋《新定三礼图》）

史料记载，斩衰用每幅三升或三升半的最粗的生麻布制作，质粗而贱，且左右开口处和下摆都不缝边，以此表达最深的哀痛。斩衰衣裳主要采用平面裁剪法进行裁剪，不进行缝边。其中斩衰衣的前片主要是领、袂（袖）、衽以及衰（披在胸前的麻布条）组成，后片背部正中钉有一块长麻布名为"负版"。斩衰裳主要是前三幅、后四幅的形式，整体类似于现代的围裙（斩衰衣裳的形制结构如图1-7所示）。

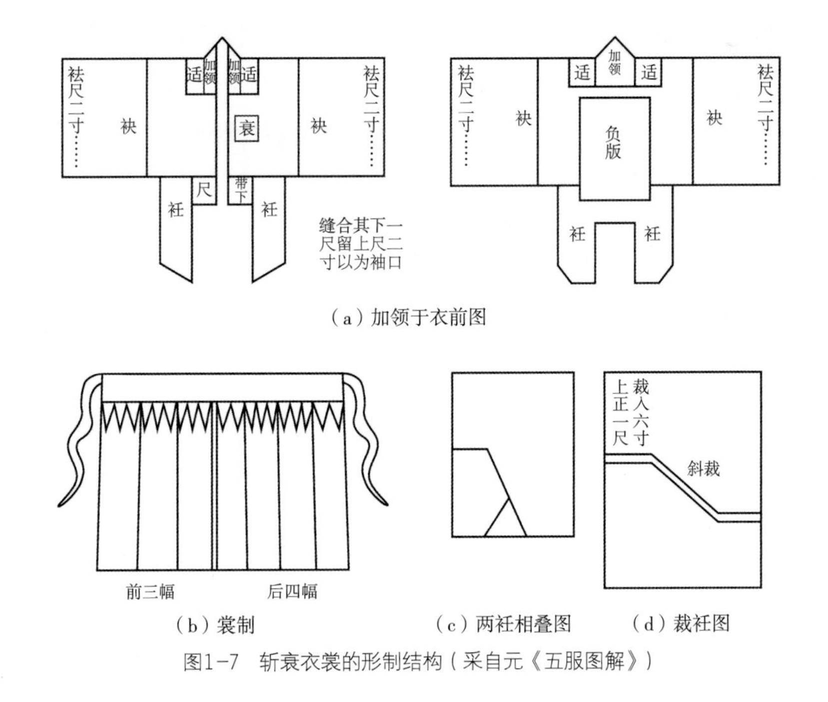

图1-7 斩衰衣裳的形制结构（采自元《五服图解》）

斩衰服除了斩衰衣裳之外，还有配套的梁冠、鞋子等附属物。如“绞带”就是指用已结籽的雌麻纤维织成两条粗麻布带子，一条用作腰带系于腰间，一条用以围发固冠，有绳缨下垂。只有孝子需要手执竹制的杖（哭丧棒）。孝鞋通常指用菅草编成的草鞋，粗陋且不对其进行任何修饰。如持丧者是女子，则与男子相同，但不用丧冠，而是用一寸宽的麻布条从额上交叉绕过，再束发成髻，这种丧髻称为髽（zhuā）。斩衰是子为父、女子在室为父、承重孙（父为嫡长子已死）和嫡长孙为祖父、旧事妻妾为夫、臣为君，甚至父为长子所穿的丧服。斩衰并非贴身穿着，内衬白色的孝衣，后也有用麻布披在身上代替，即人们所说的披麻戴孝。

2．齐衰

齐衰是仅次于斩的丧服，用熟麻布制成，因其缉边故叫齐（齐衰衣和裳的款式如图1-8所示）。齐谓衣边经缝缉而显齐整，丧冠所用麻布也较斩衰略细，并以麻布为缨，叫冠布缨。布带为麻布所制，穿戴方法参照绞带。穿着草鞋，妇女则无冠布缨。齐衰衣裳的形制结构如图1-9所示。齐衰分为四等：齐衰三年、一年齐衰杖期、一年齐衰不杖期、齐衰五月或三月。齐衰三年：适用于在父卒子为母、母为长子、妾为夫之长子、未嫁之女、嫁后复归之女为母；一年齐衰杖期：父在为母、夫为妻、子为出母、为改嫁之继母；一年齐衰不杖期：为祖父母、为世父母或叔父母、大夫之嫡子为妻、为昆弟、为嫡孙等；齐衰五月：为曾祖父母；齐衰三月：为高祖父母。

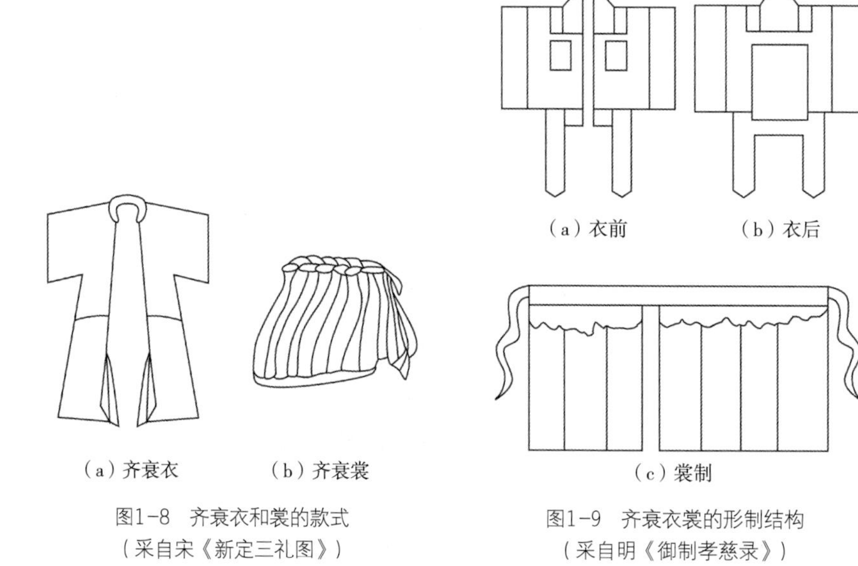

图1-8　齐衰衣和裳的款式
（采自宋《新定三礼图》）

图1-9　齐衰衣裳的形制结构
（采自明《御制孝慈录》）

3. 大功

大功是指用粗麻布制作的丧服（大功衣和裳的款式如图1-10所示）。《丧服》云："布衰裳，牡麻绖，冠布缨，布带三月，受以小功衰，即葛，九月者。"[1]大功衣裳的形制结构如图1-11所示。这里的布是指熟麻布，质地较齐衰更细密。大功的丧期为九个月，仅次于三月齐衰，是男子为堂兄弟、已嫁姊妹、姑母等穿的丧服，或是出嫁女为丈夫的祖父母或叔伯、为自己的亲兄弟所穿的丧服。

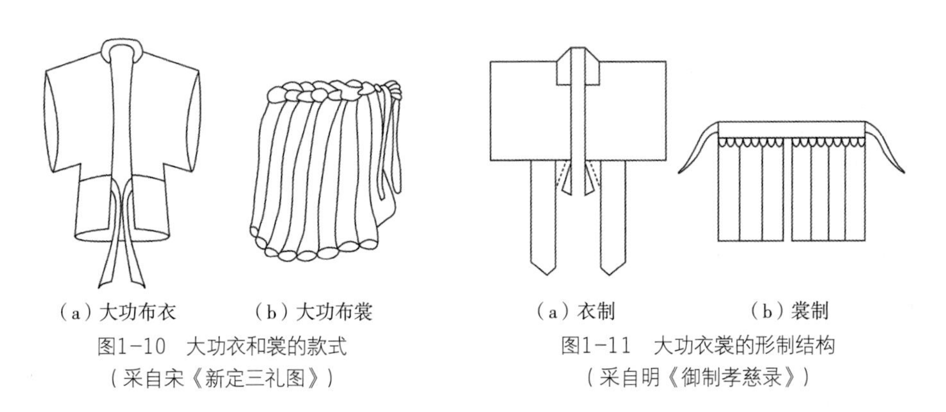

（a）大功布衣　（b）大功布裳

图1-10　大功衣和裳的款式（采自宋《新定三礼图》）

（a）衣制　（b）裳制

图1-11　大功衣裳的形制结构（采自明《御制孝慈录》）

4. 小功

《丧服》云："布衰裳，牡麻绖，及葛，五月者。"小功衣裳的形制结构如图1-12所示。小功丧期为五个月，所用的麻布质地较大功更为细腻。小功是轻丧，不配孝鞋。其是为本宗的曾祖父母、叔伯祖父母、堂伯叔父母、未嫁的祖姑、堂姑、已嫁的堂姐妹、嫡孙媳妇（妻均缌麻）兄弟妻、堂侄、侄孙、未嫁堂侄女、侄孙女（妻均从夫服）、外祖父母、母舅、母姨、妯娌等所穿的丧服。

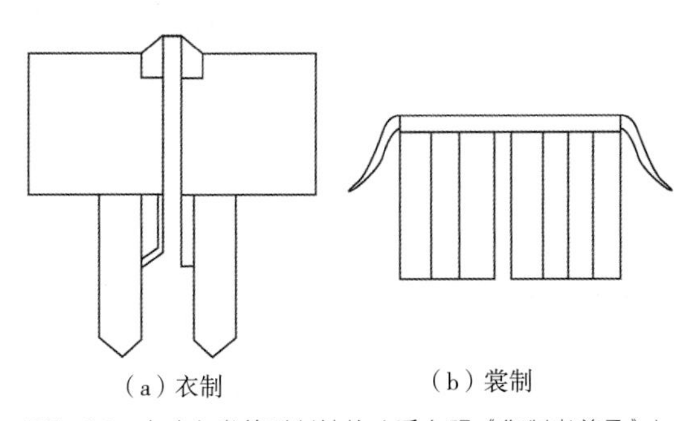

（a）衣制　（b）裳制

图1-12　小功衣裳的形制结构（采自明《御制孝慈录》）

[1] 陈华文，陈淑君．吴越丧葬文化［M］．北京：华文出版社，2008：207-209．

5．缌麻

缌麻丧期仅为三个月。将当时用来制作朝服的最细的麻布抽去一半麻缕，则称为缌。是最轻一等的丧服（缌麻衣裳的形制结构如图1-13所示）。用于本宗的高祖父母、曾伯叔父母、族伯叔父母、中表兄弟、岳父母、婿、外孙等。

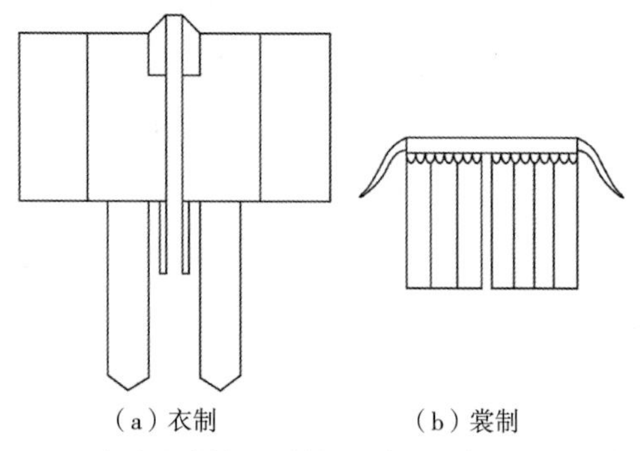

（a）衣制　　（b）裳制

图1-13　缌麻衣裳的形制结构（采自明《御制孝慈录》）

江苏地区古代传统丧服制度横跨礼制和法制两大领域，是在我国古代自然经济下产生的，源于西周宗法制，并旨在巩固这一制度。丧服服饰作为丧服制度的外在符号标志，具有鲜明的特征。

古代传统丧服有着严格的规定，只有“五服”以内的亲属需要穿丧服，并以宗法血缘的亲疏依次划分为：斩衰、齐衰、大功、小功和缌麻。即《礼记·丧服小记》中提到的“亲亲”，体现了以父系为本的宗族体系，注重血脉的传承以及宗亲远近；“尊尊”则是指根据逝者身份地位的尊卑、贵贱，确定丧服轻重，且具有单向的政治关系：臣为君服斩衰，民为君服齐衰。“尊尊”是宗法观念的核心，以此显示逝者的社会等级。古代传统丧服除了明宗法、显等级之外，还有很深的礼的观念，“孝，礼之始也”（《左传·文公三年》），古人倡导孝道，以孝道敦厚人心，强化代际联系，进而方便社会治理。

（二）近代民间丧服

江苏地区的丧服经历了从无到有，从杂乱无章到制度化，从繁到简，从传统到西式的演变。近代西式丧服是指清末民初时由于受西方文化的影响，出现以臂缠黑纱、胸前佩戴白花为特点的丧服形式。近代江苏地区的丧服形制中西式并存，并且有出现融合的状态，虽然继承了“披麻戴孝”的传统丧服形制，但在很大程度上被简化并融入西方丧服元素，并具有地方特色。

近代江苏地区的丧服呈现出新旧、中西杂用并存的特点。早在明清时期“西风东渐”，随基督教传入我国，西方文化对我国的传统丧葬礼俗及观念产生了极大的影响，这在太平天国时期的丧葬礼仪中表现得尤为突出，但由于当时社会因素，并未得以广泛传播。到了清末民初，由于大量传教士以及大批留学生和官员对西方文化的宣扬，西式丧葬文化逐渐传入，丧服形制也随之发生了改变。西方丧葬礼俗深受基督教的影响，是一种宗教式的丧葬习俗。基督教认为人死后灵魂需要宁静，所以西方丧礼是肃穆而庄严的。前来参加丧礼的人要穿深色正装，男士应系黑色领带。受西方丧葬习俗的影响，近代江苏地区丧服形制主要有两种：一是左臂佩戴黑纱，胸前佩戴小白花；二是简化了的传统丧服形制。

民国时期，西式丧礼开始影响江苏的传统丧葬习俗，江苏地区的丧葬礼仪出现由繁到简的趋势，长达数千年的传统丧服制度在这一时期仅存名义，甚至出现“无衰服而仅黑纱”的状况。民国时期的《礼制》中甚至有过规定：丧礼中采用脱帽三鞠躬。且1912年10月3日公布的《服制》中指出：“遇丧礼所穿礼服时，男子于左腕围以黑纱，女子于胸际缀以黑纱结（图1–14）。”这一规定改变了丧礼中向吊客散“孝帕”或白布的风俗，冲击了斩齐缌麻之传统丧服制度。

由于清末民初近代江苏地区丧葬习俗的演变是由进步知识分子率先实践的，其他阶层，尤其是农民阶层则相对迟缓，甚至处于静止状态，所以广大农村地区依旧沿用“披麻戴孝”的旧式丧服，但相较于传统丧服，已极大简化。其形制主要表现为：白色布袍、布帽、白帽结、白棉鞋以及黑纱。

图1–14 民国时期佩戴黑纱和小白花的丧服形式

（三）现代民间丧服

现代江苏地区的丧服相较于近代江苏地区的丧服，有传承又有所革新，主要形制为：白孝衣、孝帽、孝鞋以及黑臂章等配饰。

1．孝衣

孝衣主体为白色，领子一般为立领或者西装领，通常采用系带的方式固定，也有用纽扣固定的，类似于医生的白大褂，且腰间系一条白腰带。如南通地区孝子白衣外需要围一条青色（藏青色）的围裙，围裙的系带是白色的，从后面绕过来系在前面，且孝衣后面钉有一块长5～6寸（16.7～20厘米），宽两指，与白孝衣同一材质的布条；泰州部分地区的女儿和女婿则是“披孝衣”，将一块白布对折之后类似一件双层披风披在身上，腰间系白腰带；有的孝子脖子上会挂一条麻绳；而徐州城市中则出现了用白色文化衫代替白色孝衣。

2．孝帽

孝帽主要分为筒形孝帽、方顶孝帽、圆顶孝帽和“三角”孝帽（也称元宝形孝帽）。孝子的方顶孝帽用白线缝合，其他人用非白线缝合，部分地区孝子的孝帽上要钉带籽的棉花；一般女婿为“三角帽”；女性则多为“白披头”。孝帽一般为白色，但曾孙等第四代亲属用红色，玄孙等第五代亲属用绿色，偏远一些的农村出现过黑色孝帽，并在孝帽上钉麻布。泰州地区孝子佩戴麻布制作的元宝形孝帽，且在帽子上悬挂棉花球；若老人高寿过世，则采用红白双色孝帽。

3．孝鞋

孝鞋一般为黑色，并在上面钉一块麻布或白布，但现今大部分地区穿白色孝鞋，农村仍保留了在直系子女鞋面上钉布的习俗，其余近亲统一着白鞋。江苏部分地区用白布缠裹小腿，并用黑布系住，孝子的鞋跟不能提上。如公婆过世，而自己亲生父母健在，则需要在鞋后跟处用蓝笔或黑笔画一道。

4．配饰

当代江苏地区丧服中的配饰主要是黑臂章和小白花。孝子、孝女佩戴的黑色臂章，印有“孝母”或“孝父”字样，如逝者无子，则侄子代儿子为其“戴孝”，臂章上印有“孝伯父”或“孝伯母”字样，其他人则是纯色的臂章；部分地区的黑臂章上面会钉有红色或白色的圆形布片，曾孙辈佩戴红臂章；部分地区不需要佩戴黑臂章。小白花一般佩戴于左胸，部分地区小白花上会写有“哀念”字样；部分地区还有小黄花，固定在臂章上；部分地区则是剪一段白色或黄色的头绳，绕成花朵样式，别在耳鬓；部分地区不佩戴小白花。

5．民间丧服变迁

江苏地区古代传统五服，其材质都为麻布，是生者对逝者的尊重以及对自己的一种“惩罚”。根据与逝者关系的亲疏远近，丧服也有所不同，关系越近，所穿着的丧服的质地越粗糙，服丧时间越长。近现代江苏地区丧服具有极强的包容性，沿袭了传统“丧事尚白”的理念，并与西方黑色丧礼的概念相结合，其形制呈现出一种中西并存的状态。

近现代江苏地区丧服形制基本还是沿袭了“披麻戴孝”的传统理念，穿着白色孝衣、孝帽、孝鞋，配饰方面主要是黑臂章和小白花。社会经济和政治文化的不断发展带来了习俗的变迁，而丧服形制为了适应社会的变革，其形制日益简化是一种不可抗拒的大趋势。

通过对江苏各个地区丧服形制的实地调研、访谈以及地方志等文献资料的查阅，不难发现江苏地区的丧服在其演变过程中，古代传统丧服形制有着严格的制度，而近现代，则逐渐变成了一个约定俗成的习俗。我国自古就有“礼仪之邦”的美称，在古代一个礼字“捆绑”了人们的思维，约束了人们的行为，无论是出于封建社会等级森严的大环境，还是出于传统习俗的制约，丧服都有着极其严格的规定，成了一个制度化、规范化的章程，因此古人对其十分重视。随着社发展和时代的变迁，近现代江苏地区的丧服形制不再完全遵循旧制，在传承和革新中丧服制度越来越弱化，并且逐渐弱化了书面的强制规定，其传承基本依靠家中长辈的口口相传。丧服形制的不断革新和传承，都与我们的生活息息相关，最终都表达了对亲友离世的追思和哀痛之情，加深了人们对死亡本质的理解和对生命价值及生活意义的肯定。

（四）民间丧服文化内涵

1．生命崇拜，宗教信仰

我国的丧服习俗，受宗教文化和思想的影响颇深。我国的道教和佛教都宣扬灵魂不灭之说，由于古代科学水平不发达、社会文化落后，人们对很多未知的、无法解释的事物，都会运用人类的本能认识，加以想象，使其神魔化，这使得人们更相信佛教中的灵魂可以通神之说。传统的“五服”便是民间宗教信仰的产物，古人给死亡和丧葬镀上了许多神秘的宗教色彩，并将其神化，加之人们对逝者的不舍和怜惜，还有出于本能的对死亡的恐惧，便普遍认同了宗教中灵魂不灭的说法，认为人的灵魂是永恒的，而逝者的灵魂对于后代既可以施福，也可以降祸，因此更为重视丧葬礼仪。佛教认为生死本为一体，相信轮回，认为死亡只是人生必经的一个过程，是生的另一个开端。丧服习俗便是人们生死观的一个外在体现，所以在丧礼上会出现的“哭丧”等习俗，其实是与已故亲友灵魂的一种沟通，而穿戴的丧服也必然有特别的讲究。

丧礼，古称之为“凶礼”，在丧礼上，逝者所穿的葬服，通常色彩艳丽，面料华丽，甚至刺绣上精美的纹样，而这些葬服的材质、色彩和纹样也都与其宗教信仰紧密相连。如通常逝者会穿着黄色的里衣，黄色很容易让人联想到寺庙的黄墙、僧袍、佛像等。一般葬服不采用缎子制作，缎子通音“断子”，寓意不吉，刺绣的纹样则较多的出现荷花等吉祥纹样，这也很容易让人联想到佛门圣物，有取“西天极乐世界”之意。亲属为逝者所服的丧服要求材质粗糙、色彩朴素、款式单一且最好留毛边，穿着之后显得“越惨越好”，生者以自己受苦，来表达对逝者的哀思，来换取逝者的灵魂对子孙的庇佑。通常丧服都“尚白”，即用最原始、最纯净的色彩表明本心。

至近代，“西风东渐”，丧服日趋西化，西方的丧葬文化受基督教的影响，为保逝者灵魂安逸，顺利升入天堂，基督教要求参加葬礼者身穿深色服装，佩戴黑纱和小白花，甚至采用鲜花来表达宁静肃穆之意。

宗教作为人们的一种精神寄托，对传统文化有着极其深远的影响。而丧服习俗则是宗教思想影响人们思维和生活的一个外在表现，寄托了生者对逝者的哀悼和怀念。宗教宣扬的灵魂不灭之说和生命崇拜共同支撑着丧葬文化的信仰基础。而这种信仰使人们怀揣着美好的愿望，指引人们树立正确的生死观，理解生命的意义，积极地实现生活的价值。

2．遵循孝义，承扬传统

我国自古被称为礼仪之邦，尤其重视孝道。亲人为逝者披麻戴孝，表达的就是一个“孝”字。从五服制度便可看出，越是亲密的关系，服的孝越重。到了当代，这一传统仍然被保留，如南通地区，只有孝子才会在鞋面上钉有麻布，而女儿、女婿则只需要钉一块白布就可以，侄子侄女辈甚至都不需要为其穿孝鞋；泰州地区则是只有孝子佩戴麻布孝帽，并且在帽子上坠有棉花球（一般是带籽的棉花），象征多子多福，其他亲友则是白色、黄色甚至红白相间的孝带。

中华民族自古是一个注重血脉传承的民族，传统的丧服还有一个功能就是“明宗法”，即让人明白自己所属的宗族关系，以及个人的权利和义务。旧时只有“五服”以内的亲属需要穿丧服，沿袭至今，来参加葬礼的亲朋好友只要求不穿着艳丽的服装即可。江苏南通地区会要求远亲甚至近邻在腰间系一条白色孝带；泰州地区则在头上扎一块红色或者白色的毛巾；南京地区则要求亲友佩戴黑纱和小白花，以表达对逝者的哀思之情。

传统五服，按照与逝者关系的亲疏远近，可区分其所穿戴的丧服款式。由此可以看出，丧服还有“显等级”的功能，即显示逝者的社会等级，不同的社会地位死后会享受到不同的礼仪。虽然古代丧服不光子女为长辈穿戴，而且长辈也要为早逝的子女穿戴丧服，但是由于古代森严的等级制度和地位观念，有时候穿戴丧服只是单向的，如臣子需要为君主穿丧服，而君主则不为臣子服丧等。

我国的丧服习俗中采用的色彩基本都是参照“五行五色”学说，传统观念里丧事是有“尚白”情结的，白色一直以来都是丧服的主流色彩，而近代西方丧葬礼俗为我们引入了黑色丧服的概念，除了黑纱外，江苏地区未曾出现大面积黑色在丧服中的运用，但丧服的传统色彩——白色也出现了锐减甚至被取代的趋势，尤其是在大城市的丧礼中，所着丧服已经被黑臂章和别于胸前的小白花取代，我国丧服传统的白色仅仅体现在一朵小白花上。直至当代，虽然江苏地区的丧服形制一直在简化，但并不表示它会就此消失，我们仍然在丧服中能看到“白”“麻”“披”“衣”“裳”等关键元素的存在，且更加实用化、生活化，所谓“传统”在生活中已经发生了改变。江苏地区的丧服在传承和革新中所孕育出的新的丧服形制未必不能称为“传统”丧服，其同样表达着一种孝道观念，传递着我国传统的礼仪文化。

从江苏地区丧服形制及习俗从古至今的演变可以看出，现代化与传统并非完全对立，丧服形制的继承或革新与当时社会的经济、政治、文化的发展相适应，由古代丧服的迷信色彩与等级观念的表达，到现代丧服注重孝道和哀思，日趋简化将成为江苏地区丧服演变的一种趋势。丧服本身蕴含着深厚的文化内涵，它是物质文化发展的产物，又有丰富的精神文化内涵。纵观江苏地区的丧服形制及习俗的演变可以发现，其形制基本沿袭了我国传统“五服”的形制，但在旧式丧服的基础上融入了西方文化，并展现了江苏各地区的地域文化个性。

丧服是人们的一种精神寄托，以此来安慰亡灵，传递生者对逝者的哀思。展现各个时期人们的宗教信仰、精神追求以及对生命的崇拜，描绘了祈求祖先庇佑子孙的美好愿望，体现了传统“礼俗”文化的传承性，是人们对生命价值的再认识和对生活意义的重新思考，也反映着一个时期整个社会的政治、经济与文化的发展水平。

第四节　岁时节日服饰

岁时节日始自先秦二十四节气，节气为岁时节日提供了必要条件，至汉代，我国主要传统节日已基本定型。但此时岁时节日与原始崇拜和禁忌密不可分，带有浓重的神秘色彩，承载着古代天文、地理、历法、术数、神话等自然和人文内涵。它既包含了季节转化相交接的节气日，也包含祭祀、神话故事等人文节日体系。

传统节日中盛行的节俗活动形式多样，公共娱乐性强，构成了别具一格的社会风俗画卷。在各朝代继承和发展的过程中，人文节日越发突出，岁时节日成为礼仪交际与公共娱乐的代名词，在衣食住行上均有体现，至今仍然通用。其中以服饰来象征节令转换或表达岁时节日内涵的传统由来已久。随四季变化，人们改变衣着，通过服饰的色彩、图案进行模拟情境设定，形成了生动和谐、时节有序与内外融合的服饰文化。岁时节日服饰记录了不同时期社会文明发展的足迹，以服饰这一物态的可视符号将节日文化淋漓尽致地展现出来。

明代是我国岁时节日集大成的朝代，明代岁时节日服饰是我国传统岁时节日习俗的特殊代表。研究团队对岁时节日服饰进行了研究，例如张书华等曾发表文章《明代宫廷岁时节日服饰应景纹样与民间节俗关系研究》[1]，本节以此研究为典型，介绍明代宫廷岁时节日服饰应景纹样及与之相关的岁时节俗。

一、岁时节俗

《晏子春秋》有云："百里而异习，千里而殊俗"，明代疆域辽阔，各地区之间的岁时节日体系相差甚远。明代宫廷岁时活动、习俗与民间有相通之处。例如，明代京城人士元日出门拜年头戴"闹嚷嚷"，以乌金纸制成，或大如手掌或小如钱的"胜"，形状各异，有飞鹅状、蝴蝶状、蚂蚱状等。男女老幼各戴一枝于首，富贵者有插满头的。而宫中也有"自岁暮正旦，咸头戴闹蛾，乃乌金纸裁成，画颜色装就者，亦有用草虫蝴蝶者。或簪于首，以应节景。仍有真正小葫芦如豌豆大者，名曰'草里金'，二枚可值二三两不等，皆贵尚焉"的记载；重阳节当日皇帝带领宫眷爬万岁山或兔儿山，翻晒冬衣，吃兔肉御寒，喝菊花酒，民间亦是如此，例如京城平民亦带着酒具、茶具、食盒到京郊诸山登高嬉乐，杭州人士登临城南吴山，前望大江，后眺西湖，南京人士登临雨花台。山东兖州士绅在重阳时"其桌、其炕、其灯、其炉、其盘、其盒、其盆盎、其肴器、其杯盘大觥、其壶、其帏、其褥、其酒、其面食、其衣服花样，无不菊者"。都说明宫内宫外活动有相通之处。

明代宫廷岁时活动也有不同于民间的特色。首先，宫廷内节期更长。《酌中志》中记载的宫内节期几乎都长于宫外岁时节日，例如，端午节，民间一般是初一至初五，而宫廷之中五毒艾虎应景服装要从初一持续到十三。重阳节本是九月初九，但是宫内自九月初一开始便开始吃花糕，宫眷内臣自初四便换上菊花纹样的补服或蟒衣。其次，宫廷内岁时节日食俗更盛。几乎每一个节日都有特定的饮食和饮品，宫人往往不惜重金购买上好的原材料，精心准备，这一点是普通百姓望尘莫及的。最后，宫廷内更注重服饰更换。宫人的服饰纹样随

---

[1] 梁惠娥，张书华．明代宫廷岁时节日服饰应景纹样与民间节俗关系研究［J］．创意与设计，2016（5）：40-47．

着岁时节日的转换而更替，不仅是服饰面料纹样，更有精心刺绣的补子。而民间百姓贫苦者衣衫尚且不足，家境殷实者至多以应景面料制成服装，补服和蟒衣是皇亲国戚或者达官贵人的专属，所以民间岁时节日应景服饰寥寥无几。

宫廷岁时节日活动范围一般局限在宫内，大部分人终其一生不离宫中，而民间岁时节日之间的家庭团聚和公共娱乐功能明显高于宫中。例如，元宵节，皇帝与宫眷、百官至午门外观灯，而内臣至多登楼观看却不得出宫。此时民间百姓无论男女老幼竞相出游观灯、游玩，集市十分繁华，汇集吃喝、杂耍，太平鼓彻夜喧嚣。女子在正月十六更有结伴夜游，走桥摸钉的习俗，元宵期间解除宵禁，各个城门都可以任民往来。

二、岁时节日服饰特征

明代宫廷岁时节日服饰与众多食俗、民俗活动一样都是岁时节日的表现形式和主题道具，具备顺应天时、趋吉祈福、避邪禳灾的内涵，与传统岁时节日内涵相辅相成。

1．顺应天时

明代宫廷与民间节俗都离不开顺应天时、天人相应的思想。以岁时节日的转换来教育人们莫误农时，顺承天意，天人合一。以服饰顺应天时的习俗历史悠久，《后汉书·舆服志》中就有记载帝后服装随季节变动而更替颜色，名曰五时色，民间有地区在嫁娶新妇之时也有准备五时衣的风俗。至明代宫廷出现顺应时节变换的应景服饰，比起五色衣更为华丽，象征意义也更为明确。岁时节日中的元旦节、清明节、重阳节、冬至节都是从节令之中脱离而出，代表了季节交替和天时转换。

2．趋吉祈福

趋吉祈福是岁时节日的重要目的之一，反映在服装上就是“盛服贺岁”，民间男女在吉日尽其所能穿着得体隆重，色彩款式力求吉祥。中秋节代表团圆美满，元宵节寓意天下太平，新年象征辞旧迎新，这些节日都反映出人们趋吉祈福的心理。虽然宫廷内外等级有别，贫富有差，但大家都遵循着这样的观念，在节日期间希望求得好兆头。

3．避邪禳灾

避邪禳灾是岁时节日的传统目的。岁时节日在产生之时就带有浓重的神秘色彩，包含禁忌元素，端午节即是典型的避邪禳灾的节日。人们在此节以插艾叶、饮雄黄酒、吃五毒饼来驱毒，并且在服饰上用五毒艾虎纹样装饰，以虎为正面形象、五毒为反面形象来象征祛除邪魅。民间流行佩戴长命缕、艾叶香囊，给孩童戴上虎头鞋帽，穿五毒纹样的衣服。宫廷五毒艾虎应景纹样大抵来源于此，其避邪禳灾的意义是相通的。

三、岁时节日服饰

在明代，岁时节日活动延承唐宋以来朝廷主导的公共性质，而且兼顾家庭重心，是我国历代传统岁时节日之集大成者。明代宫廷创造出与岁时节日体系相照应的应景纹样，随着时序的转换穿着相应的应景补服或蟒衣。这些纹样蕴含的寓意、更换的时间次序与民间节俗之间存在不可磨灭的关系。

应景纹样，也称应景花样，明清时期，统治者为了改变单调的宫廷生活，模仿民间丰富多彩的民俗活动和穿衣打扮，一年四季随时令节日改换衣着及其纹样。明代宫廷岁时节日服饰应景纹样对应宫廷岁时节日体系。在《酌中志》中作者以“内臣佩服纪略”和“饮食好尚纪略”描述了宫廷节日习俗，以月份为单位，按照时序记载了明代宫廷岁时节日，阐述了岁时节日体系和服饰变换顺序。

明代宫廷月月有节，正月有正旦、立春、人日、上元、燕九、二十五，共六个节日，二月初二,三月初三、清明、二十八,四月有初四、初八、二十八，五月有端午、十三、夏至，六月六、立秋，七月有七夕、中元，八月十五中秋，九月初四、重阳，十月初一、初四，十一月冬至，十二月初八、二十四、除夕夜。这些节日包含着丰富的饮食文化、服饰文化、节日活动，其中应景纹样就是来源于岁时节日体系，和其他节俗活动一样都是明代宫廷生活的重要组成部分。

应景纹样对应岁时节日而使用，按照岁时节日顺序交替更换。据《酌中志》记载:“自年前腊月二十四祭灶之后，宫眷内臣即穿葫芦景补子及蟒衣……元宵，内臣宫眷皆穿灯景补子、蟒衣……五月初一日起，至十三日止，宫眷内臣穿五毒艾虎补子、蟒衣……七月初七日七夕节，宫眷穿鹊桥补子……九月重阳景菊花补子、蟒衣……冬至节，宫眷内臣皆穿阳生补子、蟒衣”，说明明代宫廷宫眷和内臣在岁时节日期间都穿应景补子、蟒衣，又有“自正旦灯景，以至冬至阳生、万寿圣节，各有应景蟒纻；自清明秋千与九月重阳菊花，俱有应景蟒纱”的描述，说明除去应景补子之外还有蟒纻、蟒纱等应景面料。每个岁时节日都对应一至两个应景纹样，这些纹样在使用时还会随机搭配其他吉祥纹样，更显宫廷富贵大气。明代宫廷岁时节日服饰应景纹样可分为民俗活动类、神话传说类和物品象征类。

（一）民俗活动类

灯景纹样，灯景，即灯笼景观，是元宵节应景纹样的代表。元宵节自汉魏时期形成，但“灯节”别称始自于唐朝中期，唐代统治者崇尚佛教也扶持道教，唐玄宗将佛教“燃灯佛”与道教燃灯活动和传统的元宵节联系起来。在唐代统治者的提倡和儒、佛、道三家的支持下，灯节终于成为举国欢庆的节日，长期盛行不衰。元宵灯会是节俗生活中浓墨重彩的一笔，明代更是元宵节的鼎盛时期。自明太祖建国开始就将元宵节延长至十夜，从正月初八直至正月十七，宣德年间更是增加到二十日，所以元宵节堪称明代最盛大和受民众欢迎的节日。例如永乐年间元宵节，京城百官休假十日，东华门外卖灯、买灯、观灯之人络绎不绝。京郊地区用秫秆布置“黄河九曲灯”式灯阵，各家也要点“散灯”一晚至四晚不等。江南张灯五夜，灯市出售各色花灯，品目繁多难以罗列，街头巷尾皎如白昼，热闹非凡。福建元宵也如京师有灯会十夜，家家灯火，亮如白昼，游人仕女竞相出家游玩，竟夜乃散。综上所述，灯景作为元宵节应景纹样当之无愧。

由灯景衍生出的灯笼纹样自宋元时期始见记载，当时被称为“天下乐锦”或是“天下乐晕锦”，明代不仅继续沿用此纹样的织物，也将灯笼景观刺绣在服装上呼应元宵。明代宫廷在元宵节穿灯景补子、蟒衣，不仅表达出元宵节的喜庆氛围，也从侧面反映元宵节是官民同乐的欢乐节日。图1–15所示为明万历皇帝用的元宵节补子，以双龙观灯为主体，中间的灯笼造型复杂，顶部装饰宝珠，通体刺绣吉祥纹样，底座坠莲花，旁边垂吊繁复精致的飘带。空余处搭配花卉、祥云，构图饱满，配色热烈喜庆，是典型的元宵应景补子。图1–16所示为用于家具上的灯笼刺绣面料，刻画出具象的灯笼形象。

图1–15 （明万历）刺绣龙纹灯笼纹圆补

图1–16 （明）刺绣灯笼面料

清明节代表的应景纹样为秋千纹样。秋千游戏由来已久，宋代高承在其著作《事物纪原》中记载秋千为春秋战国时期北方山戎人在寒食节的民俗活动之一。后齐桓公北伐山戎，秋千传入中原。寒食节又称冷节、禁烟节，最初是清明前两天的节日，汉代寒食节就设定在清明节前三天，唐宋时期改在清明前一天，后寒食与清明逐渐融合。明代时寒食已经融合到清明之中，人们在这一天扫墓、祭拜、戴柳踏青，北京城内车马喧阗。而秋千作为曾经的寒食节俗也融入清明之内，明人谢肇淛在其著作《五杂俎》中云："今清明寒食时，惟有秋千一事，较之诸戏为雅"。所以秋千之戏在明代是清明节的标志之一。

至于明代宫廷，清明节则在各宫安放一秋千供宫人嬉戏，所以秋千在宫廷也是清明节的标志性景观。宫人们将秋千配以龙凤纹或花卉，又或者以嬉戏秋千的女子制成应景服饰。图1-17所示为明代金绣龙纹秋千补子，是明代宫廷清明节应景补子代表，圆补当中四条盘金龙，中间两条龙双爪抓住绳索，另外两只龙爪立于踏板之上，奇思妙想，不拘一格。图1-18所示为秋千仕女的经皮面，原是用作服装上的匹料，后被用来包裹佛经，是典型的秋千仕女纹样，图案中仕女衣着鲜艳，身姿轻盈，立于秋千之上嬉戏，生动活泼。再配以花卉和枝叶，春天气息扑面而来。

图1-17 （明）洒线盘金绣龙纹秋千圆补

图1-18 （明）洒线绣秋千仕女经皮面

（二）神话传说类

七夕节代表的应景纹样为鹊桥纹样，源于织女牛郎的神话故事。七夕节又称乞巧节，在六朝时期就成为固定岁时节日，传说此晚喜鹊搭桥让牛郎织女在天河相会。七夕既有凄美爱情故事的渲染，又有乞巧的习俗，女子在七夕节以对月穿针、蜘蛛结网、浮针乞巧等方式乞巧。

《万历野获编》有记载："七夕，暑退凉至，自是一年佳候。至于曝衣穿针、鹊桥牛女，所不论也。宋世，禁中以金银摩睺罗为玩具，分赐大臣。今内廷虽尚设乞巧山子，兵仗局进乞巧针，至宫嫔辈则皆衣鹊桥补服，而外廷侍从不及拜赐矣。"说明明代宫廷女眷在七夕节穿鹊桥补子的衣服，在宫中乞巧。图1-19和图1-20都是明代宫廷七夕节应景补子代表，图1-19中两条金龙在云间穿梭，银河之上是石桥，左上方以四颗星星代表织女投给牛郎的四个梭子，右上方三颗星代表牛郎投给织女的牛拐子，云雾之中两个宫殿隔河相望代表牛郎织女天各一方。虽未直接表现织女牛郎相会，却用银河、星星、宫殿和桥代表织女牛郎鹊桥相会的情景。图1-20则直观表达了织女牛郎相会的情景，构图严谨对称。这两幅图均为明代宫廷七夕节极具代表性的应景纹样。

图1-19 （明）牛郎织女纹方补

图1-20 （明）刺绣牛郎织女鹊桥补子

中秋节代表的应景纹样是玉兔纹样，源于嫦娥奔月、玉兔捣药的神话故事。中秋节在明代以前是一般性节日，至明代地位上升，成为主要传统节日之一。唐宋时期人们以赏月、玩月等社交娱乐活动为主，而明代在赏月的同时增加了祭月的神话性特征。明京城人士在市场上买月光菩萨像，家家设神位，供圆形果、饼和莲花形状的西瓜，然后在夜间供祭、叩拜。亲朋好友之间馈赠月饼，有趣的是在当时也有哄抬物价的现象，有"市肆以果为馅，巧名异状，有一饼值数百钱者"的说法。无论是赏月、拜月，中秋节总归离不开一个月字，所以此节应景纹样以玉兔和月亮为主，或者以其他吉祥纹样搭配满月，更显精致。

明代宫廷在中秋节各宫团圆，焚香祭拜月神，供月饼瓜果，穿着天仙、玉兔纹样的服装。象征中秋团圆美满。图1-21所示为皇后所用的中秋节缉线绣补子，此补子正中央为一正面金龙，两侧各有一个小凤鸟图案，四周浮满祥云，水浪纹中间有象牙、珊瑚、银锭、宝珠纹，龙的下方为一圆圆的玉兔，构图饱满，玉兔圆润可爱，是中秋节补子的主要代表。图1-22所示为也是明神宗时期的玉兔纹应景补子，神宗生日在八月十七，即中秋之后两日，所以定陵出土的明神宗帝后服饰中就有很多造型可爱的玉兔形象。此时期的中秋补子将寿纹和玉兔纹放在一起，庆寿图案与应景图案结合，给人喜上加喜的感觉。值得一提的是，这种组合形式不止一种，若寿诞日期与某一节日相近，都可将应景纹样和庆寿纹样结合，以示双喜临门。

图1-21 （明）缉线绣皇后中秋节补子

图1-22 （明万历）刺绣“卍寿”玉兔纹方补

（三）物品象征类

年节期间的代表纹样是葫芦纹样，运用于腊月二十四祭灶日至正旦日。祭灶又称辞灶、小年，源自古代祭礼，明代以前是腊月二十四，清朝以后北方腊月二十三，南方腊月二十四。从祭灶至正旦日跨越整个年节，人们要经历祭灶、除夕、元旦。在此期间需要祭灶、打扫房间、置办年货、贴春联窗花、燃放烟花爆竹，除夕合家团聚吃团圆饭，守岁。明人在除夕夜要“燃灯照岁”。正旦日是一年之首，人们穿新衣、吃时令佳品，打扮出门给亲戚朋友拜年。在此期间商铺歇业，家人团聚，举国同乐迎接新一年的到来。宫廷腊月二十四至次年正月十七，每日白昼都要在乾清宫门前燃放烟花爆竹，显示与民同庆。

明代宫廷自祭灶至正旦穿着葫芦纹样的服饰以应其景，以葫芦迎接一年之始。葫芦又名壹芦、匏瓜。“壹”字在《说文》中解释为“从壶，吉声”，匏

图1-23 （明万历）正红地刺绣卍寿葫芦景寿山福海龙纹圆补

图1-24 （明万历）缎绣大吉葫芦纹膝裤

是葫芦做的容器，形状也与壶相近，可见葫芦在这里表示“壹”，象征万物之始。葫芦纹样满足了人们年节期间辞旧迎新的心理。例如图1-23所示为明代宫廷葫芦应景补子，该补子以龙纹、葫芦搭配祥云图案，颜色以红色调为主，与年节期间的热烈氛围相互呼应。图1-24所示为万历皇帝棺内出土的缎绣大吉葫芦纹膝裤，正面绣蟠龙戏珠，龙头之上是大吉葫芦，背面绣葫芦、八宝、蜜蜂和花卉纹样。

重阳节的应景纹样为菊花纹样。重阳节，又名九月九、重九日、登高节、晒秋节。起源于秋游登高去灾避祸的传说，《易经》将九作为阳数，九月九日两九相重、两阳并重，国人以阳为上，故十分重视此日。重阳作为节日最早描述在屈原的《楚辞·远游》中，唐代时正式定为传统节日，此后历代沿用并传承至今。重阳当天有秋游、登高、插茱萸、赏菊、饮菊花酒的习俗。而菊花更是重阳节的重要标志。屈原有“夕餐秋菊之落英”的句子，汉代《西京杂记》中也有记载重阳节要佩茱萸、饮菊花酒，以求长寿。晋代更是推崇在重阳当天要宴饮、赏菊、喝菊花酒，也有将菊花簪在头上的习俗。宋人将彩缯剪成菊花形状来佩戴，酒家将菊花扎成门廊招揽顾客。而民间有把九月称为“菊月”的说法。无论是赏菊、饮菊、簪菊、还是以其作为装饰，都说明菊花是重阳节当之无愧的代表。

明代宫廷自九月初便在宫内摆放菊花，重阳节当日皇帝爬山登高，阖宫制衣御寒、翻晒冬衣，吃麻辣兔、饮菊花酒以应其景。自初四起便换上菊花应景纹样的衣服直至重阳以后。图1-25所示为万历年间重阳节菊花应景补子，以金龙与菊花搭配，构图饱满，整个图案颜色富丽堂皇。图1-26、图1-27所示为典型的菊花妆花纱和妆花缎，其中图1-26是宣德年间浅黄地五彩玉兔牡丹菊花妆花纱，由于重阳节与中秋节十分接近，所以将两种纹样组合使用。

图1-25 （明万历）洒线绣菊花龙纹方补

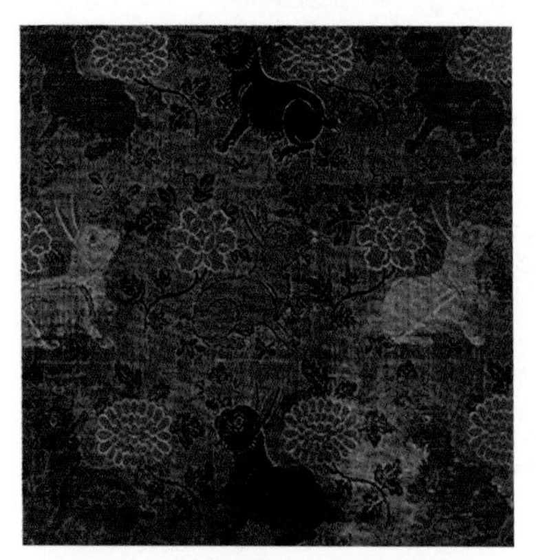

图1-26 （明宣德）五彩玉兔菊花纹妆花纱

图1-27 （明嘉靖）折枝菊花纹妆花缎

端午节的代表纹样为艾虎纹样。端午节又称端阳节、天中节、地蜡节。民间说法此节为纪念屈原，但争议较大。其实端午节的诸多活动早在屈原之前就已出现，比如竞渡活动来源于春秋时期越王勾践操练水军。端午节为每年五月初五，此月被称为毒月，五日更为恶日，早在《夏小正》中就有记载此日需要蓄药以驱散毒气，说明自先秦时便将此日视为不吉的恶日。后世此节虽然弱化了不祥的象征，但仍保留下了祛毒避祸的习俗。人们在此节祀神、竞渡、食粽、悬艾叶菖蒲，在身上佩香囊、系五色丝带、佩戴端午索、佩戴艾虎、穿虎头鞋。明代端午节京城人士午时前避入天坛、过午方出，意在避毒，同时喝菖蒲酒、雄黄酒，以艾插门避毒，同时为小儿佩戴上端午索和五色线，男子戴艾叶，女子以五毒灵符簪发。故将艾、虎和五毒作为端午节的代表纹样。

明代宫廷在五月都有特别装饰，要在“门两旁安菖蒲、艾盆。门上悬挂吊屏，上画天师或仙子、仙女执剑降毒故事，如年节之门神焉。悬一月方撤也。”说明宫廷和民间一样祛毒避祸，并且在五月初一至十三日宫眷穿着五毒艾虎图案的服装。图1-28、图1-29所示为孝靖皇后棺内出土的五毒艾虎补服，其中图1-28的胸补为对襟，两虎相对，绣有花卉、蛇和蜈蚣等，叶子象征艾；背补相对保存更为完整，可以清晰地看出补子中间是一只卧虎，虎周围绣艾叶、花卉和五毒纹，其中蛇盘在植物之上，壁虎、蜈蚣、蝎子、蟾蜍或爬或跳，形态各异，形象灵活生动。图1-30为明万历年间红地奔虎五毒纹妆花纱，此纱以红色平纹织就为地，十分精致。面料以五毒艾虎构成，其中虎为奔虎，更显虎的威风，艾叶被虎衔在口中，是典型的艾虎组合纹。周围的五毒形态各异，蜈蚣、蛇、壁虎作爬行状，蝎子尾巴高高翘起，蟾蜍前腿腾空几欲跳跃，构图十分饱满几乎不留空隙。

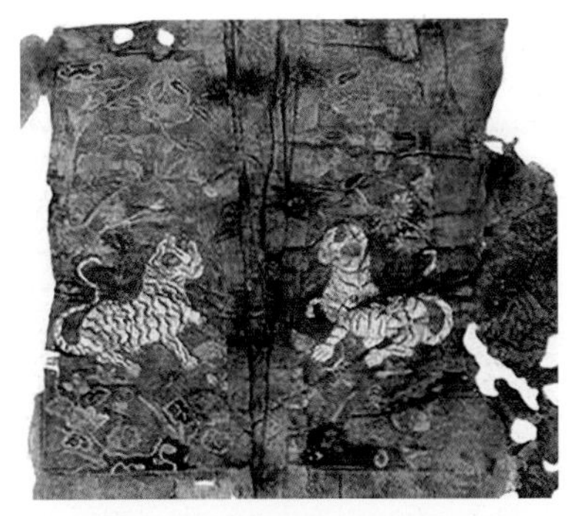

图1-28 （明万历）红暗花罗方领女袄胸补

冬至节的代表纹样是阳升纹样。冬至节又名冬节、大冬、亚岁。周代以十一月为正，秦也以冬至作为岁首，至汉代将冬至作为节日沿袭至今。明代中期以前冬至是大节，但自正统乙巳之变（1449年）之后此礼被废弃，所以明代后期民俗资料里就少见冬至拜年的情况了，民间已不大重视冬至节。虽此节名头大不如前，但是朝廷仍然重视，在此节接受万国朝贺，百官吉服三日类似元旦。

图1-29 （明万历）红暗花罗方领女袄背补

明代宫廷冬至日在室内悬挂“绵羊太子”与“九九消寒图”，穿阳升纹样的服装，寓意冬去春来。古人认为虽然冬至是冬天的开端，但自冬至起阳气始升，所以以阳升纹样来代表冬至。一般用“绵羊太子”，即以儿童身穿冬衣，肩负梅花，骑白羊象征冬去春来，或用口吐瑞气的羊及三阳开泰来作为题材，以“羊”来代表“阳”。这些图案都可以运用在服饰、织物中，作为冬至乃至冬季的应景纹样。如图1-31、图1-32，取自服装上的前后补子，胸补中绣四只凤凰，沿门襟对称，背补绣五只凤凰沿中间一只凤凰对称，两幅补子均以松、竹、梅花、牡丹等纹样作为配景，胸补中两只羊对称呈犄角之势，背补中有羊一只，象征“三阳开泰”。在图案中还有

图1-30 （明万历）红地奔虎五毒纹妆花纱

图1-31 （明）凤凰牡丹纹洒线绣胸补

图1-32 （明）凤凰牡丹纹洒线绣背补

图1-33 （明）织彩太子绵羊纹妆花缎

云纹升腾，象征阳气上升，十分精致。图1-33为明代太子绵羊纹妆花缎，图中童子肩负梅花，骑羊而来，此面料为红色织金妆花缎，配色热烈，是典型的冬至应景面料。

岁时节日的起源是古人在探索人与自然的关系中确立的，它反映了古人利用自然规律求生存的思想。中国传统岁时节日服饰已有上千年的历史，融合了民众对传统节日的民族记忆与情感，传统岁时节日服饰是节日庆典与祭祀的主题道具，受古代顺应天时思想的影响。

明代宫廷有一套完整的岁时节日体系，而且有随岁时节日时序变换服饰纹样的习俗。在节日期间选取代表此节日的民俗现象或物品以应其景。这些纹样被运用在补子和面料上。宫廷岁时节日服饰应景纹样表现形式有织锦、花纱、贮丝等面料，也有补子、袜子、香囊等服装和配饰等，岁时节日体系和应景纹样相互照映构成了明代宫廷岁时节日独特的服饰习俗。

民间有“十里不同风，百里不同俗”的说法。明代宫廷与民间岁时节日活动有相通之处，宫人来自全国各地，所以宫内汲取民间节俗之乐也不足为奇。不同之处在于宫廷内节期更长，饮食更加精美，尤其注重服饰更换。岁时节日服饰成为一种符号象征，与民间岁时节日内涵互通，服饰之中的应景纹样与民间岁时节日的精神内涵、民俗活动亦相互照映。明代宫廷岁时节日服饰应景纹样在岁时节日符号中别具一格，宫廷与民间岁时节日习俗相互影响，明代宫廷岁时节日服饰应景纹样有民俗活动类、神话传说类和物品象征类，其中包含的顺应天时、趋吉祈福、避祸禳灾的内涵也相互通融，造就了岁时节日服饰应景纹样这一特殊题材，成为我国传统岁时节日文化的集中体现。

第二章

地域篇

中国传统民间服饰文化博大精深、历史悠久，在特定历史时期、社会背景、区域文化和审美思想的影响下，不同地域的民间服饰在造型形制、色彩表现、装饰工艺等方面的表现不尽相同，反映出汉民族服饰既统一又各具地域性的特点。

第一节　服饰地域特色

汉族民间服饰与每个人的生活息息相关，体现了汉民族文化的本土特色，其涉及和反映的层面是多而复杂的。从小的方面来讲，具体到每一件衣服的制作方法、材料应用、色彩选择等都折射出穿着者的身份地位和审美取向；从大的方面来讲，一个时代的总体服饰体现出这个时代的生产力水平、科学技术发展和人文时代精神，一个地域的典型服饰反映着这个地域所具有的独特的民俗风貌、文化理念和审美情感。

汉族主流文化圈在地域的划分上大同小异。姜义华《中华文化通志》[1]把我国汉民族文化主要分为10个区域，分别是秦陇文化、中原文化、晋文化、燕赵文化、齐鲁文化、巴蜀文化、荆楚文化、吴越文化、闽台文化、岭南文化。袁少芬《汉族地域文化研究》[2]将地域文化划分为秦晋地域文化、齐鲁地域文化、燕赵地域文化、东北地域文化、西北地域文化、西南地域文化、巴蜀地域文化、湘鄂地域文化、吴越地域文化、闽台地域文化、岭南客家地域文化等12片区域。中华文明绵延至今五千年，赋予神州大地丰厚的历史积淀和文化底蕴，汉族的地域性差异使汉族历史文化根深蒂固，展现出博大渊深的地域文化特点，而各地区民间服饰更是在其影响下，逐渐形成了既统一又多姿多彩的地域性特色。

本书基于已有的中国汉族文化圈划分，选择中原地区、江南地区和闽南地区作为研究对象，以三个地区的民间服饰传世品作为实证研究对象，结合地方史志、著作、论文等文献资料考证，总结不同地域民间服饰所具有的形制特点、色彩表达和装饰工艺。中国传统民间服饰是一个地域文化的重要标志，中原地区、江南地区和闽南地区三个地区的服饰文化因地理环境、历史文化和民俗氛围等不同影响而各具特色，是研究汉民族服饰文化多样性的典型代表地

---

[1] 姜义华．中华文化通志［M］．上海：上海人民出版社，1999：9-15．

[2] 袁少芬．汉族地域文化研究［M］．南宁：广西人民出版社，1999：50-51．

区。通过梳理我国主要汉族地域民间服饰的审美特色和文化意涵，从地域角度保护和发展传统民间服饰艺术，保留其精髓，并为相关研究提供一定的借鉴价值，以期传统服饰文化机制得以延续。

一、质朴中原

“中原”有狭义和广义之分，狭义指今河南大部分地区，属于我国古代中部平原。《宋史·李纲传》记载：“自古中兴之王，起于西北，则足以据中原而有东南。”在此“西北”指陕西关中一带，“东南”指江南，“中原”就是指河南一带。广义的“中原”多是指黄河中下游地区，诸葛亮《出师表》：“今南方已定，兵甲已足，当奖帅三军，北定中原”[1]。古代，“中原”以指广义的为多，具体是指以洛邑地区为中心，方圆五百里的地区，几乎囊括了今河南省，并包含山西、陕西、山东、河北等省的部分地区。《辞海》中对“中原”的界定是：“古称河南及附近地区为中原，东晋南宋亦有统指黄河下游为中原者。”虽然古代河南曾归于不同的行政区域，甚至隶属管辖的政权也不相同，但共同的地理环境，使黄河中下游地区形成了相似的文化特征。特别是元朝以来，由称作河南江北行省的行政区划所管理黄河中下游地区，进一步加快了中原文化区域的形成。近代以来，“中原”多指狭义的中原，因此，本章节研究地区范围主要集中在今河南省境内，该地区是我国由东部平原向西部丘陵山区的过渡地区[2]。

中原地区是华夏文明的源头，是中国几千年来农业文明的核心地区。由于受到当时传统农耕生产方式、严格的礼法制度以及传统宗教思想等因素的制约，中原地区的文化反映在服饰文化上，呈现出独特的地方特色和鲜明的着装特征。

二、细腻江南

历史上江南地区为吴越之地。关于江南地区的范围界定，在江南地区服饰文化研究领域有两种说法：其一为狭义的江南，包括江苏省南部、上海市和浙江省北部的部分地区，尤指今天的“江苏苏州以东的角直、胜浦、唯亭、

---

❶ 单远慕．中原文化志［M］．上海：上海人民出版社1998：10．

❷ 邢乐．近代中原地区汉族服饰文化流变与其现代传播研究［D］．无锡：江南大学，2017．

车坊、张浦、斜塘、埼塘、菱封、陆墓、周庄乃至包括上海青浦的朱家角等地”[1]，即以水稻田劳作为主要生产方式的江南水乡地区，又称为“稻作文化”地区；其二为广义的江南，就明清而言，以经济条件为依据，江南地区的范围是今苏南浙北，即明清的苏、松、常、镇、宁、杭、嘉、湖八府以及由苏州府划出的仓州[2]。“八府一州”区域由于其经济的紧密度和发展水平，古称吴或三吴，所以广义上的江南地区与吴文化地区的地理范围大致相同[3]。

本章节所提到的江南，是从服装研究角度所形成的独特的“江南”，即苏州东部的角直、唯亭、胜浦、斜塘、跨塘、车坊、周庄及苏州郊区等地。这些地区妇女的服饰受当地独特的自然地理环境影响，形成特有的水乡稻作文化服饰，尤其以妇女衣着为主，既方便江南妇女在水乡田间辛勤劳作，又映衬出江南女子对美的独特追求。在历史的演变进程中，江南地区的人们用智慧和勤劳创造出独特的地域文化、人文环境、民俗风情等具有典型区域特色的民间服饰文化，其造型、色彩和装饰工艺的独特性成为江南地域文化的标识。

三、灵秀闽南

“闽”是我国福建省的简称，闽南在地理上即为福建南部地区，行政上包括泉州、漳州、厦门三地，临台湾海峡，具有海洋文化背景，因而沿海渔女服饰文化特点显著。其中惠安女服饰作为第一批国家级非物质文化遗产，以独具一格的服饰形象名扬四海，成为闽南海洋服饰文化的名片，也被视作“中国服饰精华的一部分”[4]。“惠安女”不是惠安县所有的女性群体，而是福建泉州惠安县东南部崇武半岛一带的女性群体，包括惠安县崇武郊区、大岞、小岞、山霞、净峰等地[5]。这些地区地处东南沿海凸出部位，地贫人稠、海域面积广阔、气温高、光热丰富，地理位置相对闭塞。惠安女便是生活在该地域并经过长时间与各族群不断地交流融合后的汉族女性，她们的服饰源于闽越文化，融会了中原文化与海洋文化的精华，经过一千多年的演变和传承顽强地保留下来[6]。

---

❶ 张竞琼，崔荣荣，刘水．江南水乡妇女首服的形制与渊源［J］．纺织学报，2005（5）：132-134．
❷ 李伯重．简论“江南地区”的界定［J］．中国社会经济史研究，1991（1）：100-105．
❸ 李冬蕾，梁惠娥．明代江南地区女性头饰研究现状及发展趋势［J］．服饰导刊，2019，8（4）：37-42．
❹ 和立勇，郑甸．闽台传统服饰习俗文化遗产资源调查［M］．厦门：厦门大学出版社，2014：5．
❺ 耿馨．惠安女服装结构及其面料舒适性研究［D］．上海：东华大学，2014．
❻ 周仕平，林联华．大岞村惠安女服饰探源［J］．黎明职业大学学报，2006（4）：65-67．

从清末的头戴巾仔、身穿接袖衫、下着大折裤、腰系腰巾，到现今“黄斗笠、花头巾、蓝短衫、银腰链、黑筒裤”的典型渔女形象[1]，具有很强的色彩感染力，已经成为一种极具区域特色的服饰文化现象。

第二节 服饰形制地域类别

服饰是人类特有的劳动成果，它既是物质文明的结晶，又具精神文明的意义[2]。在历经奴隶社会千余年的服装发展之后，中国传统的服装形成不外乎上衣下裳制和上下连属制两种主要的形制，并在这两种形制基础上不断地演化和发展，最终形成了中华传统服饰的独特风格。因不同地域具有文化背景、民俗风貌等差异性，民间服饰在沿袭传统服饰形制的基础上，又独具地方特色。研究团队对中原、江南、闽南地区的服饰形制进行了研究，例如邢乐的博士论文《近代中原地区汉族服饰文化流变与其现代传播研究》[3]第二章近代中原汉族民间服饰种类与形制、沈天琦等曾发表《江南女性服饰的形与色研究》[4]文章、张静的硕士论文《近现代闽南、江南、皖南地区民间妇女服饰比较》[5]、梁惠娥等著《汉族民间服饰文化》[6]书中第六章独具特色的汉族民间服饰等。

一、中原地区民间服饰形制

近代中原“上衣下裳”的传统着装中，上衣主要有袍、袄、衫、褂、马甲，可为单、夹或者棉制，下装以裙和裤为主，裙有马面裙、百褶裙、凤尾裙等，裤分为紧身裤、大裆裤、套裤、大腰棉裤。男女服装按照着装场合与季节分类，见表2-1。男士服装形制比较固定，而女士服装因制作精美程度的不同适用于不同的着装场合，其中装饰精美的云肩、裙、旗袍等多为礼仪服饰。

---

[1] 卢新燕．福建三大渔女服饰文化与工艺［M］．北京：中国纺织出版社，2014：6．

[2] 李芒环．中国的服饰文化［M］．芜湖：安徽师范大学出版社，2012：12．

[3] 邢乐．近代中原地区汉族服饰文化流变与其现代传播研究［D］．无锡：江南大学，2017．

[4] 沈天琦，梁惠娥．江南女性服饰的形与色研究［J］．服饰导刊，2016，5（1）：39-45．

[5] 张静．近现代闽南、江南、皖南地区民间妇女服饰比较［D］．无锡：江南大学，2008．

[6] 梁惠娥，崔荣荣，贾蕾蕾．汉族民间服饰文化［M］．北京：中国纺织出版社，2018．

表2-1 近代中原民间服装种类表

着装季节	男子		妇女	
	盛装	常服	盛装	常服
秋冬	袄、褂、西服、中山装、裤、马甲	长棉袄、短襟棉袄、大腰裤、皮袄、皮袍、裤	大襟袄、褂、裙、云肩、旗袍	大襟袄、大腰棉裤、套裤、绑腿
春夏	长袍、马褂、衫、裤	粗布小夹衣、短袖、汗衫、长裤、齐膝短裤	衫、裙、短袖、长裙、旗袍	衫、旗袍、大裆裤、紧身裤

具体来看中原汉族民间服装形制与结构特征。上衣展开多呈平面直线“十字”造型，对襟或大襟右衽居多，一般情况下，妇女服装多衣身宽大，衣长过臀，长袖或七分袖，多见于袄和衫；男士服装衣身较窄，多见于褂和袍，对襟或偏襟，装饰较少。图2-1所示为近代中原地区典型的镶边女袄，大襟右衽，宽身大袖，立领圆摆，两侧开衩，衣长为103.5厘米，通袖长148.5厘米，前胸宽62厘米，下摆宽90厘米，领高3.5厘米，袖口宽45.5厘米，挽袖宽20厘米，门襟及挽袖镶机制花边。服装强调纵向的延伸感，常在领围、胸肩部、袖口饰以镶边、贴边等线性装饰，其纵向的装饰手法使着装对象显得修长，以平衡宽大的服装造型。

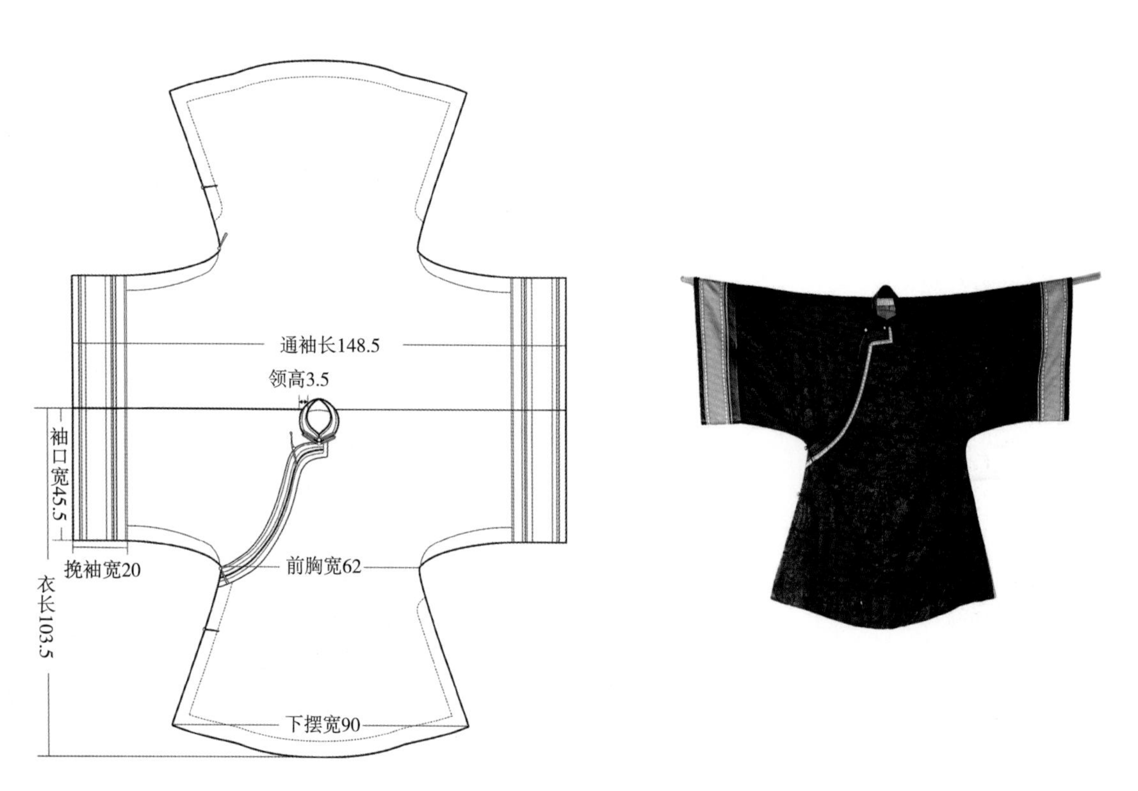

图2-1 近代中原袄形制结构与测量尺寸（单位：厘米）

近代中原男士下装形制比较单一，以裤、套裤、绑腿为主，妇女下装主要由裙和裤构成，形制丰富。裙主要包含马面裙（图2-2）、凤尾裙（图2-3）、百褶裙、鱼鳞裙，为妇女较为正式的下装形式。中原男女日常下身着装穿裤较多，大腰裤、大裆裤或套裤，裆深47～54厘米，脚口宽20～35厘米，因腰部肥大，男子穿着时多束大腰带，女子系布带。各类下装仍呈现平面的造型，以裙装为例，平铺呈现"围式"结构。图2-4所示为近代中原鱼鳞百褶裙，裙长92厘米，腰围68厘米，腰头高15厘米，展开为长方形或梯形，与我国传统服饰平面造型理念一脉相承，不追求对人体曲线的塑造，体现了东方人整体性及内省的思想意识。

此外，中原汉族民间服饰呈现出特殊服制现象——左衽。服装的门襟指的是衣服上的一种开口方式，目的是方便服装穿着，一般从领圈处开口后

图2-2 中原地区马面裙

图2-3 中原地区花卉凤尾裙

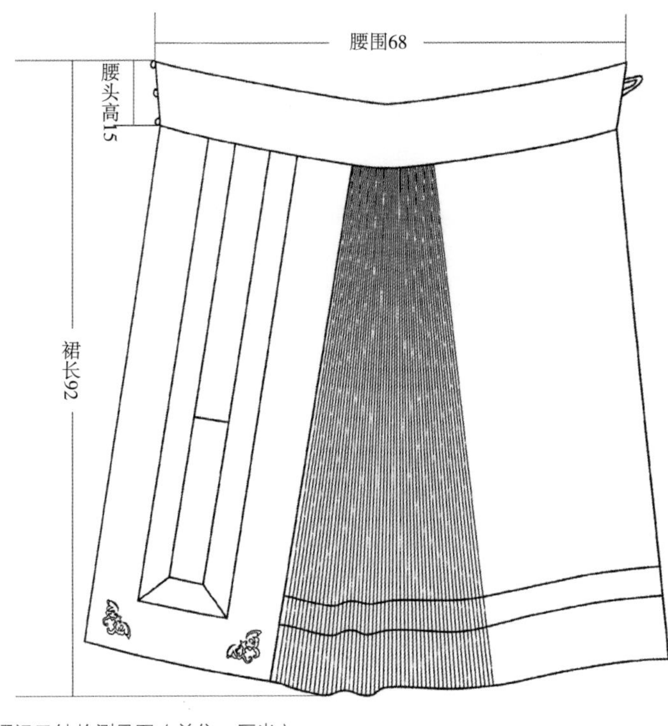

图2-4 中原地区百褶裙及结构测量图（单位：厘米）

顺延至下摆，由于所占位置、比例在整件服装中比较鲜明，通常是传统服装造型的重点[1]。如图2-5所示，近代中原民间服饰门襟造型多样，对襟或偏襟、直角或圆角、单边镶绲或多层镶绲，并与不同的领型、纹样、胸肩部装饰结构结合呈现丰富的艺术表现。一般情况下，衣襟不分男女都是左襟压右襟，称为“右衽”，如图2-5（b）所示，相反，衣缘右襟压左襟称为“左衽”，如图2-5（c）所示。关于传统服装中的左衽形式，目前学术界大致有以下三种观点：其一，指西北等少数民族服饰形制，由于华夷间的民族矛盾和文化差异，“左衽人”常常受中原人歧视，甚至把左衽与右衽视为野蛮与文明的分水岭；其二，代表生者与逝者着装差异的象征，《礼记·丧服大记》记载：“小殓大殓，祭服不到，皆左衽，结绞不纽”，即生者用右手解抽衣带，逝者入殓衣服用“左衽”，衣结用死结，通过中原地区地方史志丧葬服饰考证，亡人着左衽服装这一观点得到肯定；其三，左右与尊卑观念在服饰形制上的映射，左右本用以区别方位，但在我国古代社会礼仪文化逐渐完善的情况下，形成了尚左或尚右的观念，成为反映社会地位与等级的一种方式[2]。

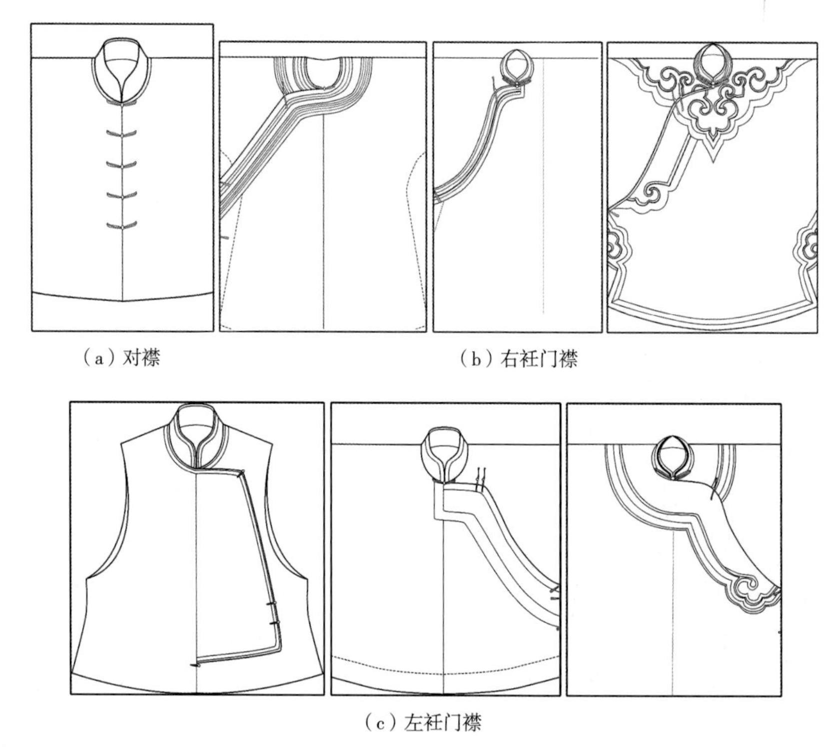

（a）对襟　（b）右衽门襟

（c）左衽门襟

图2-5　近代中原民间服饰门襟造型示意图

---

❶ 魏娜．中国传统服装襟边缘饰研究［D］．苏州：苏州大学，2014．

❷ 王统斌．历代汉族左衽服装流变探究及其启示［D］．无锡：江南大学，2011．

通过对近代中原民间服饰实物梳理中发现，中原地区袄、衫、马甲等服装形制中，左衽门襟形式服装所占比例较大，保存完好，部分实物做工精细，有穿用的痕迹，为民众在世时穿着的服装。如图2-6所示，在20世纪40年代河南灾民的传世照片中，我们可以看到儿童、妇女均着左衽服装。由此证实，近代中原地区左衽服装穿着普遍，并非只为已故者制作。究其缘由，可总结为两点。首先，中原地区汉族左衽服装在一定的历史时期盛行与汉文化同少数民族文化交融密不可分。《后汉书·西羌传》记载："羌胡披发左衽，而与汉人杂处"。《尚书·华命》载："四夷左衽"。自魏晋南北朝以来，中原汉族广泛地吸收了少数民族文化，著名的"赵武灵王胡服骑射"是我国服饰史上一次伟大的变革，汉民族服装形制也在相当程度上胡化。北朝时期，以胡服定为常服，时至北齐，左衽服装则成为较为普遍的装束，为汉人所好，甚至用于礼见朝会。其次，实用性是中原地区左衽服装常见的又一缘由。中原地区人们穿着左衽服装形制较为普遍，多见于妇女服饰，但考证当地村民对"生向右，死向左"的汉族服饰习俗并不知晓，汉族百姓之所以穿着左衽服装唯一的原因就是方便日常生活。另外，中原民间服饰、古代陶俑、壁画中都有大量左衽与右衽并存的现象，在中原这片承载着厚重历史与文明的土地上，族群的迁徙与文化的传播交融影响下形成了复杂多样的服制形制，体现了中原文化巨大的多元性与包容力。

图2-6 着左衽服装的河南灾民

中原地区的服装配饰种类繁多，制作讲究，融实用性与审美性为一体，起到完整服饰形象的作用。按照其佩戴和修饰的部位，可分为以眉勒、帽、暖耳等在内的首服，以荷包为主的腰饰及妇女绣鞋、袜等在内的足衣。中原眉勒多用绸缎或棉布制作，总体呈条状或中心对称的柳叶形，尾部造型略有差异（图2-7、图2-8）。中原男子帽式造型简洁，品类较程式化，在选择上多与着装搭配。图2-9为民国河南偃师地区老照片，男子着西式大衣配礼帽，着中式长袍马褂配皮帽、毡帽或瓜皮帽，着制服多搭配皮帽或大盖帽、大檐帽。清代中晚期，中原地区新娘婚礼上在发髻间与红盖头下，戴绣花如意帽，如图2-10所示，黑底打籽绣如意帽，正面平针绣花卉，背面后搭以打籽绣蝴蝶花卉纹，盘金绣条界边。近代中原儿童所戴帽子简单大方又富有情趣，可分为虎头帽、罗汉帽、风帽、莲花帽等，常采用精美的刺绣、镶缀、彩带、流苏等进行装饰（图2-11、图2-12）。“暖耳”，又称“耳暖”“耳掩儿”或“耳护”，冬天外出时使用。暖耳戴在耳朵上，既可取暖，又颇具风度（图2-13）。其他中原地区的服装配饰还有荷包（图2-14）、弓鞋（图2-15、图2-16）等。

图2-7　中原地区带状形福寿眉勒

图2-8　中原地区如意形双福捧寿眉勒

图2-9　河南偃师地区着不同帽饰的男子

图2-10　中原地区
打籽绣如意帽

图2-11　中原地区
莲花碗帽

图2-12　中原地区
虎头碗帽

图2-13 中原地区绣花卉暖耳

图2-14 中原地区“多子多福”荷包

图2-15 中原地区翘头小脚鞋

图2-16 中原地区卷头小脚鞋

二、江南地区民间服饰形制

江南地区民间服饰以水乡服饰独具特色，是江南女子在田间劳作时穿着的整套服装，其历史可追溯到距今五六千年的稻作农业经济初期，是水乡妇女因地制宜、顺应当地自然条件及田间劳作的需求，不断发展演变而成的。近现代在江苏苏州以东的胜浦、角直、唯亭、车坊等地区的妇女服饰受到当地独特的自然地理环境影响，装束丰富而复杂，逐渐形成一套完整的八件套体系的特有的水乡稻作文化服饰，包括：包头、拼接衫、肚兜、穿腰束腰、作裙、大裆裤、卷膀、百纳绣鞋[1]（图2-17）。这一整套服饰极具江南水乡的地域特色，是稻作文化重要的外在表现

图2-17 江南水乡女性服饰（拍摄于角直水乡妇女服饰博物馆）

[1] 沈天琦，梁惠娥．江南女性服饰的形与色研究［J］．服饰导刊，2016，5（1）：39-45．

图2-18　生活中的水乡妇女装束
（图片来源网络）

形式，既有适宜水乡田间劳作的实用功能，又有美观大方的审美效果（图2-18）。

包头是江南女性服饰中最具有特色的，尤其在苏州水乡妇女中十分常见。包头即包在妇女头顶的一块包头布，也有人称为“包头巾”。一般妇女的包头都比较朴素简洁，两端为三角形，展开后近似等腰梯形，中间主体部分即似长方形，戴在头上后呈立体三角形状，所以也称为“三角包头”（图2-19、图2-20）。包头多为青黑色棉布；两边为月白、浅蓝、翠蓝、素花布等较浅色布拼贴；拼贴后再拼角，拼角上会绣上吉祥寓意的各式刺绣图案；边缘辅以绲边，拖角上钉有系带。

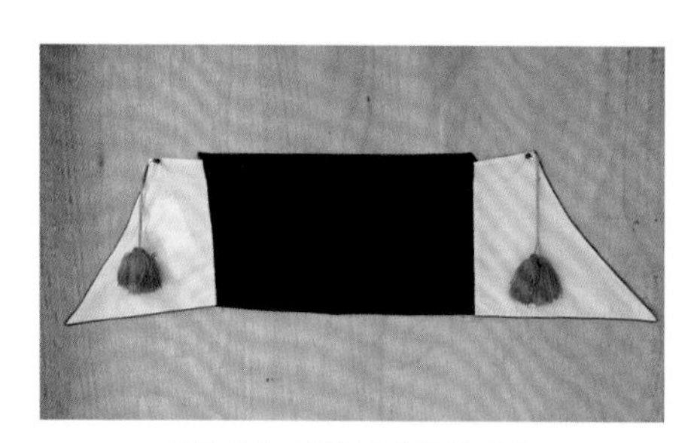

图2-19　江南水乡包头巾1

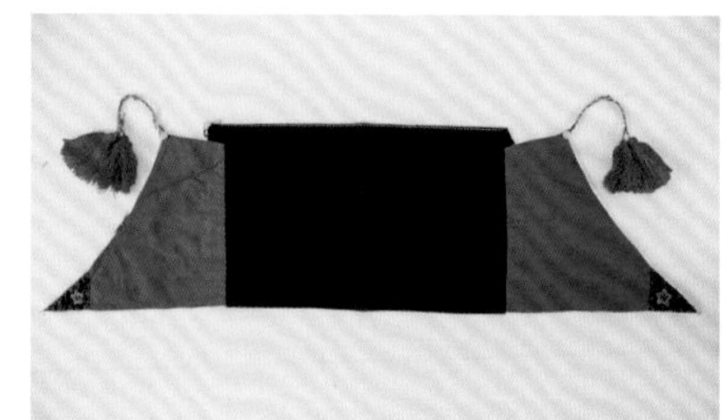

图2-20　江南水乡包头巾2

拼接衫也称为大襟衫，因采用拼接的形式而得名。其拼接部位主要为领、襟、后背及袖子，是两色或两色以上的拼接，有竖、横两种拼接形式。“竖”者，在“出手”的二分之一处作垂直线拼接，左右襟两色相异，也可破缝后左右两襟仍用一色（图2-21）；“横”者，几乎在腰节线处作水平线拼接，上下两色相异（图2-22）。竖式拼接因为可以在视觉上起到拉长作用，显得女性体型更加修长，所以更加受到妇女们的喜爱，也更为常见。

作裙又称为褐裙、裾裙，是由两片相同的棉布前后重叠缝制而成，长度一般及膝。其腰两侧有精致的褶裥面裙面，按形式可分为百裥和接裥作裙。腰两端通常还有带饰，方便维系固定在腰上。作裙平铺近似梯形，裙边正面绲边，背面贴边，带子一端以流苏装饰，形式丰富，工艺精致，具有强烈的视觉效果（图2-23、图2-24）。

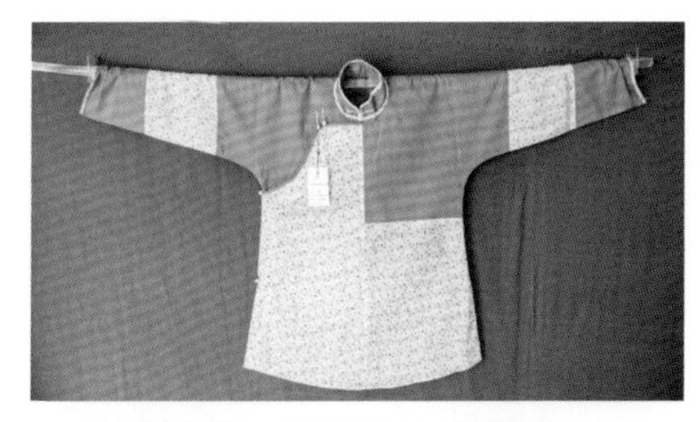

图2-21 江南地区大襟拼接衫

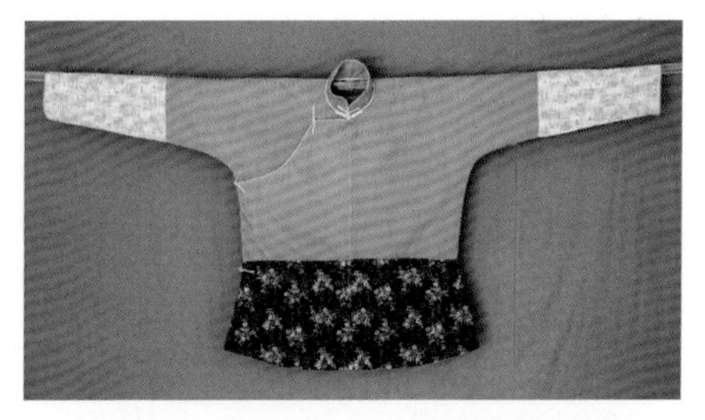

图2-22 江南地区上下两色相异拼接衫

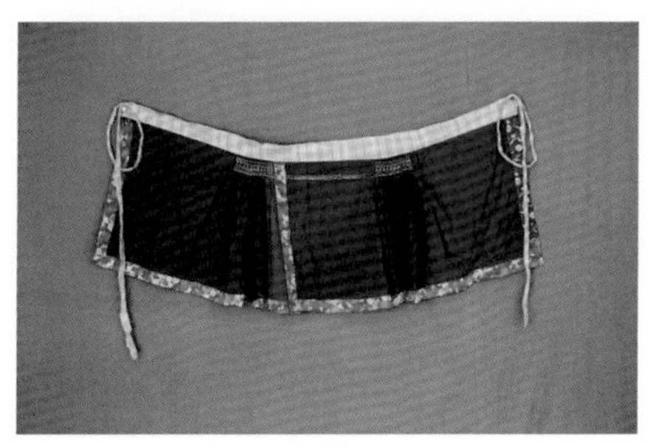

图2-23 江南地区作裙1

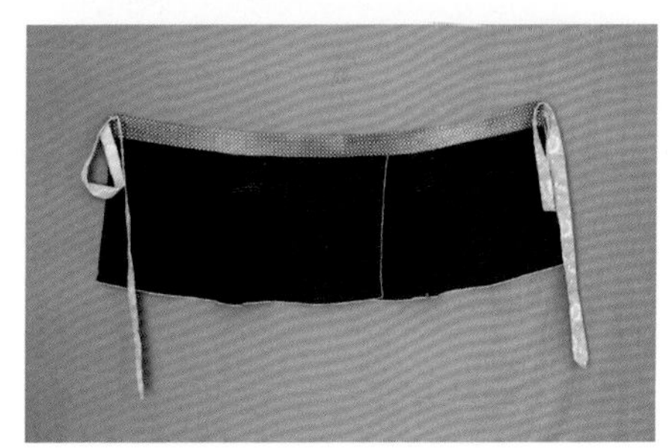

图2-24 江南地区作裙2

穿腰作腰是维系在作裙外部的下裳，“穿腰”是一根腰带，呈长条状，用来固定在腰间，也会在上面绣上各式纹样，起到装饰的作用（图2-25、图2-26）。而“作腰”才是主体部分，它分为两层，上层是翻盖，有的老年妇女还会在翻盖上缝一个贴袋，下层相对较大，是作腰裙的本体。作腰整体为梯形状，多为黑、蓝、青色单色棉布缝制而成，周围用异色布条绲边，十分清新雅致。作腰相比作裙来说要小很多，但通常是与作裙搭配一起穿着的，可在劳作时保护身体，从美学上来看也能让女性的腰部曲线更加突出迷人。

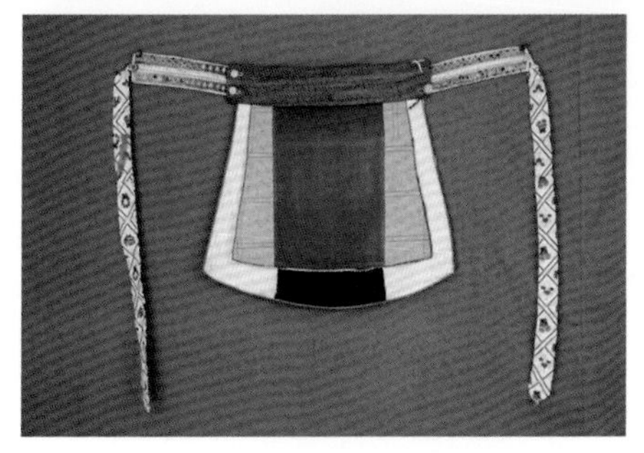

图2-25 江南地区穿腰作腰1

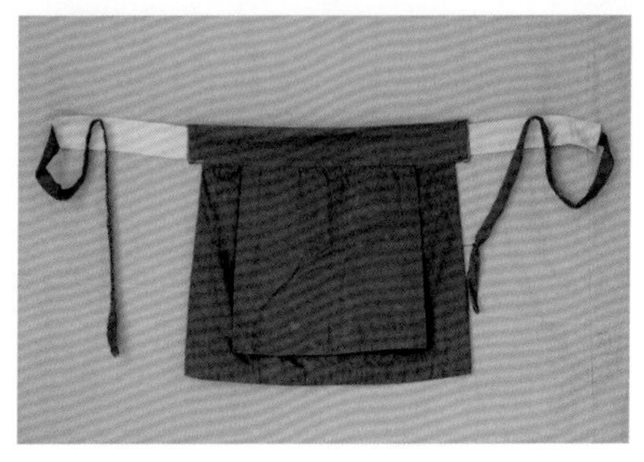

图2-26 江南地区穿腰作腰2

大裆裤在江南地区十分常见，其裤腰宽大，立裆较低，裤型短而肥，裤脚处又收回成小裤口（图2-27、图2-28）。颜色上，裤子主体是以素色为主的单色布或蓝印花布，整体较为素雅低调，而裤裆处由于摩擦性大，会采用深色布料，譬如蓝色、黑色的士林布，这样可以方便插补，也能起到掩饰妇女生理周期的作用。在脚口处，里贴边外绲边，也增加了耐用性和艺术美感。

图2-27　江南地区大裆裤1

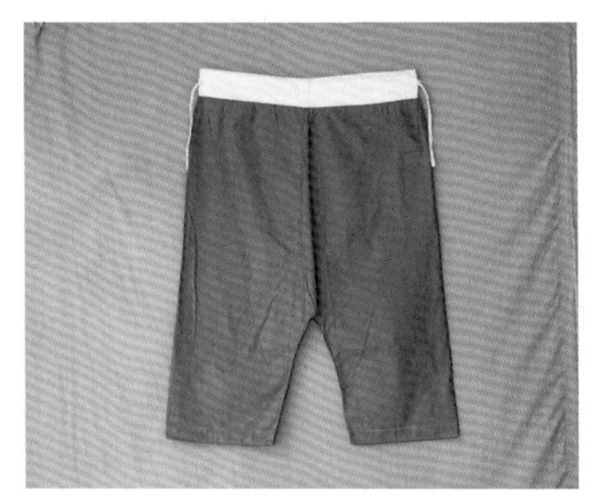
图2-28　江南地区大裆裤2

卷膀是江南地区的劳动人民在劳作时系扎在腿部，起到保护、防污作用的水乡特色配件。卷膀又称“绑腿”“布袜”，如图2-29、图2-30所示，颜色多为素色，平铺后为上边长下边短的梯形，通常分为里外两层，有一定厚度，上下边都有系带，扎紧后劳作十分牢固。卷膀有长卷膀和短卷膀两种，短卷膀更为常见，通常绑在小腿至脚踝处，可以有效保护小腿，免遭蚊虫叮咬和长期在水中受凉，也方便更换清洗。此外卷膀也具有艺术价值，束上卷膀后的女性腿部线条更加明显，造型更加优美。

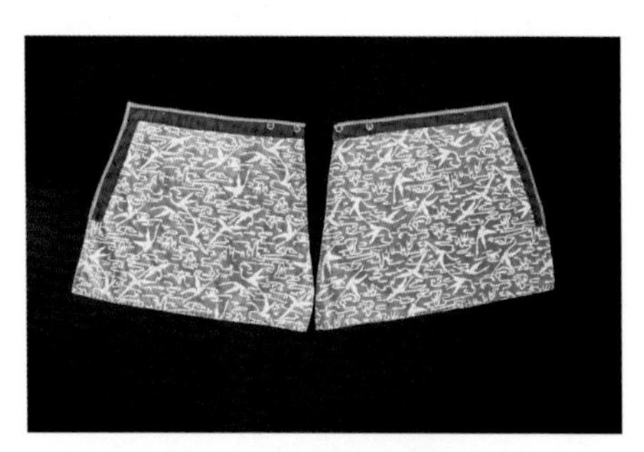
图2-29　江南地区卷膀1

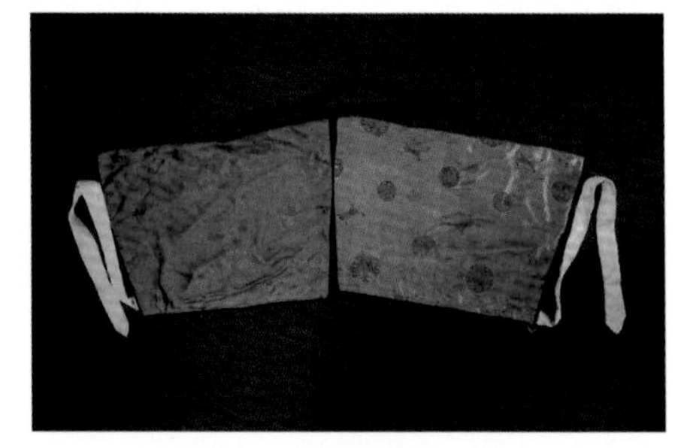
图2-30　江南地区卷膀2

江南水乡的百纳绣鞋十分轻巧，像一艘小船的形制，如图2-31、图2-32所示。质料上，可将其分为布面绣花鞋和绸面绣花鞋两种；形制上，又可将其分为“扳趾头式”和“猪拱头式”。“扳趾头式”鞋底前端尖而上翘，犹如月牙状，而“猪拱头式”鞋底前端不上翘，为一个整体，鞋头朝外拱起。此外，江南传统女鞋还有一大特点就是不分左右脚，女子们会在鞋面两侧绣上对称的各式纹样，精致美观。鞋底为“百纳底”，通常由红布料叠加缝制而成，牢固耐穿。

图2-31 江南地区绣花鞋1

图2-32 江南地区绣花鞋2

江南女性服饰的“八件套”为典型的上衣下裳的形式，符合中国传统服饰的特征，其服饰主体的衣与裳以平面结构剪裁成形，简单拼接，较为整体。其他的配饰注重细节，层次关系丰富。拼接的形式简单实用，线条清晰明快，同时形成视觉上的层次美，弥补了平面结构的单调感。这些形制都表现出了很好的实用性与经济性，并以其独特的造型、结构和装饰工艺，成为江南文化的代表和象征。

三、闽南地区民间服饰形制

闽南地区惠安女服饰作为第一批国家级非物质文化遗产，以独具一格的服饰形象名扬四海，成为闽南海洋服饰文化的名片。惠安女的服饰经过一百多年的变迁，逐渐形成“头披花头巾配黄色斗笠，湖蓝色斜襟短衫配宽大黑裤，系银腰链”的典型渔女形象（图2-33）。惠安女服饰把实用与美观进行完美地结合，在民间流传着一首打油诗，形象地描绘了惠安女的传统服饰特征，将这种穿衣风格叫成：“封建头，民主肚，节约衣，浪费裤”。

黄斗笠和花头巾是惠安女重要的头部装饰品。黄斗笠又称“黄笠仔”，由竹篾编织而成，并涂以黄漆，笠身呈圆盘状，尖顶，具有挡雨遮阳的作用。小岞斗笠无任何装饰，只在斗笠的顶端用竹篾编织而成的球结装饰；崇武地区的黄斗笠顶尖呈菱形，在菱形的四边各有一个漆上红漆的等腰三角

图2-33 惠安女（图片来源网络）

形，整个斗笠如花状（图2-34）。旧时，惠安女穿戴的头巾多为黑色，现今的花头巾由单层花布经过包缝毛边制成，呈四方形，小岞与崇武地区的方巾相似，只在色彩上有所区分。崇武地区头巾通常以蓝底白花（图2-35）和绿底白花为主，而小岞地区的头巾多为以橘色和橙色为底的碎花纹布。惠安一带因多风沙，惠安女又多在海边劳作，斗笠与花头巾能够将面部包裹得严严实实的，可防风吹、雨淋，又可御寒、保暖，还可阻挡炙热骄阳，保护皮肤，因此惠安女用头巾和斗笠逐渐成为习惯，也成为勤劳、美丽的印记。

惠安女服饰上装主要为衫和马甲。"接袖衫"又名"卷袖衫"，是在袖口处接上一段较宽的长袖，用意在于，结婚入洞房时新娘能够以袖掩面，在新婚之后可从袖子的一半处挽起固定，以方便劳作。为满足生活中穿着美观的需要，一般是将袖子的背面（翻挽后成正面）用一条约一寸（3.33厘米）宽的黑布与两块三角蓝布拼合缝制成为长方形。这种"接袖衫"穿着较宽松，衣身也较长，服装下摆呈弧形（图2-36）。"缀做衫"则是在"接袖衫"的基础上，将各部分缩短，衣服下摆的圆弧角度加大，臂围宽度加阔并向外弯展，腰围处一般缝纫上三至四个中式纽襻，袖口绕蓝布边或在袖口处拼接上不同的色布，并在领根下缝缀一块三角形的色布。胸、背中线两侧各缀一块同色的黑色或深褐色绸布，使整体呈长方形，并在长方形四角各镶上一块三角形的色布（图2-37）。如今的"节约衫"，是由"接袖衫"和"缀做衫"两种形制逐渐改变创新而来的。其衣服整体均比之前紧小，衣长仅及肚脐，下摆呈椭圆形，袖身紧窄，长度仅至小臂的一半，服装在腰线处呈现上下两段不同花色布料缝接的效果（图2-38）。这样设计的目的是主要考虑到惠安女平时弯腰在水中劳作时，若衣服较松或较长，都会妨碍工作，也和那时的社会氛围相关，这样的服装样式在客观上也能够较好的展现惠安女的身体曲线之美。"贴背"是惠安女常服中的一种对襟马甲。无袖、长度及腰部，圆立领，领高约3厘米，左右下摆开衩（图2-39）。小岞惠安女常常将贴背穿于衫外，领为小立领，衣上一般为五粒纽扣，衣身多为蓝色、绿色与黑色，通常在衣服边缘处施以镶绲装饰。崇武惠安女将贴背穿于衫内，衣身艳丽。

图2-34　崇武黄斗笠

图2-35　崇武花头巾

图2-36　闽南地区接袖衫

图2-37　闽南地区缀做衫

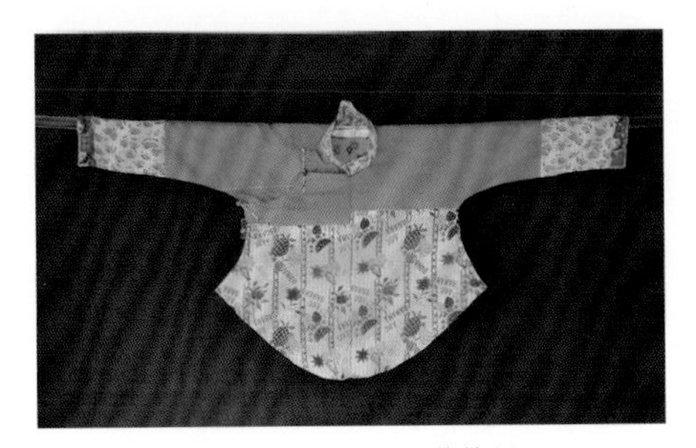

图2-38　闽南地区节约衫

图2-39　闽南地区贴背

惠安女服饰下装为宽筒裤，俗称“汉装裤”，大多为四五十岁妇女所穿着，裤子肥大，宽裆宽腿，长至脚踝，裤管的宽度一般为40～50厘米（图2-40）。一般传统的裤子颜色采用土黑色，面料选用丝绸，选此色是为了展现热爱和崇敬养育她们的滩涂。裤子多为黑色裤身缀接绿色或蓝色腰头。不同的是，小岞惠安女的裤子通常在一条裤筒外侧缝贴一块长宽约5厘米左右的方形彩花布（图2-41）。这种宽大的裤子便于她们在下海劳动时挽起裤脚，不用担心被海水、汗水所浸湿，即使裤腿被浸湿，也因丝绸质地而易吹干。

图2-40　闽南地区宽筒裤

图2-41　闽南地区小岞宽筒裤

惠安女服饰配饰主要有鸡公鞋、袖套和银腰链。鸡公鞋是惠安女结婚时穿的绣花鞋，俗称“踏轿鞋”，鞋多用红呢布或者棉布缝制，并且鞋头卷曲上翘，呈现出鸡冠状造型，两旁各绣上凤凰、花卉等纹样（图2–42）。袖套（图2–43）通常与节约衫与贴背配套使用，长至接袖破缝处，如手臂一样呈上宽下窄形状，主要目的是防止服装袖口弄脏，其颜色多与衣身颜色一致，以蓝、绿居多。银腰链是惠安女衣饰的重要构成部分，用于脐下与臀部上方之间，一般由纯银打造，由一股至数股不等的锁链组成，再用银片将两端并排固定（图2–44）。惠安女常年在海边的劳作经验和聪慧使他们选用既具有装饰美观作用又具有实用功能的银腰链，逐渐构成了蓝色短上衣、黑色宽筒裤配银腰链的和谐搭配。这种具有惠安女典型特色的银腰链一般为婆家赠送，银腰链的大小、重量在一定程度上反映的是婆家的富裕程度。因此，佩戴银腰链在某种程度上体现的是惠安女的炫富心理。

图2–42　闽南地区鸡公鞋

图2–43　闽南地区袖套

图2–44　闽南地区银腰链

惠安女的服饰在民族服饰文化中别具一格，服饰组合的造型美观大方、色彩协调得当，风格奇而不俗、艳而有韵，是汉民族传统服饰中非常有视觉表现力的个性服饰[1]。身着传统服饰的惠安女居住的地区，在所处地理环境上与外界有一定的阻断性，从而此区域受外来文化的影响较小，相对处于较封闭的地区。也正因闭塞林地里人文环境，使这里的传统服饰较为完好地保存下来。可以说，惠安女服饰是古代百越遗俗与中原文化、海洋文化碰撞交融的服饰民俗文化遗产，它融合了民族、民间、地方和环境特征于一体，既有少数民族特点又有地方特色，它在服饰文化的民族性中独树一帜，是中国传统服饰精华的一部分。

❶ 吴建华．福建崇武半岛惠安女奇特民俗考略［J］．浙江海洋学院学报：人文科学版，2005（3）：34–38．

第三节 服饰色彩地域差异

色彩的设计和运用是服饰设计中最直观最敏感的第一视觉要素。伊尔·赵荣璋在《色彩与民族审美习惯》一文中提到："色彩具有非常强烈的表情属性和情感属性，它不仅能使一个人形成独特的色彩审美观，用色彩语言来表达思想感情，进行独具个性的艺术审美活动，同样色彩也能够在长期的历史活动当中影响并决定某个民族的色彩审美观和本民族所特有的性格特征和精神气质……尤其突出表现在本民族的生活和风俗习惯当中。"[1]可知，色彩不仅因人而异，千人千面，同时作为地域服饰文化差异中显而易见的因素，因不同地区的地理、人文环境与民俗习惯，人们会逐渐形成对同一色彩的情感体验的差别，从而表现在服饰色彩的运用上。

民间服饰用色是"五行五色"支配下等级观念的延续，是汉民族礼制约束下对色彩的独特认知模式与思维特性，作为一种隐性的文化，潜藏在个人的审美意识形态中，影响着不同地域、不同群体对于色彩的审美需求。本章节结合近代汉族民间服饰的传世实物，从宏观角度论述汉族服色审美的地域差异，总结中原、江南、闽南三个地区的服饰用色规律，从而探析地域色彩取向与审美特征。

研究团队对地域服饰色彩进行过相关研究，例如邢乐的博士论文《近代中原地区汉族服饰文化流变与其现代传播研究》[2]第四章近代中原汉族民间服饰色彩、沈天琦的硕士论文《地域环境差异对服饰色彩的影响研究》[3]以及曾发表《江南女性服饰的形与色研究》[4]《自然地理环境差异对服饰色彩的影响——以近代江南、闽南地区民间服饰为例》[5]《基于HSV颜色模型下近代江南、闽南地区民间女性服饰色彩差异分析》[6]文章等。

❶ 伊尔·赵荣璋. 色彩与民族审美习惯［J］. 民俗研究，1990（4）：15-17.

❷ 邢乐. 近代中原地区汉族服饰文化流变与其现代传播研究［D］. 无锡：江南大学，2017.

❸ 沈天琦. 地域环境差异对服饰色彩的影响研究［D］. 无锡：江南大学，2017.

❹ 沈天琦，梁惠娥. 江南女性服饰的形与色研究［J］. 服饰导刊，2016，5（1）：39-45.

❺ 沈天琦，梁惠娥. 自然地理环境差异对服饰色彩的影响——以近代江南、闽南地区民间服饰为例［J］. 艺术设计研究，2016（4）：27-32.

❻ 沈天琦，梁惠娥. 基于HSV颜色模型下近代江南、闽南地区民间女性服饰色彩差异分析［J］. 北京服装学院学报：自然科学版，2017，37（2）：15-24.

一、中原地区民间服饰色彩

中原地区民间服饰色彩的用色规律与齐鲁地区相似，普遍遵循我国传统“五行五色”的观念，尤其倾向以我国传统五色中玄、赤、青三色为主，且色相纯度较高。河南省是中原地区的核心区域，也是中原文化的代表。晚清河南地区男子基本是大襟长袍、长衫，以黑、灰、褐色的绸缎和毛制品为主；女子上身穿大襟袄，以红、蓝、藕荷色居多，下身穿马面裙，色彩以红色系为主，裤以红、绿居多。体力劳动者春、秋、冬季穿黑、蓝、灰色的对襟布衫、坎肩和宽脚裤，夏季多穿蓝色、白色。民国时期，上层妇女穿元宝领窄袖式长袄配长裙、“倒大袖”短袄配长裙，服饰色彩以印花面料为主，色彩倾向多元化。

通过对江南大学民间服饰传习馆馆藏的419件清末和民国时期的中原地区各类服饰传世品进行梳理，提取样本实物的主色并统计，对照我国传统五色色相属性进行分类，见表2-2。具体来看中原地区民间服饰的色彩倾向，首先表现为“尚青”。“青”泛指深绿色或浅蓝色、靛蓝色，以及中性绿色为主的蓝绿冷色调。中原有着诸多的植物染料，据说在夏商时期，中原百姓就开始采集蓝草，靛蓝应是应用最早的一种，色泽浓艳。时至今日，在中原偏远的农村仍可看到身着自染的靛蓝面料缝制的服装的农家妇女。五色体系中的青色主要包括青、蓝、绿等，青色是色彩等级制中最底层的颜色，中原地区最底层人民服色的基本色以青色为主是对统治制度和色彩文化内涵上的延续和继承。

表2-2 近代中原地区民间服饰主要色相统计

五色	袄/衫/褂（116件）		袍（12件）		裙（85件）		裤（18件）		鞋（119双）	
	数量	色相示例图	数量	色相示例图	数量	色相示例图	数量	色相示例图	数量	色相示例图
玄	30		4		5		2		19	
赤	24		1		36		9		51	
青	40		7		18		7		49	
白	2			—	5			—		—

续表

五色	袄/衫/褂（116件）		袍（12件）		裙（85件）		裤（18件）		鞋（119双）	
	数量	色相示例图	数量	色相示例图	数量	色相示例图	数量	色相示例图	数量	色相示例图
黄	1			—		—		—		—
其他	19	格子、条纹及机织杂色面料		—	21	凤尾裙及多色拼接裙		—		—

其次表现为“尚红”。“赤”指红色，比朱色稍暗，红色在汉族传统文化中表达了生命、吉祥、避邪、驱灾等，伴随我国几千年文化的传承，红色被赋予鲜明的文化特征，形成了具有代表性的“中国红”文化。中原地区存在大量以红色为主体的民间服装，尤其是女性服饰中更是以各种明度和纯度不同的红色为主要表现色调。红色在民俗及宗教信仰的传承中发挥了极大的功用：红色棉袄、红色马面裙是新娘的婚礼服，以大红色地绣花；在南阳、豫西和豫北地区，许多老年人日常腰间要扎一红裤带以“避灾祛邪”，人逢本命之年，在身上系扎或佩戴红色丝带、布条，或身穿红色袄裤鞋袜可以驱除灾难；富贵家男孩子“穿十二红”等。

最后表现为“尚黑与忌黑”。玄即黑色，是五色之母，所以黑色中又蕴含五色，超越生死，支配万物。中原地区汉族民间服饰中黑色是常见的服色，特别是男性服饰品中。男性褂、袍、鞋等服饰品几乎都为黑或黑蓝色。但在女性服饰中黑色使用颇有禁忌，相对较少，特别是裙、绣鞋等礼仪服饰品种，黑色颇有争议。洛阳地方史志资料记载，妇女穿黑裙为“寡妇裙”。在中原部分地区，黑色同白色一样，具有丧葬色彩。特别是近代以来，丧葬服饰简化，参加亡人悼唁仪式的亲眷、访客需着黑色或深色服装，戴黑袖箍。

值得一提是，我们在近代中原地区民间服饰中发现白色少有使用，黄色则极少出现。在衫、袄等上衣统计中，仅有一件衫主色为黄色，另外凤尾裙及拼接百褶裙中少有黄色面料做装饰，其他服饰类型中未见黄色。黄色为宫廷用色，传统的服饰制度下，在民间服饰中使用较少。又因黄河中下游地区，自然地理环境上以土黄、赭石等黄色系为主，容易产生视觉疲劳，百姓会有意无意回避黄色。

总的来说，近代中原汉族服饰实物色彩遵循我国传统“五色”观念，更倾向于“青”“红”“黑”三种色相色彩，这与中原地区所处的地理色彩环境、文化积淀及民间习俗密切相关。

二、江南地区民间服饰色彩

江南青砖黛瓦的水乡景观、湿润多雨的气候环境形成了江南地区民间服饰柔和、素雅的色彩形象，也承载了江南女子细腻、温婉、典雅的品性。通过对江南大学民间服饰传习馆馆藏中184件近代江南地区民间女性服饰的色彩进行统计和归纳，结果见表2-3、图2-45[1]。可以看出，近代江南民间服饰的主体色调比较单一，蓝、黑、青色为主体色的服饰占较大比例，整体感觉和谐、雅致、沉稳。服饰色块明确，色相清晰，主体色调在每件服饰中都占有较大比重，但每一个部件的主色调又不尽相同，配合无彩色和暖色的应用，丰富了色相，增强了视觉吸引力。再通过中低饱和度的蓝青色调的运用，搭配不同明度的拼接配色，辅以少量暖色点缀，将江南服饰的色彩体系丰富完善。

表2-3　近代江南地区民间女性服饰色彩统计

类别	数量（件）	主体色	配色
袄	23	青7，红4，黄3，紫3，绿2，其他4	黄，黑，白
褂	7	黄2，青1，蓝1，其他3	白
衫	31	蓝10，青8，白7，其他6	黑，白
马甲	5	黑5	青
裤	16	蓝4，青3，黑3，其他6	白，黑，蓝
裙	5	黑3，蓝1，黄1	白，紫
穿腰束腰	13	蓝7，青3，绿3	黑，蓝，青
作裙	26	黑15，蓝10，青1	白，青
鞋	21	黑10，蓝7，红3，绿1	红，黄，蓝，绿
包头巾	11	蓝7，青3，黑1	黑，红
荷包	26	青11，红5，白5，蓝4，黄1	红，蓝，黑，白

近代江南民间女性服饰上装包括袄、褂、衫、马甲等，其中最常穿着的是袄和衫。江南民间传统女袄主体色比较丰富，有青、红、黄、紫等；配色多体现在刺绣上，且多为红黄色刺绣花朵图案，与主体色形成邻近色或类似色搭配；袖口、门襟、下摆的色彩相呼应，且多为黑色。女袄色彩的固定搭配主要是：黑配青、黑配紫、黄配红、黄配绿等。作为江南妇女日常劳作、生活时穿着的拼接衫，其主色色相比较单一，以低纯度、高明度的蓝色为主，前片、袖

[1] 沈天琦．地域环境差异对服饰色彩的影响研究［D］．无锡：江南大学，2017．

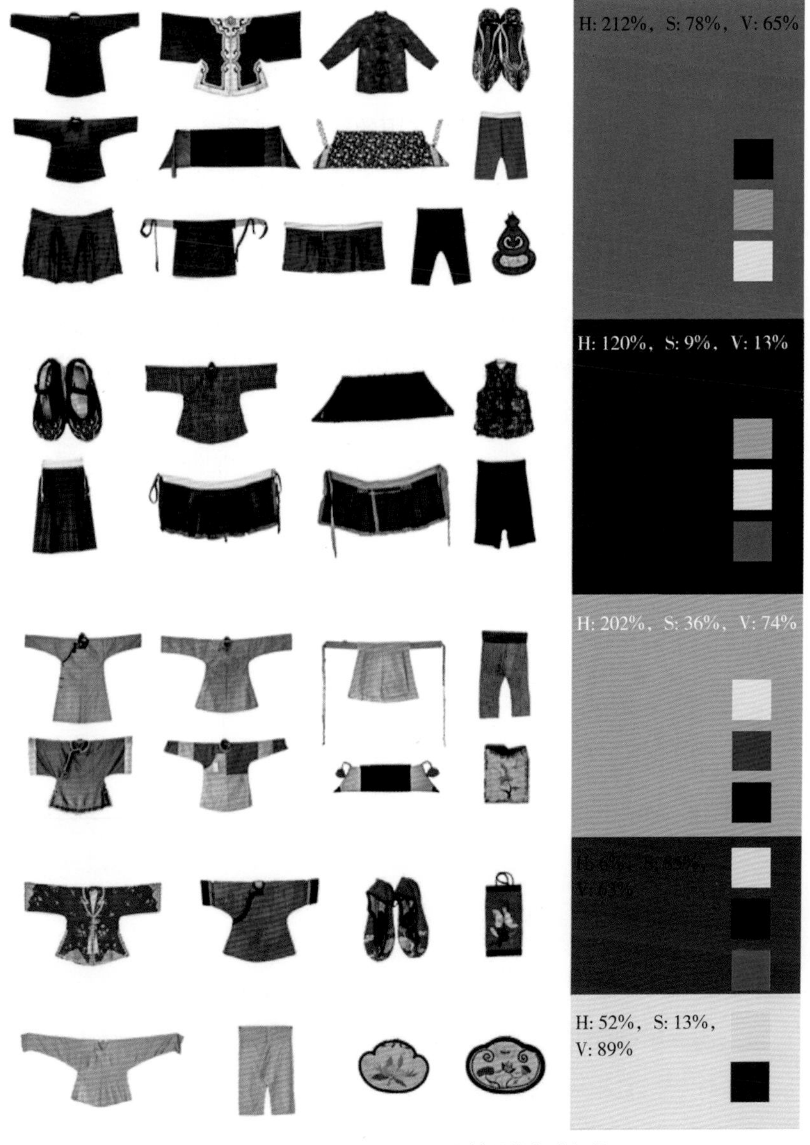

图2-45 近代江南地区民间女性服饰色彩归纳

口处有拼接，颜色多为藏青、淡紫灰色或青色底花，沿边以白色作为点缀。深冷色调的日常服给人感觉朴素典雅、成熟稳重，穿着者大多为中老年妇女，而年轻未婚女子喜着较鲜艳的暖色调服装，色彩比较跳跃，明度也比较高，配以碎花、点状色的拼接，使服饰整体更显青春活力。

近代江南民间女性服饰下装主要是大裆裤、作裙、穿腰束腰。大裆裤的主体色多为蓝底白花，多为蓝印花布制作而成，有的裤裆处用浅蓝色布拼接直到裤脚，所以这种大裆裤还有一个很形象的名字——四脚落地裤。作为婚后的日常服，妇女们多会选择淡蓝或青蓝色的土布大裆裤，而年轻女子出席正式场合时多会穿着蓝绸夹裤。通常裤腿与裤腰采用异色布制成，少女们会在裤腰上绣上各式图案作为装饰，增加美感。作裙、穿腰束腰与大裆裤的主色调基本一致，多为黑色、青色和蓝色，配色上也多为黑、白无彩色，或相似的同类色和邻近色，形成白配黑、黑配蓝、蓝配青的和谐搭配。穿腰多是藏青色、黑色、蓝色为底色，有的上面绣有色彩艳丽的纹样，两端通常会缝制两条绒线编制的色带，美观又实用。作腰的主体有蓝色、青色、黑色，采用两个竖式拼接将其分为三段，中间部分为一种颜色，两侧是共同的另一种颜色。

近代江南民间女性服饰配饰主要有包头、荷包以及百纳绣鞋，用色的选择与上下装一致，以蓝色、青色、黑色等素雅之色为主，又喜用刺绣色段展现色彩的丰富性，增强视觉吸引力。包头两侧的三角处会采用淡蓝色或白色拼接，沿边也会用蓝白色点缀。年轻少女们会在拼角上绣上无彩色的花，清秀脱俗，而中老年妇女则多采用有彩色绣花，表现强烈的美感。拖角上的系带色彩相对艳丽，多为高纯度的红色系，作为装饰性色彩以求形成视觉审美变化。荷包作为古人随身佩带的一种小袋，兼具实用性与装饰性，色彩也比较鲜艳，以青色、红色、白色等为主体色，荷包上绣有色彩丰富的各式花鸟纹样，并喜用红、蓝、黑色包边。江南的百纳绣鞋的主体色为极低明度的藏青色或黑色，但鞋面上的装饰性色彩十分丰富。女子们会在自己鞋上绣以各种不同的纹样，譬如未婚女子选择牡丹纹、蝴蝶纹，中年妇女采用梅花纹、榛子纹样，这些绣花多以高纯度的红、绿、黄、蓝色组合，也有部分是绿、紫、红色的组合，这些对比色的使用让服饰整体具有强烈的视觉冲击。

综上所述，配合江南水乡宁静柔美的自然环境，近代江南地区民间服饰色彩搭配又与水乡景观相互融合：蓝青色的包头巾、大襟拼接衫与蓝天碧水交相辉映，黑色作裙、百纳绣鞋上点缀些许高明度灰白色，与水乡粉墙黛瓦的建筑景观浑然一体。正如清人戴九灵《插秧妇》中描绘的："青袱蒙头作野妆，轻移莲步水云乡。裙翻蛱蝶随风舞，手学蜻蜓点水忙。紧束暖烟青满地，细分春雨绿成行"[1]，形象勾勒出江南水乡劳动妇女的服饰之美，并与环境色彩结合，充分表现了人与自然的高度统一。

三、闽南地区民间服饰色彩

闽南地区服饰色彩的最大特色在于惠安女服饰，其局部拼色成为本区域最

---

[1] 沈华，朱年．太湖稻俗［M］．苏州：苏州大学出版社，2006：89.

具特色的服饰之一，成为闽南地区服饰色彩的亮点。通过对江南大学民间服饰传习馆馆藏中52件近代闽南地区民间女性服饰色彩进行统计和归纳，结果如表2-4、图2-46所示[1]。可见，近代闽南民间女性服饰色彩相比江南地区更丰富、鲜艳，通过冷暖色系的结合让色彩更加跳跃。整套服饰以褐色缀做衫、黑色宽腿裤作为基底，平衡配饰中红、绿、黄等鲜艳色彩的喧闹感，整体给人感觉花哨但不俗气，艳丽但不妖娆，色彩运用十分巧妙。

表2-4　近代闽南地区民间女性服饰色彩统计

类别	数量（件）	主体色	配色
衫	15	褐9，黑6	蓝，绿，紫
褂	1	褐1	无配色
马甲	4	红1，绿1，蓝1，黑1	绿，黄，红，蓝
裤	8	褐6，蓝1，黑1	蓝，绿
百褶裙	1	褐1	红
鸡公鞋	3	红3	黑，绿，蓝
袖套	1	蓝1	红，绿
腰带	10	红8，黄1，绿1	黄，绿，白
衣领	6	黑6	红，绿，黄，白
腰巾	3	黑3	绿，蓝

近代闽南民间女性服饰上装主要为衫和马甲。江南大学民间服饰传习馆馆藏近代闽南民间女衫均为缀做衫，其主体色彩是褐色或黑色，袖口或绕蓝绿色布边，前后中线两侧缀做两块黑色方形绸布，其四边以及领根下方各镶接一块三角形，多为蓝色、紫色、绿色相配在一起。马甲是20世纪30～50年代新增的上衣种类，属于有领无袖的背心，当时称之为贴背。崇武、大岞地区贴背颜色多为黑色，而小岞地区贴背色彩相对鲜艳，以蓝色或绿色为主色，并在袖窿、前襟、两裾、背后镶红白色布绲边，所以贴背的主要色彩是黄配蓝、红配绿等互补色搭配，视觉效果突出。

近代闽南民间女性服饰的下装为大筒裤，与江南的大裆裤形制相似，都是宽腰低裆，但裤口更大一些。大筒裤主体一般为褐色或黑色，裤腰常用蓝、绿等异色布料拼接，整体色彩与上装的色相统一，配色上也与上装配色相呼应，使服饰整体更为协调。

---

[1] 沈天琦．地域环境差异对服饰色彩的影响研究［D］．无锡：江南大学，2017．

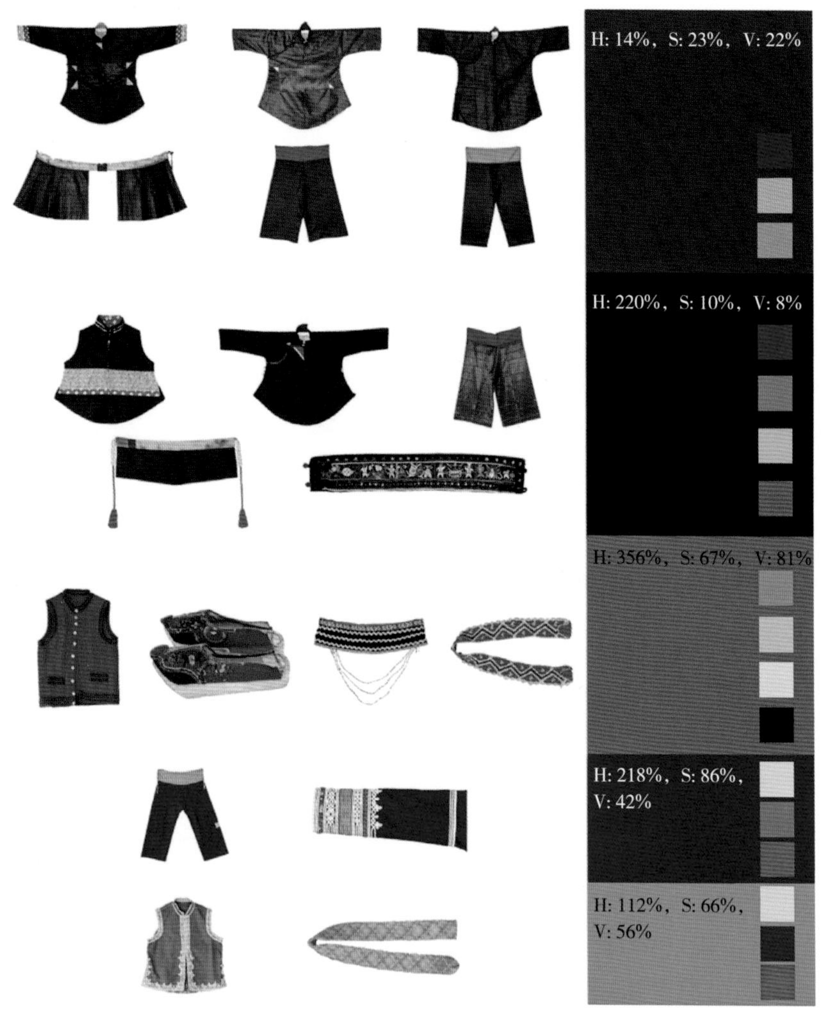

图2-46　近代闽南地区民间女性服饰色彩归纳

近代闽南民间女性服饰配饰主要有衣领、腰带、鸡公鞋。衣领一般为盛装时穿戴的备用领，搭配缀做衫使用，色彩上也与缀做衫相呼应，为褐色或黑色，中间绣上花鸟鱼虫及各式色彩鲜艳的组合纹样。腰带有编织腰带和刺绣腰带，以红色为主色调，搭配黄色、绿色的高饱和度、高明度组合，跳跃在视线里，具有浓郁的地方特色。鸡公鞋是惠安女结婚时穿的绣花鞋，所以又称“踏轿鞋”，在红色鞋面绣上花卉、鸳鸯戏水、喜鹊登梅等吉祥纹样，充分展现了惠安女的智慧与独特审美。近代闽南民间服饰配饰色彩鲜艳，以红色为主，搭配红与绿的互补色、红与黄的对比色组合，体现民间服饰个性色彩。

综上所述，闽南地区民间服饰色彩的主体框架充分表现了和谐的自然之美：褐色缀做衫象征土地和沙滩，蓝绿色布边将天空、海洋、山峦、田野联系在了一起，银白色链子与花岗岩石屋相呼应，黑色宽腿裤仿佛海岸沉稳的礁石，红黄色腰带则是山花的跳动，这些都是传统美与现代美的巧妙糅合，既有自然的直露，又不乏艺术的含蓄，也表现了惠安妇女对上天神灵、生存空间以及大自然的崇拜与敬仰。

第四节　服饰工艺地域异同

我国传统服饰制作技艺历史悠久，工艺精湛。服饰技艺作为民间服饰中的重要表现载体，表现形式和形态繁复多样，主要包括刺绣、拼接、镶绲、织染技艺等，不仅能够揭示与服饰遗存相关的工艺、技术、思想体系，表达丰富的文化内涵，同时可以传承与发扬优秀的传统技艺因子，从而造福于未来的社会与生活。刺绣，我国优秀的民族传统工艺之一，古时基本是妇女创作，后来又叫“女红”，是一种利用绣针穿引彩色的丝线，按照经设计的花样，在纺织品（丝绸、布帛）或衣物上刺缀运针创作，以线迹构成图案、文字的传统手工艺。这项优秀的手工技艺一直流传至今，在国内外享有很高的声誉，其中四大名绣更是其中的翘楚。此外，在传统四大名绣的基础上还衍生出很多具有地域特色的刺绣风格，如北方的“京绣”“鲁绣”等，南方的“锡绣”“珠绣”等。民间手工技艺作为集审美与实用为一体的民间艺术，与人们的生产、生活实践息息相关，受到不同地域文化、民俗氛围的影响，民间刺绣作品依据民众所喜闻乐见的实物形态和生活场景，创作出不同造型的图案、色彩、针法，以抒发创作者内心中的真情实感，表达对美满与幸福生活的向往，凝结了千百年来劳动人民的聪明智慧。

研究团队对中原、江南、闽南地区的服饰工艺进行了研究，例如邢乐的博士论文《近代中原地区汉族服饰文化流变与其现代传播研究》[1]第四章近代中原汉族民间服饰装饰技艺、刘姣姣的博士论文《基于色度测量的近代汉族民间服饰色彩体系研究》[2]第五章提到不同地方绣种、张静等曾发表《闽南、江南民间服饰的装饰工艺研究》[3]文章、梁惠娥等曾发表《探析胜浦水乡妇女服

[1] 邢乐．近代中原地区汉族服饰文化流变与其现代传播研究［D］．无锡：江南大学，2017．

[2] 刘姣姣．基于色度测量的近代汉族民间服饰色彩体系研究［D］．无锡：江南大学，2019．

[3] 张静，张竞琼，梁惠娥．闽南、江南民间服饰的装饰工艺研究［J］．广西轻工业，2008（2）：73-74．

饰特色工艺的设计内涵》[1]和《江南水乡民间服饰手工技艺的审美特征及传承原则》[2]文章等。

一、中原地区民间服饰工艺

中原地区刺绣起源较早，唐宋时期发展到一定的高度。唐太宗时期内职官中已有“绣帅”一职，专门负责纺织和刺绣的管理。北宋时，汴京（今河南开封）作为国家首都，人口达150多万，与人们生活关系密切的纺织业、煮染业十分发达。当时，官府专设的绫锦院有400张机，1000 多名工匠，专门制造绫锦和绢，文绣院有绣工300多人，官营的纺织刺绣业已成规模[3]。浙江、四川、湖州等地选拔上来的绫锦绣工汇聚汴京，刺绣最初以服务皇室贵族为目的，后来逐步扩展到民间，北宋时期刺绣成为重要的手工业之一。中原民间刺绣正是起源于北宋，不仅京城刺绣水平非常高，整个中原乃至全国都受其影响。明代董其昌《筠清轩秘录》载：“宋人之绣，针线细密，用绒一二丝，用针如发，细者为之，设色精妙，光彩射目。山水分远近之趣味，楼阁得深邃之体，人物具瞻眺生动之情，花鸟极绰约唼喋之态，佳者较画更甚。”北宋灭亡，宋室南迁，原本那些服务于统治阶级的刺绣匠人有的随皇室南迁，有的落地生根，回归乡野，极大提高了中原地区民间刺绣的水平。

中原地区民间刺绣发展可分为两个方面：其一，以装饰性为主，画与绣相结合，源于佛像刺绣，后来逐步转化为以模仿名人字画为主的工艺品刺绣；其二，以实用性为主，目的是美化服装及日用品，坚持传情达意的功能。近代中原，军阀混战，经济凋敝，民不聊生。因此，民间刺绣以实用功能为主，多为服饰或生活用品，最为精致的当为婚嫁类服饰品，只有极少数供欣赏的手工刺绣。针法是刺绣艺术中最重要的形式语言，每种针法都有独特的运针方式和特点，结构不同，视觉效果就不同。粗而短的线拙质，细而长的线秀丽，弧线、曲线柔美，直线、几何线条刚硬。根据刺绣视觉效果，可将近代中原民间刺绣针法分为平面绣、浅浮雕绣以及变体绣三种类型，见表2–5。

---

❶ 梁惠娥，张竞琼，刘水．探析胜浦水乡妇女服饰特色工艺的设计内涵［J］．装饰，2010（6）：108-110．

❷ 梁惠娥，周小溪．江南水乡民间服饰手工技艺的审美特征及传承原则［J］．民族艺术研究，2013，26（6）：127-132．

❸ 开封市地方志编纂委员会．开封市志・第三十六卷・民俗［M］．北京：北京燕山出版社，1999：322-323，339-241．

表2-5 近代中原汉族民间服饰常见刺绣工艺

类型		艺术效果	适用纹样题材
平面绣	平针绣	平、齐、光、亮、净	适应度广，花卉、植物枝叶、人物等
	散套绣	色阶过渡自然柔和，物象生动	鸟类、花卉
	齐套绣	绣线平行规整，边缘整齐，精细的色块间还留有水路	花瓣、叶片、蝴蝶
	画绣	图案逼真，颇具艺术效果	花卉、鸟类等
	盘金绣	针线盘旋，美化、调和色彩	龙凤、动物、植物
浅浮雕绣	滚针绣	针针相缠，结合紧密，不露针迹，转折自然、细腻	水纹、云纹、柳条、动物眼睛、毛发
	打籽绣	籽粒细小、圆润，排列自如，坚固耐磨	花蕊、果实
	辫子绣	凹凸有致，浅浮雕效果	动物、植物根茎、人物、水波纹等
浅浮雕绣	网绣	规律整齐、严谨庄重	石榴果实、方格、三角、回纹等纹理的图案
	纳针绣	图案紧实、牢固耐磨	金鱼、蝴蝶、凤等动物，树叶、卷草等植物
	包针绣	边缘整齐，先垫后包，半立体绣	花卉、动物、植物
变体绣	贴补绣	图案更加生动、观赏性和浮雕感强	花卉、动物等单纯形象图案
	堆绫绣	色彩丰富、立体感强	动物、植物、人物
	垫绣	突破层次局限，画面空间感强	动物、植物
	挖补绣	精致剔透，装饰效果强	花卉、钱币、符号等
	钉珠绣	细致精巧	花卉、植物

平面绣绣面整齐光洁、均匀平顺，常见的有平针绣、散套绣（图2-47）、齐套绣（图2-48）、盘金绣以及中原特色的画绣。其中画绣又称绘绣，是中原地区比较多见的刺绣手法，一般可分为两种形式："先绣再画"，如图2-49在已经绣好的纹样上，点画出花卉、鸟类羽毛晕染渐变的层次感；"先画再绣"即在已画好的布帛上取与画面色彩相同的

图2-47 散套绣

图2-48 齐套绣

图2-49 画绣莲花纹样

图2-50 画绣牡丹纹样

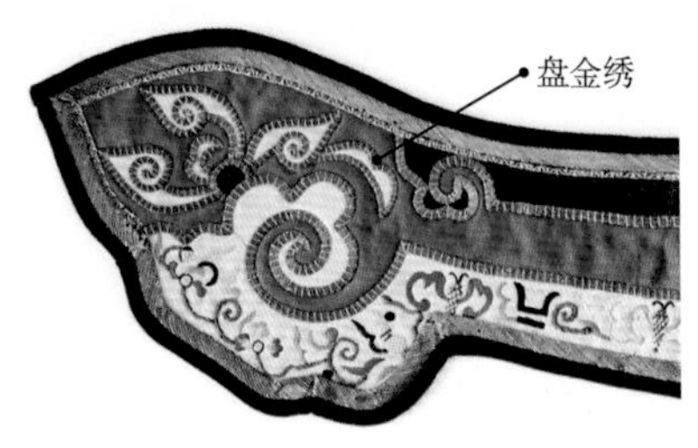

图2-51 盘金绣

绣线，在画面上运针（图2-50）。盘金绣又叫钉金绣，中原地区多用在装饰比较华丽的服饰品中，如女性婚礼服饰云肩、眉勒等（图2-51）。

浅浮雕绣，即通过绣线的编结、绕系以及叠加，使绣面紧实，有凹凸感，如滚针绣、打籽绣、辫子绣、网绣、纳针绣等。滚针绣又叫盘针绣、曲针绣，针针相缠，结合紧密，不露针迹，转折自然，细致美观，多用于表现水波纹、云纹、昆虫触角等（图2-52）。打籽绣是将绣线在针上绕一圈，然后扎在底料上，然后将其从后面抽出，形成疙瘩小结。由于每个籽粒细小，排列自如，能够灵活表现点、线、面的关系，应用广泛（图2-53）。有学者认为辫子绣是刺绣中最古老的针法，一般有两种形式：其一，一针从另一针预留的锁套中穿出，环环相套，如锁链一般，也可以称作“锁绣”如图2-54（a）所示。其二，先将丝绒线编成股数不等、形如发辫的细绳，然后用这些细绳按照一定的走向进行堆绣，如图2-54（b）所示。网绣非常适合表现方格、回纹、三角、菱形等几何形式，画面整齐严谨，中原民间服饰中多用网绣表现如石榴、花篮等植物果实形象（图2-55）。纳针绣是指先将色线按所需图案铺满地，再在铺好的底图上绣出所需花样，多用来表现动物、植物的纹路，人物的五官等（图2-56、图2-57）。

变体绣，即半立体绣的一种形式，将贴、补、挖、垫等工艺手法与刺绣相

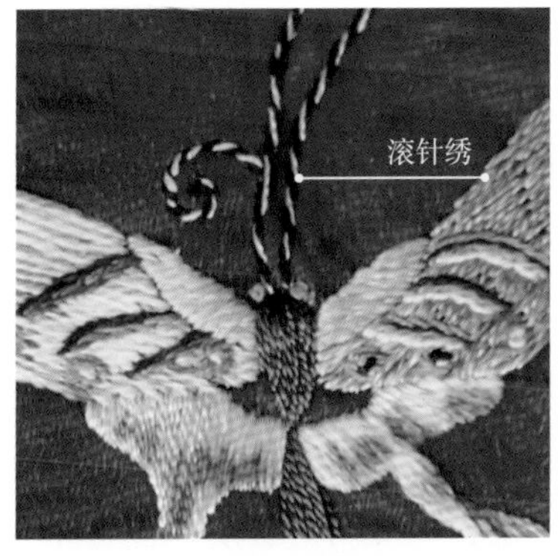

图2-52 滚针绣

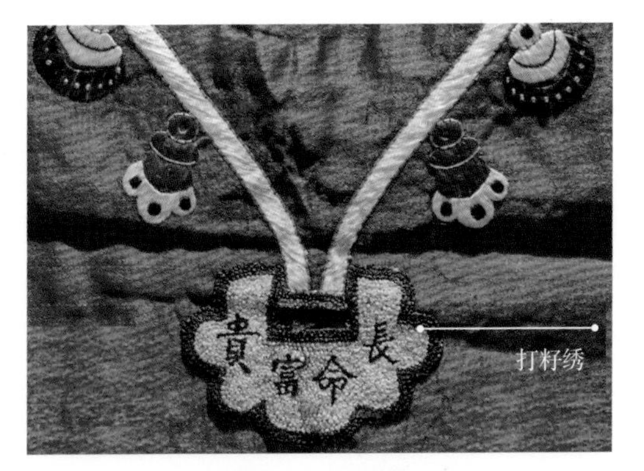

图2-53 打籽绣

（a）

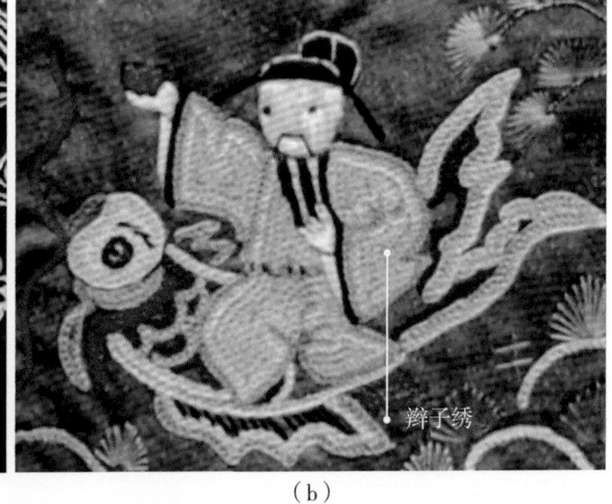

（b）

图2-54 辫子绣

图2-55 网绣

图2-56 纳针绣

结合，主要包含包针绣、贴补绣、堆绫绣、垫绣等。包针绣，采用先垫后包的方法运针，首先采用较粗的线直针刺绣使图案凸起，然后在凸起的绣线上左右横向将其包裹住，不可露出底线，刺绣图案具有很强的立体感，多用以刺绣花卉、动植物等纹样（图2-57、图2-58）。贴补绣，通常是指将各种质料、不同颜色与形状的布块进行粘贴、堆积、拼接缝制的工艺，在中原民间流传极广，简单而易做，实用性强，能够有效利用有限的物质材料（图2-59）。堆绫绣是在贴补绣的基础上，绣面多层叠堆，以布贴形成的装饰，形式多样。有单色、彩色堆补、嵌物堆补等形式，装饰风格或精致，或粗犷，各有千秋。垫绣，又称"包花绣"或"包纸绣"，根据画面需要先将预期想要凸出的部分用棉花、纸、毛毡、布头等填充出立体效果，然后在凸起的画面上进行有目的的绣制，多用作帽子、眉勒等装饰物（图2-60）。

图2-57　纳针绣与包针绣

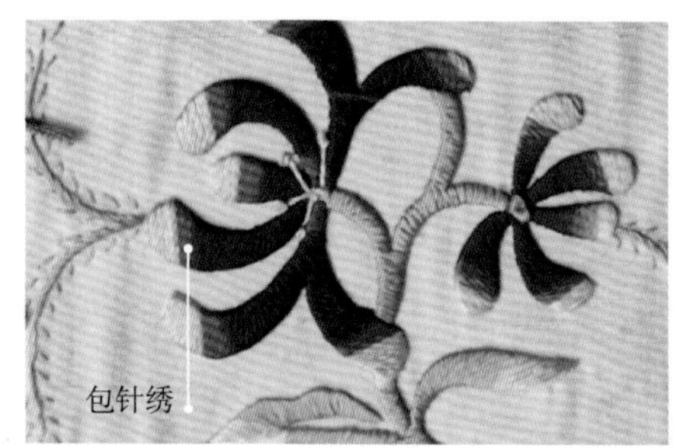

图2-58　包针绣

图2-59　贴补绣

图2-60　垫绣

中原地区民间服饰上的刺绣种类丰富多样，色彩运用追求热闹、喜庆的气氛，衬托得整体服饰风格乡土气息浓郁[1]。各地刺绣又有细微差别，呈现地域特色，最有亮点的当属豫西灵宝市的民间"扎花"（图2-61）。灵宝刺绣挖补绣以白色为底，再以黑、青色布剪成所需纹样，用刀刻去图案不需要的部位，在镂空处衬以鲜艳的各种布料，在黑色纹样中衬托出色彩鲜艳的图案，对比强烈，很出效果[2]。洛阳刺绣色彩古朴典雅、层次分明且形象逼真。色彩搭配比

---

❶ 刘姣姣．基于色度测量的近代汉族民间服饰色彩体系研究［D］．无锡：江南大学，2019．

❷ 张春彩．谈河南灵宝民间刺绣图案艺术文化特征［J］．艺术与设计（理论），2012，2（12）：148-150．

较注重和谐、仿真的效果，较其他绣种明快、奔放；在丝线色彩的搭配上和针法结合，色彩上多为清淡素雅色调，极少有鲜艳、对比强烈的色彩搭配出现。中原地区民间刺绣与苏绣色彩运用上极为相似，比画更加形象生动，色彩艳丽。豫北刺绣的色彩多用纯色的红、紫、黄、绿，中心的主花多采用大红，次花习惯用中色调的橙黄、粉红和雪青。绿叶多用深浅各半的手法，呈现出明暗对比和层次。一个花瓣或一个蝴蝶翅膀，至少要用三种以上深浅不同的色相，长短针脚，交错对绣。绣出的花瓣，从深到浅，色相渐变，柔和匀称，具有真实感；绣出的蝴蝶，静中有动，颇有翩然飞舞之感；绣出的五毒虫，形象逼真，大有跃出绣面之态（图2–62）。

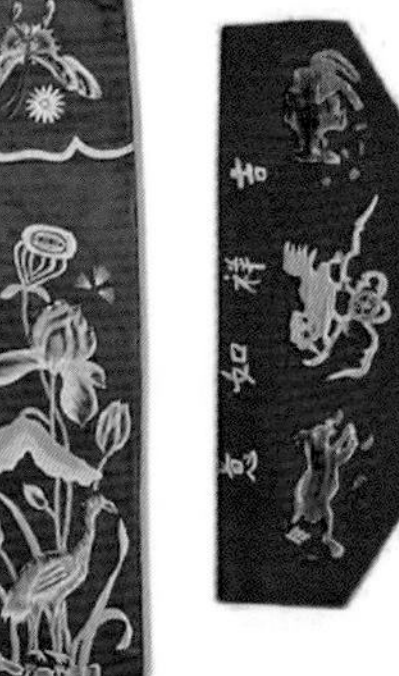

图2–61　灵宝绣花

图2–62　豫北刺绣蝴蝶

二、江南地区民间服饰工艺

近代江南地区民间服饰中刺绣是常用的装饰手法，其中以苏绣最具代表性，通过细密的丝线、平齐的针脚、匀顺的运针来表现服饰纹样精细、雅洁的艺术特点，体现了江南地区的风土人情，反映出江南民间女性质朴细腻的审美观念和聪慧智巧的传统美德。明晚期苏州丝绵纺织业发达，“家家有绣绷，户户在刺绣”足以证明从业人数的众多，以致有“苏州百里无寒女”的写实，说明了明代的商品经济已较发达，清代纺织业的商品化市场发达，这点在清代康乾时期的桃花坞木板年画《姑苏繁华录》中林立的市招中得到了印证，刺绣产业发展成熟，锦芳斋荷包就是当时著名的刺绣品牌。苏绣起源于江南地区的核心区域苏州，脱胎于明代露香园的顾绣。“苏州松江二府顾绣向称精美，全球罕有”，其色彩类似绘画，将松江画派画理风格融入刺绣技艺之中，以绣作画，善用晕染，色彩过渡自然，色泽古朴，形成以欣赏为主的“画绣”商品在苏州绣庄非常畅销。苏绣讲究色彩协调，含蓄文雅，光泽温润，使用红色比例较多。苏绣丝线配色极尽细致，分五种，其中大红、大绿等艳丽的五彩颜色组成的“鲜五彩”，文静的红、绿五彩组成的“文五彩”，文雅的古铜色、灰色组成“雅五彩”，不用红、黄的“素五彩”，还有鲜红、红头紫、黄灰、绿灰、油绿五种色彩相互搭配的“老五彩”。

比较江南地区民间服饰及服饰品刺绣藏品发现，江南女子所绣之物，绣工精致，大都具有“齐、平、匀、细”等苏绣工艺特点。从主要品种和位置来看，江南的“包头巾”“作裙”“穿腰”和“绣花鞋”上都有刺绣，图案比较素雅，往往一件衣服上只在边角等地方绣朵小花加以点缀，如包头巾的绣花只在拼角上，且不是大面积的团花；作裙上的刺绣更加显得含蓄内敛，仅在两侧绣上“顺风吊栀子裥”（图2-63），用单色线或多彩丝线绣纳出精美的几何纹样，并依赖此绣抽出碎褶，简单中突出了精巧别致。从刺绣图案的类型来看，江南服饰对抽象的几何图形偏爱，在作裙、穿腰上很多用彩色丝线绣成规律的线迹和简单的几何花纹，包头巾、绣花鞋上则常用牡丹蝴蝶、海棠、梅花、兰花等写实但造型概括精练的小花刺绣。此外，江南地区民间刺绣荷包、肚兜、扇套等服饰品，在造型语言、质料选择、纹样题材、工艺手法等方面地域特色明显，喜用动植物纹样及文字（图2-64、图2-65），如蝶恋花、鱼戏莲、福寿齐眉等纹样形式，寄托江南地区普通百姓祈福寄愿、辟疫驱瘟的民俗情感，同时多见表现山水园林、水乡风物等江南地方文化特点的纹样，凸显江南地域文化风貌❶。

拼接手法为江南地区民间服饰中另一具有代表性的工艺类型。“拼接”指

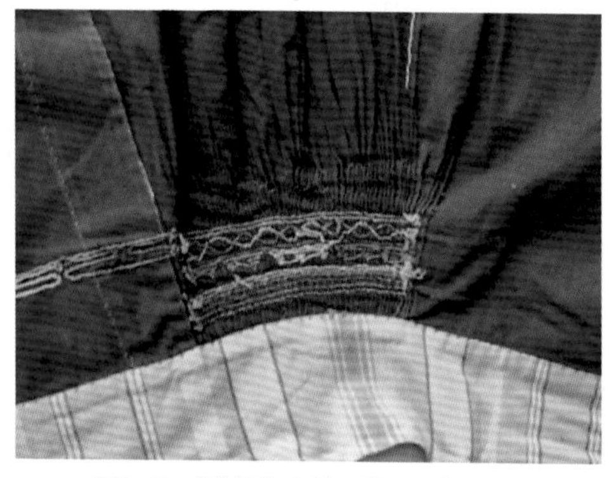

图2-63 “作裙”上的“顺风吊栀子裥”

图2-64 江南地区“鱼戏莲”荷包

图2-65 江南地区“五子登科”荷包

❶ 余美莲．江南民间刺绣荷包艺术特征与民俗内涵［J］．嘉兴学院学报，2019，31（1）：30-37.

在服装加工工艺中将两块或两块以上的布片连缀成一片。在裁剪时，根据需要分解裁片、化整为零；在缝纫时，又通过某种连合工艺化零为整[1]。这种工艺手法在“大襟衫”“包头巾”“束腰”“大裆裤”等江南水乡民间妇女服饰中应用广泛。如江南地区大襟衫（图2–66），拼接的位置最早是肩背部、袖肘部、领子，肩部的拼接部位俗称“掼肩头”，袖子的拼接部位俗称“找袖”，采用大面积拼接的方法，利用面料上图案的交错和对比组合成别具特色的拼接效果。另外，包头巾有两色拼接与三色拼接之分，以黑布为主，两端以蓝布或白布进行异色拼接，不常见绣花，称为“两角拼角”；若从蓝布或白布下角两端再拼接一小块布，通常在拼角顶端进行绣花装饰，称为“三色拼角”（图2–67）。

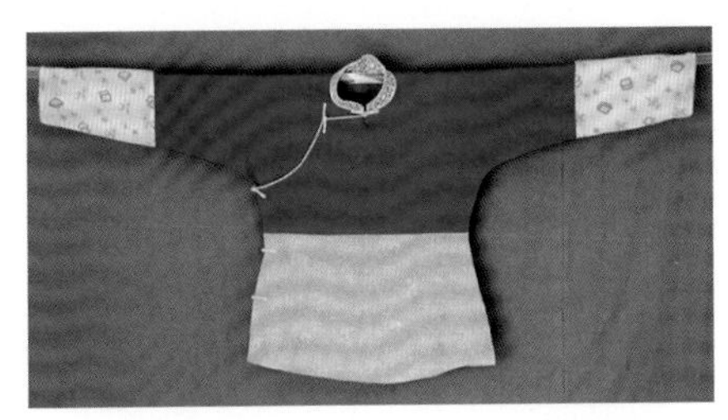

图2–66 江南服饰“大襟衫”的拼接

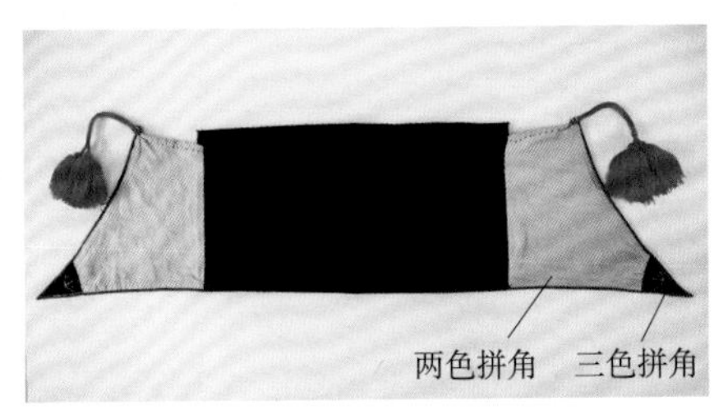

图2–67 江南服饰“包头巾”的拼接

镶边工艺在江南地区民间服饰中同样常见。“镶边”指的是在服装的领口、前襟、下摆及袖子、袖口等处镶嵌宽度不等的异色布条、花边或者绣片。江南服饰中的包头巾、大襟衫、作裙、束腰、卷绑中均有镶边，如“包头巾”上的细镶绲最能体现节约，仅在三角处绲边，因为包在头上后视线能及的只是垂下的燕尾处（图2–68）。镶边分为细绲边、宽沿边和饰绦三个部分，绲边主要起加固作用，沿边和饰绦主要起装饰作用。细绲边在江南地区比较常用，“大襟衫”的领口和大襟处都是细绲边，体现轻柔雅致的视觉感受。镶边的材料一般是细布、土布、缎、绒等，可以用本色布和其他色系的纯色布或者花布。在选择的时候主要根据年龄和喜好，本色布含蓄适合老年人，异色布用来点缀，各种人群普遍都适合，花布跳跃适合年轻人，色彩一般采用高明度的或黑色的，白色、蓝色用的最多。如图2–69所示“束腰”的两层都用极细的、仅0.2～0.3厘米宽的布包边，外面一层绲成蓝色，里面一层绲成白色，这样在一个小个体里满足了深浅对比的需要，在整体里满足了色系的统一，突出了“大统一、小对比”的搭配原则。

---

[1] 张竞琼，梁惠娥．拼接的意义——论江南水乡妇女民俗服饰［J］．装饰，2005（3）：60-61．

图2-68　江南“包头巾”中的细镶绲

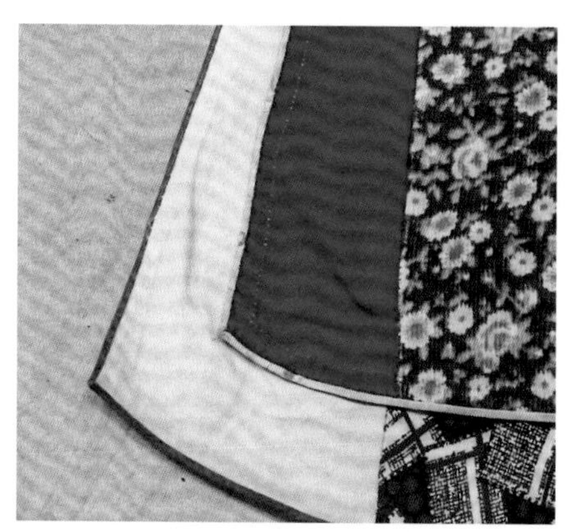
图2-69　江南“束腰”中的镶边工艺

三、闽南地区民间服饰工艺

闽南地区独特的地理位置和海洋气候、多元文化的融合，使闽南传统服饰刺绣艺术发展成具有显著地域特色的刺绣体系，并成为中国南方刺绣艺术的重要组成部分。宋元时期，泉州成为海上丝绸的起点，刺绣业发达，明中叶，漳州的月港对外进行海洋贸易，成为出口商品流通的集散地，闽南刺绣从这里输出到世界各国。清代至民国时期，漳州经营刺绣行业的作坊多达几十家，其取色于海洋自然物象，如大海的蓝色，喜用大红、官绿、明黄等宫廷式对比配色。漳绣善于运用金线，以“空心打籽绣”和“凸金绣”为主，具有较强的立体感，以显示皇家象征物龙的威严，或者宗教形象。这种刺绣大多用于戏服、帐幔、佛堂用品，较少运用到服饰上。民国时期，服饰刺绣急剧减少，泉州惠东服饰刺绣的纹样走向简化和抽象，一般以花、蝴蝶、渔女、渔船等渔民生活为题材，绣线较粗，色彩装饰感极强（图2-70）。

近代闽南地区民间百姓使用刺绣针法对服装进行装饰，以图案为象征寓意来寄予某种吉祥意念，表达对生活美好的向往，整体配色鲜明，构图密集，但与江南地区相比，刺绣风格和方式有一定差异[1]。从主要品种和位置来看，闽南服饰品中刺绣较多的有踏轿鞋、斗笠带和缀做衫领下三角形拼接处，服装上的刺绣并不多，而且图案风格简单。从刺绣图案的类型来看，闽南服饰刺绣图案与江南地区的喜好相似，以代表象征符号的几何图形、简化抽象的连续纹样

[1] 张静，张竞琼，梁惠娥．闽南、江南民间服饰的装饰工艺研究［J］．广西轻工业，2008（2）：73-74．

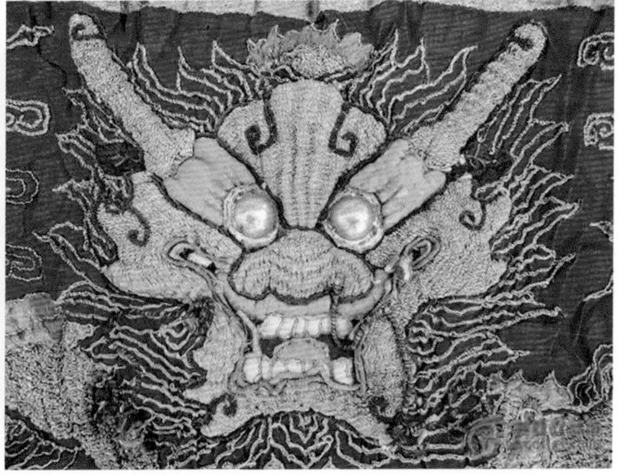

图2-70　清代漳州刺绣

居多，除了踏轿鞋的绣纹是写实图案（蝴蝶纹，凤戏牡丹）外（图2-71），其他基本都是抽象图形，即用简单的结构总结概括物体的特征，比如上衣固定开衩的地方，会用简单刺绣（花卉图案）装饰；斗笠带也常用二方连续的花卉图案，动物图案很少。

闽南地区接袖衫、缀做衫、节约衫、贴背、腰巾等民间服饰上同样采用拼接手法，运用各种不同面料进行拼接。缀做衫的拼接部位在前胸、后背、袖口和领下，采用大块拼接和小块点缀的方法，如袖口绕蓝布边或在袖口处拼接上不同的色布，并在领根下缝缀一块三角形的色布。胸、背中线两侧各缀一块同色的黑色或深褐色绸布，使整体呈长方形，并在长方形四角各镶上一块三角形的色布（图2-72）。拼接内容对一件上衣来说偏复杂，但是利用了面料的简约化和几何图形的规整化，简约中有极浓的装饰效果，具有独特的符号意义。

与江南地区的镶边工艺相比，闽南镶绲更为繁复，以小岞妇女的上衣、贴背和袖套为代表。上衣、贴背、袖套自成一套全部镶绲，平时可搭配成系列穿

图2-71　闽南踏轿鞋上的“凤戏牡丹”纹样

图2-72　闽南服饰缀做衫的拼接

着（图2–73）。上衣的大襟扣子下、开衩处；贴背的对襟处、袖窿、底摆、开衩处；袖套的下半段都用白色、花色平布进行同一种绲法的装饰。与江南地区镶边的工艺构成方式不同，闽南地区多使用宽绲边在节约衫的袖口、作裙侧面和底边中，用较宽的布在内或外贴边，装饰味道浓郁但也有实用功能。“贴背”和“袖套”是用细布条压出多层几何形状和直线，纯属于饰缘。此外，闽南民间服饰常常以绳作扣，用带饰进行点缀装饰，常见于斗笠带、腰带、裤带等部位上，如图2–74所示，斗笠带上有绣花，戴在头上时不仅可以起到固定的作用，还有装饰的作用。腰带由一根根细银链子组成，还有一种五彩塑料丝制成的腰带。这些带饰的主要功能是系扎，在此基础上有装饰美观的作用，尽管是小面积但依然能在上面绣花，或者用漂亮的面料制作，体现了细微之处的精致。在服饰的整体搭配中，带饰还起到了“线”的作用，使整套服饰“点”“线”“面”相结合，遵循了形式美法则。

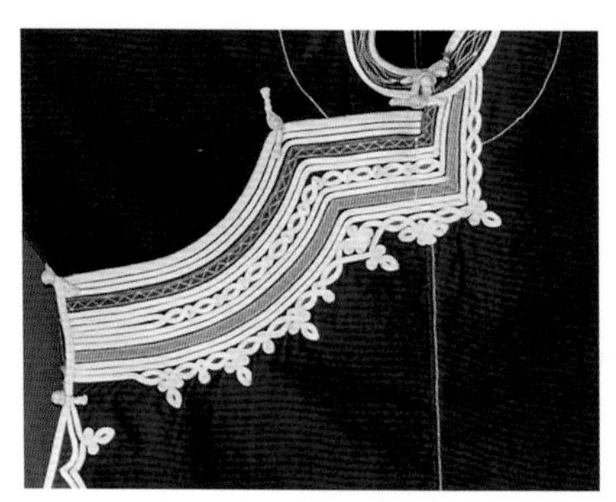

图2–73　闽南小岞服饰中的镶边工艺

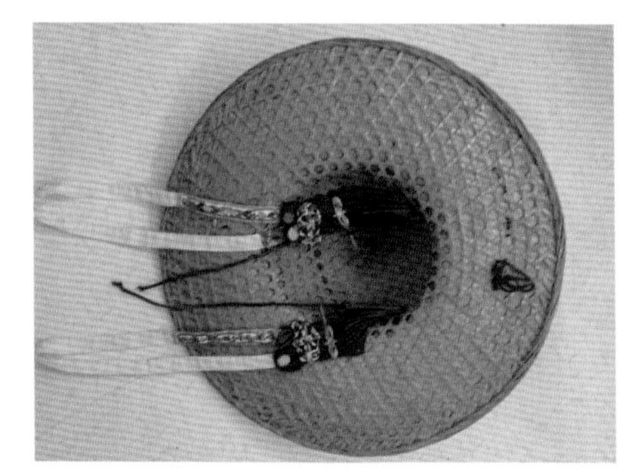

图2–74　闽南斗笠中的带饰

由于受到不同地理环境和人文环境的影响，地方文化的脉络、居住条件、生存资源造就了服饰主体的审美，各个区域的民间服饰风格虽有不同，但在装饰手法上有很多相似之处，反映出汉民族服饰“实用、经济、美观”三者结合的特征。中原、江南、闽南地区的刺绣工艺首先追求精神层面的因素，成为民间百姓寄情求福、趋吉避凶、祈福益寿的情感表达方式，并结合多种针法的不同表现，折射出各地区的服饰风格和文化内涵；江南、闽南服饰的拼接和镶边等工艺手法更是紧紧抓住实用性原则和经济性原则，在实用、经济的基础上追求美观。这些多样化的服饰工艺手段都是劳动者在长期的生产和生活实践中，根据其使用的目的、方式和功能，融入了劳动者的情感和智慧发明创造而出，是我国传统服饰手工技艺的结晶。

理念篇

第三章

第一节　服饰理念之概说

在中国古代，衣食住行是中国人普遍认同的人生四事，衣排行在首位，足以见得古人对“衣”文明的重视。以“礼”为核心的中国服饰传统观念，从不或很少围绕人的身体条件来评价服饰的美与丑，探讨服饰与身体条件之间的各种关系，与西方的“寻求身体与服饰的完美和谐，即精神与形体的和谐，服装与精神的和谐”不同，中国古代寻求的是个人与社会的和谐。传统服饰的美是在个人向社会的靠拢、个性与共性的依附中产生的，而不可能只是凭个人的兴趣爱好随意修饰出来的[1]。虽然长期中国人尊崇“人遵画一之法[2]”整齐而典雅的服饰审美要求，延续的“美善统一、美从于善的审美意识”，[3]无形中压抑和阉割个性追求。但随着少数民族与中国传统服饰的对抗，以及人性的觉醒和解放，催生了服饰美学思想和个性审美意识觉醒。

从技术层面讲，服饰见证物质文明高度；从审美层面讲，服饰见证精神文明水平。中国是一个幅员辽阔、历史悠久的多民族国家，始终保持着相对稳定的文化形态，在辉煌的历程中形成了独特的穿着习惯和服饰形式，也形成了别具一格的服饰审美心理。不同历史时期的审美也有所不同，根植于特定的社会现实生活、时代氛围以及每个家庭的真实生活中，审美意识的改变往往直接显现在服饰上。古代生活多是以家庭为单位男耕女织自给自足的生产方式。女性作为织造者，常常把她们的思绪与心情留在一针一线之间，凝结化作交流与传递的图案或文字符号；衣冠服饰也是权力、阶层的象征，通过若干符号达到服饰质地明贵贱、长短显身份、服色分地位、纹饰别等级的尊卑效果。透过服饰我们可以看到一个时代的审美意识的变迁，其中蕴含、隐含着丰富的美学思想，是社会审美意识的载体，而且是客观直接的载体。

从符号学角度来看，一些社会文化“沉积”在服饰上形成符号化特征，在实践生活中渐渐演变为文明的表征，从一种技艺，逐渐上升为人们观念中的象征与社会组织中的符号，被赋予礼制、宗法、伦理、审美等社会含义和精神意蕴。马克思、恩格斯曾指出：“思想、观念、意识的生产最初是与人们的物质生活、

---

[1] 兰宇，祁嘉华．中国服饰美学思想研究［M］．西安：三秦出版社，2006．

[2] 张瀚．治世余闻 继世纪闻 松窗梦语［M］．盛冬铃，点校．北京：中华书局，1985：140．

[3] 朱志荣，朱忠元．中国审美意识通识（明代卷）［M］．北京：人民出版社，2017：452．

与现实生活的语言交织在一起的[1]。”这些观念通过象征符号在服饰上代代相传，成为人与人沟通交流的一种途径，绵延传续。从服饰符号学解读，即是非文本形式记录的服饰演进中剖析能指和所指意义，寻找到服饰符号所隐喻的意义。

从更深层来讲，“每一种文化、思想、意识都有产生它的基石，这个支持着理解框架、诠释结构、观察角度和价值标准的基石，始终是知识与思想的终极依据，实际上也控制着人们对一切的判断和解释，赋予知识与思想的合理性[2]”，古代中国人把它叫作“道”，“天不变道亦不变”，支撑着人们对于自然现象、天文和皇权立法的合理性解释和合法性。在古代中国的生活世界中成了“天道”，暗示着所有合理性，在长长的历史长河中建构了知识与思想的“秩序”，它凭借着仪式、象征和符号在人们心目中形成了一整套的观念，又由此类比和推想，渗透到一切的知识与思想之中。

中国在相当长的时期内，未受到外来文化的干扰，形成了一个具有稳定性的文化系统[3]。古代造物思想体现了客观世界的全局观，朴素且丰富的系统思想，强调人与自然既对立又统一的整体和谐观，如“天人合一”是作为宇宙构架和合理性的内涵，从实用层面主张人与自然的和谐统一，蕴含的是人与自然的辩证统一关系，渗透在各个方面。古代造物思想反映的是一种生活方式，源于先哲与先民对宇宙、生命一体化的思维模式，以约定俗成的意象图形唤起人们内心对生存、繁衍、情感等需要的集体潜意识，构成了一种独特的象征艺术，这种含蓄的艺术体现了东方文化模式和中华民族内敛的民族精神。这些传统服饰蕴含丰富古代造物观念、文化符号、审美意蕴，阐释这些服饰理念，即寻找作为物质文化的服饰与理念的对应关系。

第二节 服饰哲学理念

一、古代造物思想溯源

中国古代造物思想渊源已久，服饰作为一种物质文化的存在，在实践过程

---

[1] 弗里德里希·恩格斯，卡尔·马克思．马克思恩格斯选集：第一卷［M］．北京：人民出版社，1972：30．

[2] 中国思想史（第一卷）：葛兆光．七世纪前中国的知识、思想与信仰［M］．上海：复旦大学出版社，1998：41，47，49．

[3] 杨先艺，杨四宝．论传统造物的和谐思想观［J］．设计艺术：山东工艺美术学院学报，2007（1）：17-20．

中渐渐演变为文明的表征，从一种技艺，逐渐上升为人们观念中的象征与社会组织的符号，被赋予礼制、宗法、伦理、审美等社会含义和精神意蕴。研究团队对古代造物思想内容进行研究，例如王忆雯的博文论文《古代造物思想下眉勒的艺术特征与制作工艺研究》[1]对造物思想有深入的研究：中国传统造物思想由来已久并对后世产生了深远影响，其源头可追溯到先秦时期，记载于先秦诸子的相关著述之中。主要来源于两个方面，一是诸子著作，如《老子》《庄子》《论语》《墨子》等；二是以《考工记》《天工开物》《礼记》一类为代表的总结生产实践经验的科技著作。《考工记》中提出的“制器尚象”造物思想，体现了实事求是的设计思想，强调尊重自然、注重科学，而后的“器完不饰”“审曲面势”则强调造物过程中实用与审美的结合，二者之间互融互通，且能转化与统一，最终上升到“以天合天”“天人合一”的高度。

先秦时期，诸子百家对造物思想、装饰思想津津乐道，伴随哲人政治需要以及哲学意义上对传统造物思想争鸣批判，又反过来对造物行为产生影响，成为中国古代主导的造物思想，并由此奠定中国传统文化“礼”“道”互融互通的审美精神。审美装饰与功能实用之间的关系问题由墨子首次提出，并提出“致用利人”的造物观点，认为器物被制造出来的目的是为人服务，反对过度装饰器物的行为。庄子善于运用比喻、寓言来阐明事理，在《庄子杂篇·天下》中说：“君子不为苛察，不以身假物”，指出物为人所用，“物物而不物于物”强调在造物过程中人的主观能动性的重要性[2]，代表古人对于造物和设计的认知与经验，这些成为中国古代造物思想的重要组成部分。

秦汉时期，先哲们讨论的重点集中在宇宙与人、系统与自然的整体关系，“技”“器”“道”的关系得到进一步沟通和融合。董仲舒将儒家思想发扬光大的同时，也吸收了其他学派的观点，并加以整合完善，提出“天人之际，合而为一”。强调法天思想，以天道为本源、本质、本宗。在《春秋繁露》中提到“和”与“适”的造物核心观点。其中“适”体现人与自然的尺度，要求造物活动需以人与环境的和合尺度为考虑重点。淮南子对造物与自然之间的关系诠释为：“制度阴阳，大制有六度；天为绳，地为准，春为规，夏为衡，秋为矩，冬为权”。在影响深远的“重道轻器”造物思想基础上，提出“器以载道”，成为中国古代器物美学的重要思想。李渔强调器物的设计要“用之得宜”，强调造物在宜的尺度美，实际就是要在设计实践中把握形式美的造物尺度审美观。

---

[1] 王忆雯．古代造物思想下眉勒的艺术特征与制作工艺研究［D］．无锡：江南大学，2019．

[2] 钱禹辰．《史记》对诸子文艺思想的评述［D］．哈尔滨：哈尔滨师范大学，2014．

明代宋应星所著《天工开物》，对于对中国古代的各项技术进行系统地梳理与总结，是古代造物思想集大成者，其中的“天人关系”追求天、地、人的整体和谐统一，展现出的系统观、整体观、伦理观，具有超前的前瞻性。明代文震亨《长物志》、沈括《梦溪笔谈》都对古代高超的造物工艺、技术等进行记载，丰富了中国古代造物思想的理论。

二、古代核心造物思想

（一）古代核心造物思想之道法自然

1．道法自然——天人合一

《老子・第二十五章》提到：“有物混成，吾不知其名，字之曰‘道’”。老子认为“道”是宇宙万物产生的根源和运作变化的规律[1]。“道”先于天地万物而存在，不以神鬼帝王意志为转移，是一种超越感官的存在，用语言无法表达，是无始无终的状态。同一章中，老子又提到了自然的概念：“人法地，地法天，天法道，道法自然”。“道”浑然天成能够主宰一切，虽无声无形，却超乎万物之上，恒久不变，是世间万物的本源。道法自然强调造物思想根本是对自然的敬重。《道德经》提到“有物混成，先天地生”中的“物”指的就是“道”，包括物质与非物质的总和。

道不会主宰和支配自然，只能任万物自然地发展[2]。这里自然，指的就是自然的过程、表现与存在。以一切自然物本来面貌为根据，遵循自然法则，万物各得其所。道法自然，即道不违背自然的规律，遵循事物的自然规律。道既是认识的对象又是实践的方法，作为世界的本原，是宇宙万物之母，对于人与自然之间的关系，老子得出结论是“人法地，地法天，天法道，道法自然”，道取法于自然，大而玄奥的道，生成世间万物的方法就是向自然学习，效仿并顺应自然，对于认识世界、改造世界提供了具体的指导思想。

“天人合一”四字首见于北宋张载《正蒙・乾称上》：“儒者则因明致诚，因诚致明，故天人合一。致学而可以成圣，得天而未始遗人[3]”。周易曰：“大哉乾元，万物资始，乃统天。云行雨施，品物流形，大明终始，六位时成[4]”。

---

[1] 郑巨欣．中国传统工艺再思考［J］．新美术，2018，39（11）：5-13．

[2] 贾永平．论《道德经》中大美的生成及其内涵［J］．甘肃社会科学，2016（1）：183-186．

[3] 于民雄．“道法自然”新解［J］．贵州社会科学，2005（5）：75-77．

[4] 孙丽娟．先秦儒家“天人合一”生态伦理观及其现代价值［J］．沈阳师范大学学报：社会科学版，2011，35（4）：13-16．

西汉董仲舒在《春秋繁露·深察名号》中强调“天人之际，合而为一”。认为天道自然，以天道为本，强调法天思想，认为人类行为活动的一切包括服饰制作的目的、过程，都应该效法自然。“天人合一”的哲学思想发源于先秦，主张人与自然的和谐统一，蕴含的是人与自然的辩证统一关系[1]。道法自然、天人合一是古代造物思想重要代表，对今天的设计工作依然有重要指导作用。

2．物我两忘——忘适之适

古代造物思想受先秦哲学家影响颇深，其中庄子的物我两忘、以天合天、忘适之适等造物思想对后世影响较大。《庄子》全书33篇，出现“忘”字达21篇，多次使用“忘”字，意义却不尽相同，从《现代汉语词典》解释来看“忘”是不记得，遗漏的意思，古文中“忘”另有其意：《说文》中注解“忘”为“不识也”，陶渊明《桃花源记》中“忘路之远近”解释为“不记事也”;《庄子·达生篇》气下而不上，则使人善忘，意指善忘是生病的症状；《庄子·大宗师》回坐忘，描写的却是一种达意逍遥的状态。《庄子·外篇·达生》提到关于鞋与脚的寓言，“忘足，履之适也”，表层意思是说鞋子非常舒适，忘记脚的存在，实际表达自适之适的超然状态，包含丰富的审美内涵，物我两忘意指忘物忘己，不分彼我。

物我两忘与忘适之适的共同点都是强调一种和谐状态，这种和谐是客体与主体的深度和谐，忘记本初的状态，忘记存在感，忘记自我主观的本体欲求，使得物与我高度契合，一切都自然而然地发生，实现人与自然相互融合，精神自由的状态。

（二）古代核心造物思想之文质彬彬

1．技以载道——艺工结合

《论语·雍也》载：“质胜文则野，文胜质则史，文质彬彬，然后君子”，主张“文质彬彬”强调实用与审美相结合，“质”指事物本质与内在，为内容具备的物质属性，引申为伦理、道德；“文”通“纹”，指的是形式与修饰，强调外在形式美，引申为一种客观存在的状态；“野”意指粗野、粗鄙，表示缺少适当的文辞修饰，内容就会粗鄙不堪，封闭专扈；“史”指外在过度浮华的虚饰。孔子强调全局观提倡“文”与“质”不偏不倚，扬弃“质胜文”“文胜质”的片面思想，做好“内容与形式”的和谐与统一，任何割裂内容与形式的事物关系，都是狭隘的观念，只有文与质协调完美，才能获得最佳的彬彬状

---

[1] 孙喜艳.《周易》美学的生命精神［D］. 苏州：苏州大学，2010.

态。“然后君子”要求人们在造物活动中不仅要考虑器物的内容与形式，更要重视人们的精神感受，重视积极的价值取向。遵循质与文的实用功能与审美功能和谐统一，达到物尽其用、形神兼养的双重功能。

“文质彬彬”思想体现了人类在造物活动中关于根本需要和对终极目标的思考[1]，对人类造物活动产生深远的影响，阐释了适度设计的观念，可见古人注意到艺术与技术之间的关系，也为造物提供了有力的依据。在物质设计范畴又可以把文与质的关系理解为“功能与审美”的关系，正如今日造物设计中，首先器物要具备使用功能，满足使用功能基础上同时满足审美要求，既合乎道德理性规范，又顺应人的感性需求，才是造物功能与审美相协调的合理状态。

2．器道相存——互渗共融

《易经·系辞上》载“形而上者谓之道，形而下者谓之器”，孔颖达注疏曰：“道是无体之名，形是有质之称。道在形之上，形在道之下。故自形外以上者谓之道也，自形内而下者谓之器也。”[2]道为观念思想，形而上者谓之道，器为使用用具，形而下为器，重道轻器的思想在先秦哲学中大行其道，然而朱熹认为道器二者密不可分，是一个完整的整体：“凡有形有象者即器也，所以为是器之理者则道也[3]”。道是通过有形的器表现出来[4]。朱熹指出“据器而道存，离器而道毁”。说明道是不能离开器而存在的，主张器道一体，器道相存。最让人赞赏的设计谓之道，最上乘的设计作品要充分体现“以人为本”的造物理念，这里“道”有两层意思，第一层是指导造物的设计思想，第二层指器物承载的精神文化内涵，道与器是不可割裂的整体，对器物的研究利于对道的观念研究与文化传播。

器以载道造物思想是中国传统造物设计中关于器与道关系的源头。不仅体现古人对形式美的认识，更表达古人对于伦理道德的推崇，要透过有形的器物形式，去把握无形的道理内核，才能达到主客体的高度统一。器道相存是一对辩证统一的关系，两者相互联系，相辅相成，相互促进。

（三）古代核心造物思想之备物致用

1．重己役物——致用利人

《荀子·解蔽》记载：“精于物者以物物，精于道者兼物物[5]”。荀子在强

---

[1] 沈括．梦溪笔谈［M］．吉林：吉林出版集团责任有限公司，2018．
[2] 陈晓．中国传统美学中“天人合一”观的内蕴及其价值［J］．求索，2015（12）：80-84．
[3] 陈鼓应．老子今注今译［M］．北京：商务印书馆，2003：250．
[4] 朱杰人，严佐之，刘永翔．朱子全集（第17册）［M］．上海：上海古籍出版社，2002：3145．
[5] 李龙生．道器之辨——兼论中国古代器物美学思想［J］．中国文学批评，2018（3）：55-66．

调人自主意识的前提下又注重具体实际，提出重己役物造物思想，荀子并不反对物欲，而旨在从人的主观能动性出发去把握器物，强调器物为人所用，因此人为物主，“重己”指的是人作为造物主体，发挥个体主观能动性，而自觉地支配物质、改造器物的过程，被称为“役物”，造物活动是为了实现器物的功能为人所用、为人所役，从而消除物役，利于人的生产生活，实现器物“致用利人”的价值，其内在的核心价值强调为人服务，对后世造物价值取向与审美艺术风格影响深远，可以看出现代“以人为本”设计理念正是发端于荀子“重己役物”造物思想，该思想与西方现代主义包豪斯“设计的目的是为人而服务”的理念高度一致。

《庄子·外篇·山木第二十》：“物物而不物于物，则胡可得而累邪！[1]”，提出物与人的关系，第一个“物”是动词，为使用之意，指驱使物体或者通过外力改变其性状过程；第二个“物”是名词，意指自然形态下，不加外力状态本然的“物”；第三个“物”词性为动词，指的是“物役”“奴役”，被物质或意念所驱使，失去本然的初心；第四个“物”同第二个“物”，名词，指代本然的物。在造物活动人与物的关系上，庄子坚持君子不使自己为外物所累，役物而不为物所役，上升为造物思想就是驾驭物欲，而不被物欲所驱使。“物”本来就是被使用的，人要主导、驾驭、使用“物”，而不是被“物”所“物”、所“累”、所“役”。管子也说：“君子使物，不为物使”。这些造物思想在人与物的关系上高度一致，强调人要发挥主观能动性掌握客观规律，开动脑筋，利用工具改造物质世界，而不被物欲所驱使，“胜物而不伤”，这样方能达到精神的自由与洒脱，不为物所役。强调人性化设计，以人为本，尊重人在造物活动中的主体地位。

2．备物致用——节用利民

备物致用取自《易·系词上》：“备物致用，立成器以为天下利，莫大乎圣人”。器物存在的目的在于能被利用，产生功利价值，也就是实用主义的理念[2]。要求以节俭和实用为准绳，避免过度浪费与华而不实，一切以实用功能性作为评判器物美感与价值的标准。所谓利用则只是成器之道中实用为准的美学标准，至今仍然被广泛认可，现代功能主义设计即是以实用功能性为设计之本。

---

❶ 姚民义．先秦时期工艺设计思想与现代设计观念的照应［J］．郑州轻工业学院学报：社会科学版，2008（2）：10-12．

❷ 朱清华．《老子》的人生精神及其对现代生命教育的启示［J］．长江师范学院学报，2016，32（3）：116-118．

墨子最早提出功利主义原则，极力强调物态生产的实用性，他主张“为乐非也”，除对儒家“以饰体道”表示怀疑以及对社会现实中物欲横流、雕缋满眼现象的不满之外，主要与其从功利立场上看待物的存在价值有关，他认为：“为衣服，适身体和肌肤而足矣”。墨子的造物观坚持器物制作要利于天下之民，《墨子·辞过》载：“其为舟车也，可以任重道远，其为用财少而为利多[1]”，提出功利主义造物原则，其中“用财少为利多”造物理念，与现代主义设计强调功能第一的原则一致，诸子百家中墨子最反对为上流阶层造物，具有划时代的人本主义精神，孟子提倡节用利民的手工业发展模式，在节材、利民等方面体现出“兼爱”思想，与现代主义设计的大众化、民主化方针不谋而合。墨子的节用意识，在当下资源有限，全人类命运共同体的背景下，依然具有前瞻性，指导我们各行各业都参与创新节能，注重环保的意识行为。

（四）古代核心造物思想之格物致知

1. 造物在宜——统体兼尽

李渔认为审美价值中最重要的是适用与否，要求以一种灵活应变的态度去适应自然而然的规律，并对自然加以创造性改造，遵循“造物在宜”适用原则，达到“天巧人工，俱能所用”的自由。

尺寸之宜指与人相称，服饰宽度与长度的比例关系是以人的尺度为参照目标，比例适度，体现以人为本的关怀和为人服务的造物根本；功能之宜强调适用为上，适用为宜，在功能满足基础上，根据不同季节选择适宜面料；审美之宜要求制作重精不重丽，避免过多华丽装饰，摒弃繁缛之饰，提倡精简造物，节约成本，形式服务功能，将审美必须服务适用上升为自觉意识。把握形式美的造物尺度审美观，发掘服饰背后深层尺寸之宜、功能之宜、审美之宜的造物理念、精神信仰。

2. 性之本然——顺物自然

在道生万物的过程中，道赋予万物以“德”，“德”即“性”，形成各自秉性。[2]《庄子·马蹄》曰：“故纯朴不残，孰为栖尊”，“白玉不毁，孰为珪璋？”其中蕴含的造物思想提倡人们根据需求对自然界进行适度改造，以期得到自己所需的器物，顺物自然、返璞归真是中国古代造物设计的重要原则。庄子认为

---

[1] 刘焕焕．先秦造物中的“备物致用”［J］．大众文艺，2018（4）：100-101．

[2] 周耿．“自然”而“立于独”——道家对个性实现历程之看法［J］．商丘师范学院学报，2017，33（5）：6-11．

人在改造器物时应顺从自然原生性，在此基础上发挥物的天然性，既无需强调制作礼乐的繁文缛节，又不能依仗技术的进步对自然界近乎掠夺的开发与功利，达到人与物和谐的生态造物观。顺物自然生态造物观直接影响到现代绿色设计、可持续发展、生态设计等思潮，警醒人类在造物活动中，对自然以及环境造成积极抑或是消极的结果进行评估，重视保护自然环境，实现生态平衡。

三、古代造物思想下的服饰造型艺术

中国古代服饰造型艺术中，尤其是传统配饰中充分体现了人们观察自然、模仿自然、观象造器的造物手法，从自然中获取灵感并进行揣摩，用心赋予器物情怀与精神内涵的造物智慧[1]。研究团队对古代造物思想在服饰上的体现进行研究，例如，王忆雯、梁惠娥曾发表论文《古代造物思想下的荷包艺术》[2]和《民间眉勒造型与纹样艺术研究》[3]，分别对荷包、眉勒进行了造型分析，具体表现为"师法自然"的具象表现和"以天合天"的抽象表现，其中以抽象造型为主要表现手法，相对复杂的造型通常以简化抽象的形式表现。无论具象还是抽象的造型，都具备显著的艺术特征：造型简洁、对称平衡，体现形式美的法则，反映观象造器的造物思想。

（一）"师法自然"的具象表现

具象表现，主要指在某一适合空间内，以模仿自然形态为视觉语言来表现创作者个人才华以及价值取向，以写实手法来表现制作者对客观世界的认识，进而表达出个体精神追求与才情展示，这种表现手法不同于抽象概括表现。具象造型以写实客观自然的表现形式为主，具有较强表现力，能够生动形象再现自然形态的造型，体现"师法自然"的造型法则。

"师法自然"的造型法则在荷包上体现得尤为清晰，如葫芦状、鱼形、花瓶形、如意云形等荷包造型（图3-1），都充分体现了民间女性对自然的向往与追求，而荷包上婀娜蜿蜒的植物纹样更是女性观察自然、热爱自然、崇尚自然的一种表达方式。荷包纹样中植物色彩大多师法自然，浓淡适宜，即便是朵

---

❶ 周宇，徐永顺，沈祥胜．融入与传承：中华文化元素在动漫品牌中的运用［J］．学习与实践，2019（6）：129-133．

❷ 王忆雯，梁惠娥．古代造物思想下的荷包艺术［J］．服装学报，2017，2（3）：250-253．

❸ 王忆雯，梁惠娥．民间眉勒造型与纹样艺术研究［J］．丝绸，2018，55（1）：84-88．

红花也有多种不同色彩，在表现花瓣的时候使用同类色丝线渐变推移，运用套针绣，将绣线分成数批，再批批相套，先批和后批鳞次相覆，犬牙交错，色彩晕染和谐，再现真实的自然。此外还有双叶形眉勒，模仿自然界中植物叶片的形状，极富生机；蝙蝠形眉勒造型就是模仿自然界中动物形态，蝙蝠尾翼栩栩如生，造型自然生动，充分体现"师法自然"的造物法则。

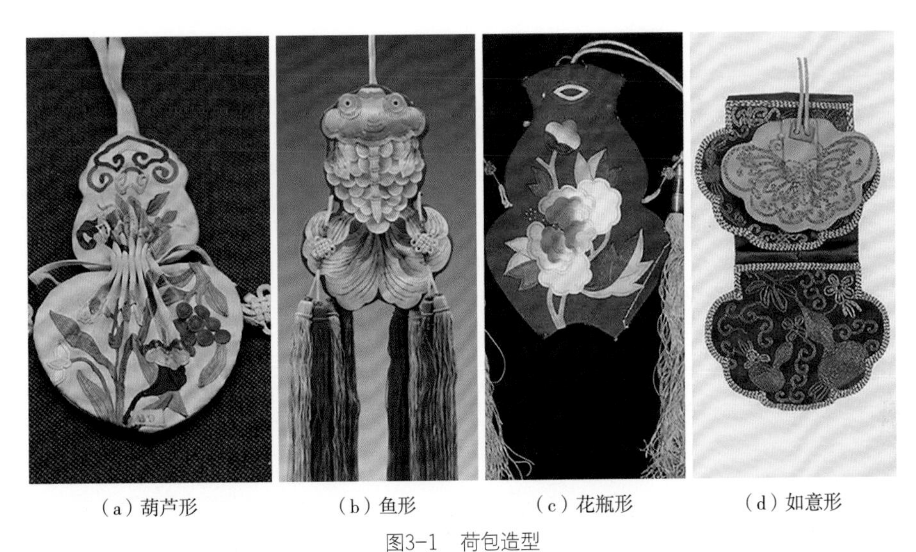

（a）葫芦形　（b）鱼形　（c）花瓶形　（d）如意形

图3-1　荷包造型

（二）"以天合天"的抽象表现

抽象，广义上的理解具有提炼、提取的含义。对于艺术的抽象而言，有的偏重装饰性，有的偏重即兴的主观性[1]。很多民间女性并未接受过绘画基础系统培训，但是她们从小耳濡目染，女红刺绣早已融入骨子里，现有的范式和纸样，早已记在心里，针线已与人融为一体，在对自然界的模仿中，对美好生活的期盼自觉加入想象空间，自然界造型在眉勒形制中体现的范式变形夸张，使眉勒造型突破常规，不断创新，呈现出具象写实与抽象自由相结合的畅快之感，突出体现以天合天的审美规律抽象的表现手法，多用于写意（用字的同音、谐音，或者是用两种及两种以上的吉祥物去繁就简组合成一个造型），采用抽象的点、线、面的几何形纹样、色块解构效果构成画面，简练、醒目，具有形式感。对客观自然形态的参考、提炼基础上的再加工，不完全再现自然原有形态，进行概括抽象，给人带来遐想和视觉上的全新体验，整体造型协调美

---

[1] 吴晓波．民族服饰元素在现代服装设计中的应用研究［J］．天津纺织科技，2012（4）：53-56.

观，具有很高的艺术观赏价值，呈现出抽象凝练的符号化特征。例如民间服饰云纹形态的运用（图3-2），一般由两个对称的内旋勾卷形和一条或圆滑流畅或停顿转折的波形曲线连接而成，是人们崇尚自然的表现，如意云纹作为云肩的构成符号，其抽象的形式则是人们以此来寄托某种情感。织锦或刺绣品经常用四合如意朵云、四合如意连云、四合如意八宝连云、八宝流云、五彩祥云、云龙纹、云鹤纹等（图3-3）。

图3-2　如意云纹的基本样式

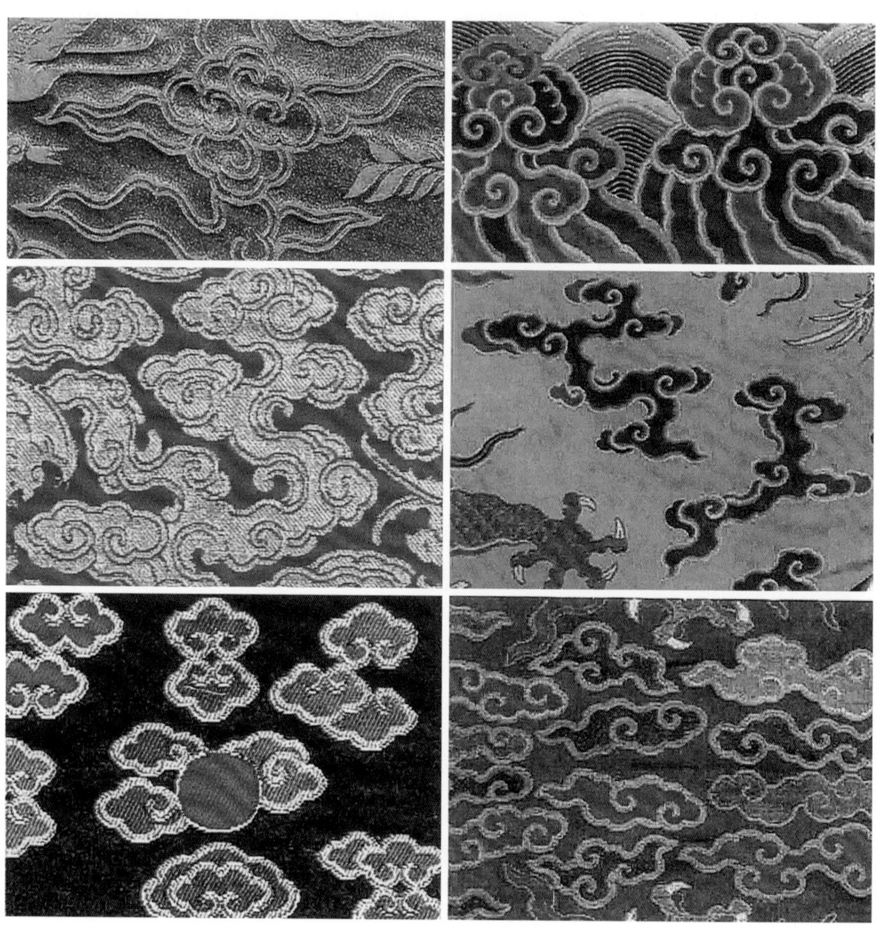

图3-3　清代服饰中云纹

四、古代造物思想下服饰的适度设计

中国传统造物思想中讲究“中”与“和”,“中”是一种“适中”或者说是“恰到好处”,“和”表现为既不能“太过”,也不能“不及”,总体来说是一种“恰到好处”“适中”的适度设计原则[1]。古代造物思想下服饰体现对材料使用方面的智慧远远超乎现代人的想象。所造之物考虑服饰领口、头部等关键部位的尺寸与人体的贴合度、比例适度体现以人为本的关怀和为人服务的造物根本，也使所造之物所用材料“物尽其用”，是对工匠智慧的极大考验。

(一)功能之上的尺度惟宜

中国古代造物思想下的服装设计，有着以人为尺度的参照标准，合体性是审美的基本原则，即使是古代讲究宽衣博袖的时代，领口也会设计得很合体。研究团队对造物思想中适体性进行研究，例如王忆雯、梁惠娥发表的《传统眉勒弧线适度设计背后的人机工程学研究》[2]以传统眉勒为例，分析功能之宜强调适用为上，适用为宜。

眉勒的外观特征，与人体头部围度大小息息相关。头围是眉间点绕过颅后点最大周长，斜头围是发际线前中点绕过颅后点下2厘米处周长，这两个位置是人在佩戴眉勒时最常佩戴位置(图3-4)。

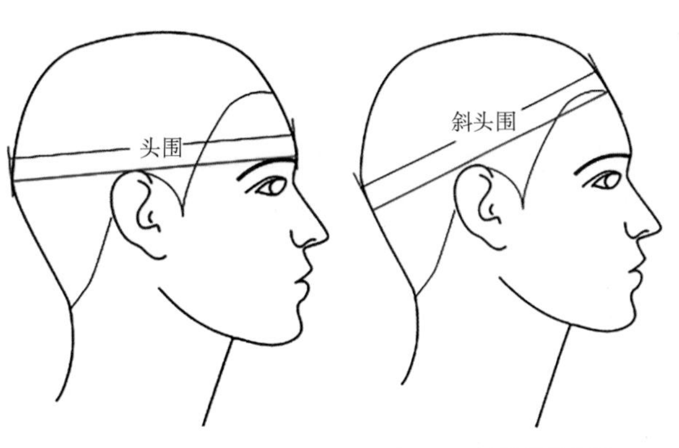

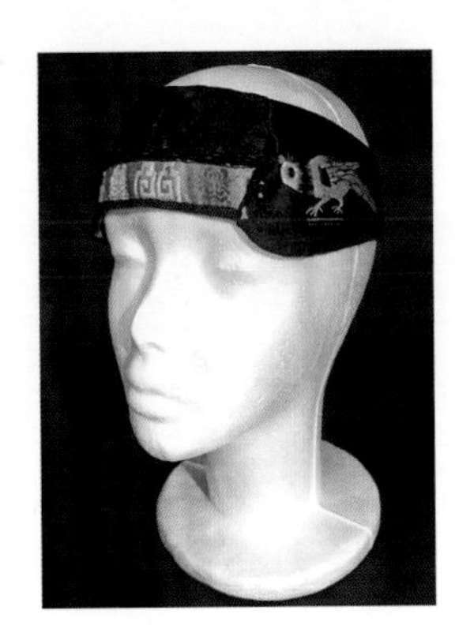
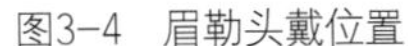
图3-4 眉勒头戴位置

---

❶ 张天星. 适度设计中的“中”与“和”——共赏“良适”之东方美学[J]. 家具与室内装饰，2014(12): 50-55.

❷ 王忆雯，梁惠娥. 传统眉勒弧线适度设计背后的人机工程学研究[J]. 丝绸，2020，57(6): 7-10.

双叶形眉勒（图3–5、图3–6）的维度大小在大于3/4中青年和老年的头围，小于7/8头围，并且留出充足的活动空间，可应用于多种发型头饰的搭配，灵活性高，满足眉勒佩戴者的个性化需求。

图3-5　近代双叶形眉勒实物图

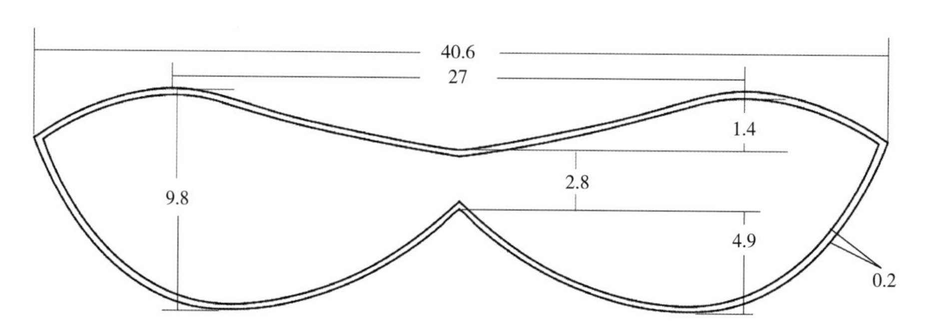

图3-6　双叶形眉勒的尺寸图（单位：厘米）

人的额头是一个近似球形的弧面，平面无弹力的布条包裹在头部不能达到合体效果，佩戴眉勒时压力主要集中在一条线上，给佩戴者带来不适。大多数眉勒都在前中做破缝处理，并在破缝处进行弧度设计，等同于收省效果。通过合理的弧度设计，眉勒中间形成立体的面，使眉勒达到贴体的效果。佩戴时，眉勒给人体的压力可以分布到眉勒与人体接触的面上，使整体的压力感大大减小。以人为尺度的造物哲学体现了以人为本的关怀和为人服务的造物根本。

（二）工艺之上的节用适用

中国家庭妇女大都心灵手巧，知道怎样最大限度地利用布料。“因其所宜”“各随其宜”是中国传统造物用材的理念，它强调要充分利用物性，是造物思想的功能观，要求在造物设计之初，就要对材料进行全面的审视，以达到充分利用和节约的目的。

“物”的本质是适宜于人的需求，并为人的生活服务。[1]人类在主动制造器

[1] 李砚祖. 设计的智慧——中国古代设计思想史论纲［J］. 南京艺术学院学报：美术与设计版，2008（4）：27-32.

物的初始，就有了造物思想，而作为一种主动的行为，造物有其目的性和计划性。[1]

清末女衫沿袭旧制，里襟边沿则与前中线重合，制造者利用面料物性，巧用布边不易脱丝的特征，将面料光边作为里襟止口，在保证里襟边缘牢固的同时，减少缝制和裁剪流程，是“重己役物”精神的体现。此外缝制和裁剪都是对面料的破坏，尽最大可能保护物质本性，减少破坏，同时最大限度地提高面料使用率，是“敬天惜物”的巧妙表达。

节用适用尤为体现在制作小的配饰上，如制作荷包、眉勒、帉帨之前，尽量预先计划节约时间、精力和布料。妇女们不会嫌弃任何面料，不论其大小，制作衣服所剩的布料都会被精心收藏，需要时以达到物尽其用的目的[2]。例如眉勒外面料的选择以面料完整、品质优良为主要原则，面布不做拼接，保持面料完整，内衬对面料完整性则没有要求，多用多层棉布粘贴而成，主要是零碎布料再利用，运用糨糊使零碎布料粘连平整，牢固度更佳。眉勒面料选择与材料配比适用，都体现了备物致用、物尽其用的造物理念。

在服饰饰品中，最具有实用功能的物品当属荷包，其选材自由，往往是随手可得的布料或是服装裁剪下的边角料。以北方地区常见的褡裢荷包例，一般多用粗厚的土布制成，也有皮质，结实耐用，袋身双层，中间开口放取物品，两端为长方形包袱袋，使用时将中间部分搭在马背上或人的肩膀上，两端自然下垂各成一个口袋，方便耐用。这正体现了荀子提出的“重己役物，致用利人”造物思想，在《荀子·修身》中说“君子役物，小人役于物”。重己役物观念中“重己”指以人为主体，自觉地驾驭物质材料，并开展功利性的活动“役物”。造物的所有活动以及所产生最终器物的目的在于为人所用，实现器物的“致用利人”[3]。

第三节　服饰符号解读

一、服饰符号学理论

所谓符号是“社会信息的物质载体”，是一种通过视觉、听觉所感知的对

---

[1] 王琥．设计史鉴：中国传统设计技术研究：思想篇［M］．南京：江苏美术出版社，2010：10.
[2] 胡平．遮蔽的美丽——中国女红文化［M］．南京：南京大学出版社，2006：154.
[3] 刘群，崔荣荣．传统服饰中的“备物致用”造物思想［J］．丝绸，2010（1）：55-60.

象，主观地把对象与某种事物连接，使得一定的对象代表一定的事物，当这种代表在一定社会或集体中被认同，成为公共约定时，这个对象就成为替代这个事物的符号。从符号学的角度看，世界上所有有意义的物质形式都是符号，符号是由媒介关联物、对象关联物和解释关联物共同作用而构成的系统。在这个系统中，每个符号在与其他符号的差异中确定自身的意义，并且这种意义具有约定性。符号作语义传递和视觉传达时使人与世界链接，使世界作为某种意义被主体理解和掌握。符号是意义与对象世界之间的结构关系，这种结构关系使对象和意义融合为统一的符号[1]。

而符号学是研究符号系统（语言、编码、信号等）的学科，更确切地说是研究符号的意指作用的学科。符号可以根据不同的标准而分为许多类：图像、标志、象征等。符号系统是意义世界的结构，是联结主体意识与对象世界的桥梁，从而构成统一的意义世界。罗兰·巴特《符号学原理》问世标志着符号学的建立，他将语言学的理念扩展到符号学概念，其源于人类与文化的互动方式，并由此建立诸如文学、绘画、音乐以至工艺品、家具、服饰等一切文化现象都是由符号组成的人类特有的符号系统。巴特认为，“每种符号都有两个层面的意义，即能指和所指。能指（Signifier）指的是物体呈现出的符号表现形式，即符号表现或符号形式，这个层面表现了符号的可感知面；所指（Signified）指的是符号抽象的内容层面，这一层面是抽象的、不可直接感知的，故它又被称为符号意义。能指和所指结合在一起的过程即为意指作用，符号意义也随即产生。[2]”

在传统中国的社会，服饰承载着社会物质意义，精神意义不断凸显，并且受到制度文明影响，对于区分尊者与贫者的社会伦理起着重要作用。同时服饰作为一种表征文明的符号，它以其形象性特征彰显不同地域文化的风土人情，从而形成了形态各异的民俗文化符号。“现代对于服饰符号学研究不局限于服饰能指和所指指代物的研究，又或者说是能指与所指单一的对应功能意义，同时也强调了服饰的符号化过程，即服饰意指作用的产生。服饰的意指作用及其符号化不在于服饰的能指和所指的功能意义，而是在较大程度上寻找到服饰符号所隐喻的意义。”将服饰作为一种表征文明的符号，从而成为一幅穿在身上的历史画卷、一面彰显民族特色的镜子，是人类文化底蕴的一种形象化、精神化和制度化的表露。

---

[1] 罗兰·巴尔特．符号学原理［M］．王东亮，等译．北京：生活·读书·新知三联书店：2-15．
[2] 袁愈宗．都市时尚审美文化研究［M］．北京：人民日报出版社，2014：84．

二、服饰图案的符号学解读

人类的发展与进步依赖于符号化和符号行为，简单地说符号化就是产生一个符号的过程。服饰之所以成为主体展现自我意味的符号，很大程度上在于它是一种视觉符号，能被我们的感官所感知[1]。服饰图案是人们表达审美情趣和联结主体意识与对象世界桥梁，从而构成统一的意义世界。

（一）服饰图案的能指特征

服饰图案作为中介传递意义，给予受众心理印象或感知的符号化形成。研究团队对服饰图案的能指特征进行了研究，例如郑清璇、梁惠娥《唐朝服饰上的宝花纹在现代女装中的设计应用》[2]中以唐朝典型服饰纹样宝花纹为研究对象，对唐代服饰上宝花纹图案的艺术特征进行解读。唐朝服饰上的宝花纹是中国传统服饰中最具代表性的装饰纹样之一。作为一种符号流传下来，符合中国审美特征的花卉环逐步代替了具有西域特征的团窠联珠环，之后通过外来文化与本土文化、外来题材与本土题材的碰撞与和合而形成了遵循一定图案模式的团窠花卉纹样，并于唐开元时期达到全盛。不同时代背景宝花纹形状、颜色也会慢慢发生变化。这种变化是由当时的社会背景和外来风尚所影响，随着唐代社会形态和文化意识不同，宝花纹被赋予的定义和内涵也变得不同。

宝花纹整体图案是一种多层次的图案，通过对自然形态如花瓣、花苞、花叶及果实进行理想变形与概括，集中多种纹样素材组合成的复合图案纹样。它以“十”字、“米”字为构成基架，以圆形辐射或正菱形辐射为基型。在此基础上以中心对称为主，即以圆心（花心）为中心，以四出、六出、八出的花瓣基数向外做层层放射的对称排列装饰。宝花纹的花瓣、蓓蕾及枝叶组合也以上述原则为基础，做疏密适度、变化有序的对称布局。其整体纹样造型圆润、外观华丽，构成骨架统一规整、对称有序，具有静态、平衡的造型之美，见表3-1。

---

❶ 袁愈宗．都市时尚审美文化研究［M］．北京：人民日报出版社，2014：94．

❷ 郑清璇，梁惠娥．唐朝服饰上的宝花纹在现代女装中的设计应用［J］．丝绸，2014，51（8）：51-56．

表3-1　唐朝服饰上宝花纹的整体图案及其辐射基型

宝花纹图案来源	宝花纹图案	宝花纹辐射基型
橙色印花绢裙		
彩塑菩萨裙饰织锦图案		
中窠宝花纹锦		

构成宝花纹整体图案的花瓣元素在其发展的过程中，根据当时人们的心理和审美所需，逐步形成了模式化的花瓣图案形式，在此简称为宝花纹的“基瓣”。之所以将宝花纹的基瓣图案从宝花纹的整体图案上剥离出来分析运用，是因为它不仅具有“形”的概括性和导向性，而且还具有“意”的抒发性，看似简约的基瓣形式中也含有特定的寓意美，并以简化的通俗易懂的图案形式寄托了人们对美好生活的向往。构成宝花纹的基瓣有忍冬纹和石榴纹演化成的“侧卷瓣”、如意云纹演化成的“对勾瓣”、牡丹纹演化成的“云曲瓣”三种基本花瓣，如图3-7所示[1]。在此基础上或简化，或丰富，或更偏向于写实。

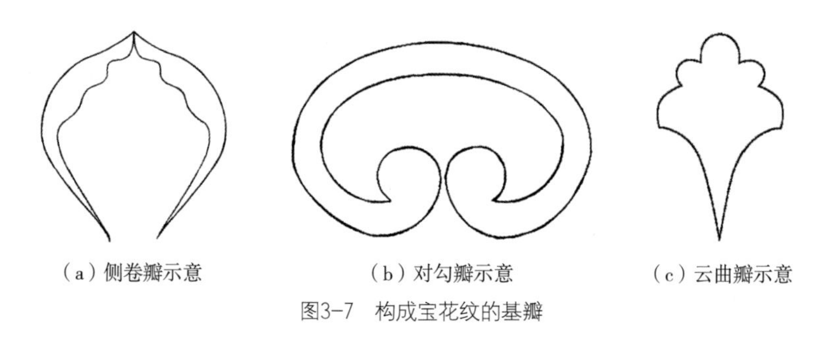

（a）侧卷瓣示意　（b）对勾瓣示意　（c）云曲瓣示意

图3-7　构成宝花纹的基瓣

[1] 刘志，徐萃．唐代宝相花纹艺术构成形式透析［J］．包装学报，2010，2（2）：73-76．

（二）服饰图案的所指解读

符号的基本特征就是一种关系的存在。服饰作为一种主体展现自我有意味的符号，其所指正表现为某种被言说的意味之意义，它通过服饰的能指这一中介而意指着那些只能通过能指来言说的东西，成为展现主体欲望、价值观念以及社会时尚等的外在显现。任何关系都是历时性变化的，通过对比分析构成了符号表意结构的一种分析模式[1]。研究团队对于图案所指进一步解读，例如薛再年、郑清璇发表《解读唐朝服饰宝花纹中的和合文化》[2]中指出宝花纹作为和合之花是彰显其内在和合文化所指，并成为中国历史上绽放于唐代服饰上千年不朽的盛世“合花”。

在和合文化作用与影响下形成的和合之花——宝花纹，是中国唐朝服饰植物纹样中彰显文化底蕴和艺术特色的纹样典范。和合文化在唐朝服饰宝花纹中的渗透主要通过宝花纹的题材、结构布局及审美意蕴的和合，使组成宝花纹的内部要素及外部要素处于一个和合的统一体中，以此达到该纹样艺术的和美境界。

1．中外题材的兼容之和

宝花纹是集中几种纹样的组合形式，早期以莲荷形态演变而来，之后牡丹花成为宝花纹的原形。在它的取材中既有代表来自印度佛教的莲花形象，又有来自地中海一带的忍冬和卷草，还有中亚盛栽的葡萄和石榴[3]。这源于唐朝统治者的开明，以及对各国文化所采取的开放的博采态度。中国的传统文化、异域文化和宗教文化在这段时间得到了全面、广泛的交流与传播。这种文化的交流整合促使唐朝宝花纹等植物纹样表现出兼容并蓄的气魄，它们在传统服饰植物纹样的基础上又表现出异域的风采和新的活力。由此可见，和合文化“和实生物，同则不继”思想在宝花纹题材创新中的渗透并不是简单地将异质要素的罗列和机械的组合，而是要由“和”创生新的事物，所谓“以同裨同，尽乃弃矣”，当所有的要素以一定方式结合后就会凸显新的性质。宝花纹的题材虽然吸取并受到外来纹样的影响，但唐朝的宝花纹又有不同于外来纹样的地方，表现的题材由雄健的禽兽、人物变为富丽的花朵，其母体花瓣吸纳借鉴了外来的植物纹样，同时也吸收和合了本土的牡丹、芍药、蔷薇等花形，取

---

[1] 袁愈宗．都市时尚审美文化研究［M］．北京：人民日报出版社，2014：98．

[2] 薛再年，郑清璇，梁惠娥．解读唐朝服饰宝花纹中的和合文化［J］．丝绸，2013，50（9）：61-64．

[3] 赵丰．唐代丝绸与丝绸之路［M］．西安：三秦出版社，1992：176-177．

它们的长处，在此基础上再与其他纹样和合成具有特定寓意和艺术气息的复合花瓣，整体外形造型圆润，使纹样更显出富贵温和的性质，从而形成符合中国传统文化特色和审美思想的纹样题材和本土的服饰纹样特色。图3-8所示为中国丝绸博物馆收藏的一件纬锦织物残片[1]，织物上的宝花纹是作为联珠团窠之间的宾花纹样，它以柿蒂花为花心，四周延伸出具有中国特色的牡丹花叶，四角又延伸出具有西域特色的垂有葡萄纹的藤状枝蔓。在这件织物残片上，宝花纹尽管只作为辅助的宾花，却也在题材的兼容复合中表现得十分富贵丰硕。

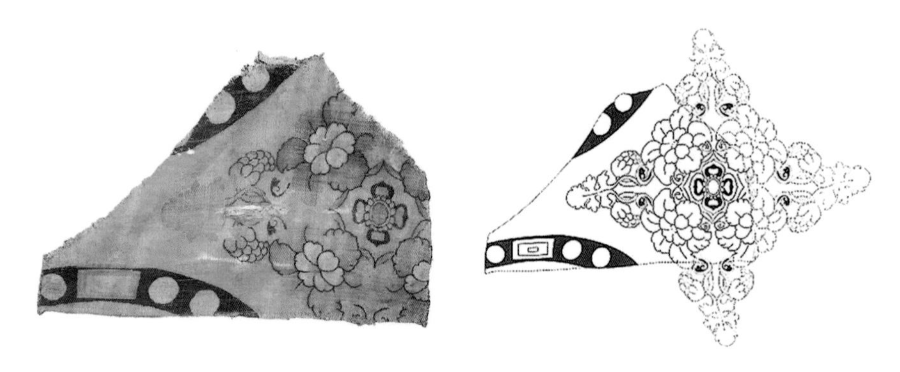

图3-8　大窠联珠宝花纹锦及其图案复原

2．有序对称的结构之和

和合文化讲求在阴阳的辩证运动中所呈现出的和谐、有序、对称的图景，讲求整个宇宙世界的和谐合理与对称有序，这种有序对称性与均衡在宝花纹中得到了高度的统一。宝花纹除了结构布局发展变化的规律性、规则性外，还突出地表现在总体结构的对称性上。宝花纹是一种团窠花卉纹，它以“十”字或“米”字为构成基架，多以圆形辐射为基型（图3-9），也有以正方形或正菱形为基型（图3-10），造型以中心对称为主，即以圆心为中心向外做层层放射状对称排列布局的装饰，使整体外形接近正圆。宝花纹的花瓣、蓓蕾及枝叶组合则以这种构成基架和构成基型为基础，做疏密适度、变化有致的有序对称布局。宝花纹内部装饰的边饰纹样也大都呈对称式分布，且构成骨架统一规整，由此形成一种静态的和合美。这种有序性还表现在宝花纹样的色彩构成上，在设色方法上宝花纹运用退晕方法，以浅套深逐层变化，色彩华丽而端庄，总体

[1] 赵丰，齐东方．锦上胡风：丝绸之路纺织品上的西方影响（4～8世纪）[M]．上海：上海古籍出版社，2011：185-186，194-195．

上形成了构图饱满却不刻意，色彩丰腴而不呆板，整体构图浑然一体的“和花”之美，比自然形象的花更美、更富丽。

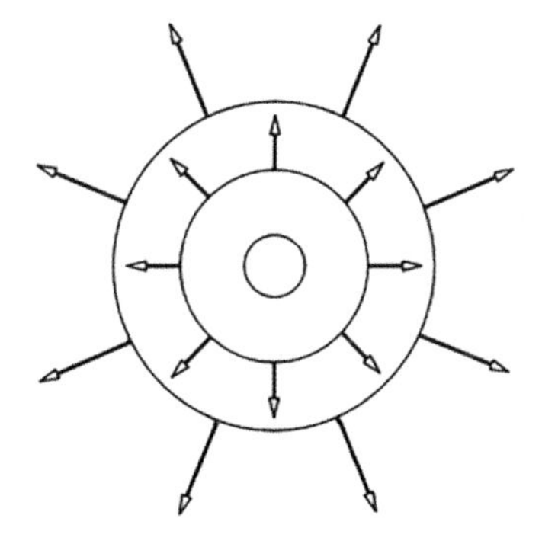

图3-9　宝花纹圆形辐射基型

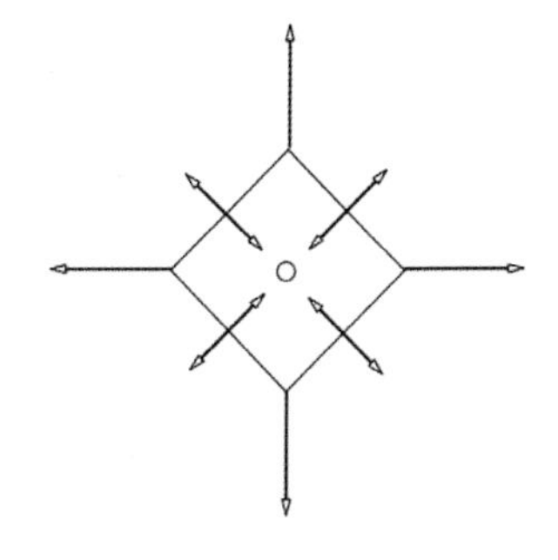

图3-10　宝花纹菱形辐射基型

3．形与意的意蕴之和

中国古代传统的审美判断和美学思想所追求的是“外师造化，中得心源”，即在于得心源而使象深化，寓精神于象外以表达情操，是物境与心境的和合关联。宝花纹的审美意蕴在于形与意的和合属性。中国的艺术表现形式大都偏重“写意”，宝花纹虽然用真实的花卉植物进行写实，却又做了一定的写意变化，即组成宝花纹的花卉植物并非完全模拟现实，而是在自然真实花卉的基础形式上通过发挥想象力对其形式进行理想地夸张、变化与组合。写意变化后的花形似某花但又非真实原型，叶子里长出莲花，牡丹花里生出小石榴，都是在“意”的指挥下对各种奇花异草浓缩后产生的新生命[1]。和合文化的审美意蕴还注重对“象外之象”即对“两重意”的进一步发展，是重合、重内的产物，为

[1] 蒋雪涵．唐文化的交流、积淀、整合对唐织锦纹样的影响［J］．江苏广播电视大学学报，2005（5）：63-65．

"和"的思想所制约。在中国传统文化与审美思想中，花具有美好的象征，也常常是人格风范的象征。宝花是自然界不存在的花，最初是以佛教的莲花为造型基础发展变化而来。莲花是"佛教之花"，在大藏经上被称为宝莲华，因此常赋予莲花神圣的含义，以此比附清、静、圣、洁。之后，宝花以牡丹花为母体，牡丹的雍容华硕成为大唐盛世的主流，"国色天香"奠定了牡丹在唐朝的地位，写尽了唐朝的辉煌与雍容华贵的气势。这种变化反映出宝花向更加世俗化的方向发展，其宗教色彩减弱，经过艺术加工，在吸取众花形象特征的基础上形成多种复合花瓣花卉的融合纹样，这种综合性的花形是当时人们创造的一种理想纹样，成为富贵、美满和幸福的象征。如图3-11所示宝花织锦无论是内环的柿蒂花叶[1]、外环内层的折枝花纹，还是外环外层的花苞式宝花，都经过了理想的艺术处理与变形，整体纹样以俯视的圆形平面纹样呈现，具有很强的几何装饰意味，无论是晕繝的色彩还是整体饱满的花形都表现出唐朝人对理想美与圆满美的追求。

图3-11　中窠宝花纹锦及其图案复原

4. 整体和谐的构思之和

和合文化是对变动不居的宇宙世界整体稳定性的探寻，讲求异质要素有序、有机的结合及内外环境的和谐与共生，这样才能形成真正的"和"。它所表现出的是一种整体趋于稳定的和合的过程，这种整体的和谐观体现在服饰上的宝花纹中则是要按照唐朝人的审美所需，将具有形式美和内容美的宝花纹在服饰面料上进行整体布局与构思，并根据服饰面料的材质、底色、幅宽及所对应的服饰部位进行和谐的排列与组合，使整体纹样浑然一体，并与服饰

---

[1] 赵丰，齐东方．锦上胡风：丝绸之路纺织品上的西方影响（4～8世纪）[M]．上海：上海古籍出版社，2011：185-186，194-195．

面料和谐共生。由宝花构成的四方连续形成的植物纹样在面料上形成韵律统一、整体感强的装饰风格，或者宝花纹样间饰以其他纹样，使整体纹样的装饰性更强（图3–12）❶。1968年新疆吐鲁番阿斯塔那381号墓出土的鹊绕宝花锦（图3–13）❷，图中饱满的宝花纹周围环绕着繁花与鹊鸟、蜂蝶与祥云，它由大红、粉红、白、墨绿、葱绿、黄、宝蓝、墨紫八色丝线织成，使花卉的形态生动自然。该纹锦纹样内容繁复，整体构图却和谐有序、章彩奇丽，使该织锦上的纹样充满情感色彩与生活情趣，整体服饰纹样形成和合的构思之美。

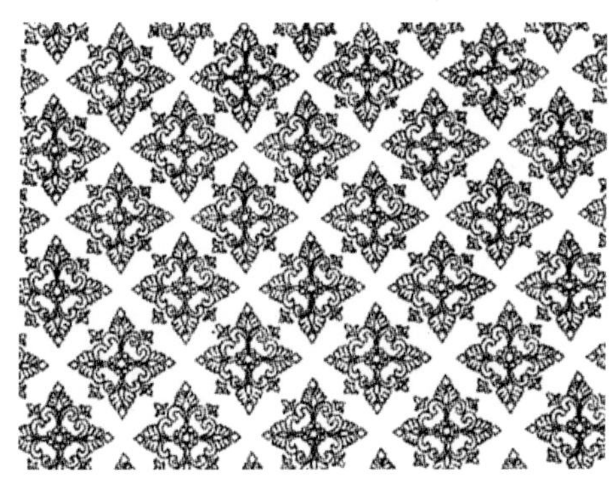

图3-12　宝花构成的四方连续纹锦

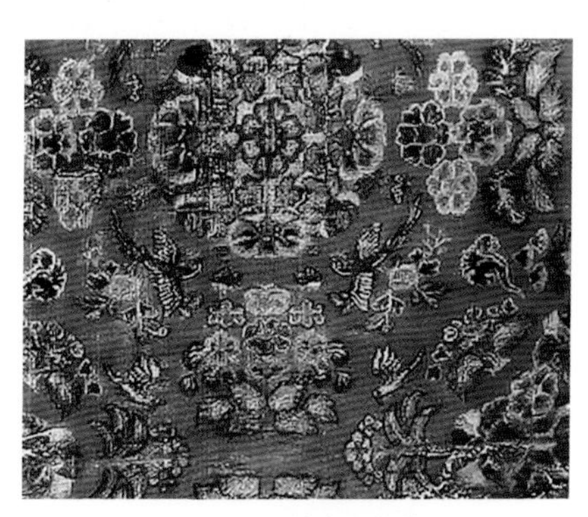
图3-13　鹊绕宝花锦

通过从传统和合文化的思维角度对唐朝服饰上的宝花纹进行研究与分析，其题材、结构、意蕴与构思渗透着中国传统的和合文化底蕴，该纹样将人文、艺术、精神和合共生为一个有机整体，内容美和形式美融为一体，其雄浑的民族气势和兼容并蓄的气魄使该服饰纹样创造出崭新丰富的题材内容和形式，在审美艺术中强调具备唐朝特有的风骨与神采，共同组成了唐朝服饰上瑰丽而和谐的植物装饰纹样。由符号学的角度对中国传统服饰纹样进行剖析有助于人们从本源上对传统服饰纹样进行深刻的理解与把握，包括对纹样形制的把握和对纹样内涵与神采的理解，同样，有深厚文化底蕴的传统服饰纹样犹如有源之水，其纹样的发展与变化将会拥有持久的生命力和创造力。

三、服饰色彩的符号学解读

服饰色彩符号的能指意义是我们通常看到的具有色相、明度、纯度的色彩以视觉语言直观表述的服饰品质、价值、功能、用途等。所指意义是服饰被人

---

❶ 薛雁，吴薇薇．中国丝绸图案集［M］．上海：上海书店出版社，1999：51，67．

❷ 赵丰．丝绸艺术史［M］．杭州：浙江美术学院出版社，1992：213．

穿用时，从色彩角度被认可的职业、地位、性格、性别、信仰、嗜好、心理效应等[1]。美国哲学家查尔·莫里斯（Chales Morris）将符号学划分为符号关系学（Syntactics）、语义学（Semantics）和语用学（Pragmatics），对于从传播学的角度进行服饰色彩符号学的研究，具有实践指导意义。实际上，颜色就是符号。在世界各地的各种社会关系中，颜色无论是作为词汇，还是作为具体事务，都是一种标识：通过这种有意味的形式，个人和团体，物体和环境，有区别地融合在文化秩序中[2]。

（一）服装色彩中的能指符号

符号关系学研究服饰色彩符号之间的关系，关注服饰色彩符号与传播情景中其他符号系统之间的互动关系；语义学剖析服饰色彩符号与所指物之间的关系；语用学研究符号与人之间的关系。由此可以把服饰色彩符号作为一个子系统纳入一个更复杂的动态系统中，从而分析围绕服饰色彩符号的各种关系，揭示服饰色彩符号在人类活动中的表现规律[3]。研究团队对于服饰色彩的符号学解读相关研究有贾蕾蕾、王玭、梁惠娥的《服饰色彩中黑元素的符号化解读》[4]，文中将服饰色彩中的黑元素作为研究对象进行符号学解读。

黑色是极色，是我们肉眼所能看到的明度最低的色彩符号表现形式。古典小说中常出现的“夜行衣”，则是利用黑元素在黑夜中的不可见性来达到隐藏身体的功用。黑色由颜料三原色混合而成，在服饰中可以与任何颜色搭配。用黑元素与其他颜色进行对比布置，往往能使服饰的视觉效果更清晰明朗。我国一些少数民族服饰常常在黑色为底的袖口、领子、衣摆或胸前绣上以红、绿、黄、蓝、桃红等颜色搭配而成的装饰图案，黑元素调和并衬托着其他色彩，使这些服饰色彩呈现生动鲜明、艳而不俗的视觉效果。同时，黑元素也充分展示了自己，增强了层次感，丰富了服饰作品的设计内涵。在现代运动装与户外装中，黑色的运用极其普遍，其兼具了功能与审美的统一。主要体现在：黑色与有彩色的搭配使服装色彩更加鲜艳明亮，可充分体现并发挥出运动户外服装色彩的功能性；服饰中的黑元素可产生视错，使人体在黑色的视觉收缩功能下显得修长，具有极好的瘦身效果，体现人体的曲线美。黑元素在服饰中的隐藏、

---

[1] 罗娟，吴亦苇．中国服饰色彩的符号作用［J］．广西轻工业，2010，26（10）：133-134．

[2] 汪涛．颜色与祭祀——中国古代文化中颜色涵义探幽［M］．上海：上海古籍出版社，2013：7．

[3] 宋湲，徐东．中国民族服饰的符号特征分析［J］．纺织学报，2007（4）：100-103．

[4] 贾蕾蕾，王玭，梁惠娥．服饰色彩中黑元素的符号化解读［J］．武汉纺织大学学报，2015，28（4）：16-18．

万能搭配功能和富有视觉美感的能指意义，使其在服饰色彩中的重要地位更为凸显。

（二）服装色彩中的所指符号

1．情感属性

色彩自身是没有灵魂的，它仅仅是一种物理现象。而对于长期处于色彩世界中的人们，在众多视觉经验的积累下，往往能敏锐地感受到色彩的情感。英国生理学家T.杨（T.Young）和德国物理学家赫姆霍尔兹（H.L.F.von Helmholtz）根据红、绿、蓝三原色光混合可以产生各种色的色光混合规律指出，当三原色光的刺激量等于零，也就是不存在任何色光刺激，那么就产生黑色觉。黑色在心理、生理上通常是一种消极的色彩。服饰中应用大量的黑元素，容易使人联想到黑暗、黑夜，产生寂寞、沉默、神秘、悲哀、恐怖、罪恶、消亡等不吉利的意象。另外，人们在正式场合一般穿着黑色，以给人严肃、含蓄、庄重的感受。

2．等级意义

黑色作为中国历史朝代中尊贵吉祥的高等级地位色彩之一，为古代统治者服用，在服饰这条长河中始终保持着它独特的韵味和地位。在中国文化中，黑色为天玄，是北方的象征，代表“水”，是五色中的一种。中国的先人认为黑色是支配万物的色彩，夏、商、周时天子冕服皆是黑色上衣，以此昭示帝王的至高无上。夏王朝延续“尚黑”的历史传统，通过一定的方式将黑色上升到国家的标准色，被视为夏朝文化的表现特性之一。自命“水德”的秦始皇穿着黑色袍服，寓意国家政权稳固、法律制度长治恒久。天子佩戴白玉要用黑色绶带以示尊贵吉祥，而玄端这种黑色礼服更是中国古代的尊贵礼服之一[1]。东汉时期，黑色被作为冬服之色，官员在上朝时都要穿黑色禅衣。宋代的皂（黑）衫也是士大夫的社交服装，与乌纱帽、角带、革靴配套。十二章纹是封建等级制度的体现，主色是黑色，等级最高。经过历代的积累，服饰中的黑元素符号已成为人们心目中崇高社会地位的替代物。统治者选择了具有象征意义的服饰黑元素符号作为其身份地位的替代，进而逐步建立某种含义与某种形式之间的对应关系[2]。因此，官服的等级意义被赋予了深刻的内涵，在显示阶级意志、规范社会等级秩序等方面发挥了重大的作用。

---

❶ 王娇．以黑红黄三色为例透视中国古代服饰色彩［J］．大众文艺，2011（10）：113-114．

❷ 黄翠．基于符号学的服饰探究［D］．西安：陕西科技大学，2009．

3．身份标识

在现代社会，黑元素的身份标识语义更为丰富。在文化现象中，不同形态的街头文化对服饰中黑元素的所指意义有着不同的传达方式。“二战”后，在巴黎出现了一种叫作“现代波希米亚黑”的黑色装束，是当时披头士（Beatles）中的知识分子、艺术家和学生的标准服装。它由黑色套头毛衣、男性的黑色长裤和女性的黑色裙子以及黑丝袜组成。而在美国，很多专职和业余的舞蹈家都喜爱穿着一种与“现代波希米亚黑”关系密切的“舞者黑”——黑色紧身运动服或紧身衣、芭蕾舞鞋和舞裙。于舞者而言，这种服装象征生命中敏感和庄严的前景，以及对舞蹈艺术热烈的奉献。20世纪40年代，出现了一种“飞车党黑”。马龙·白兰度在《飞车党》电影中穿着黑色皮夹克、黑色长裤、黑色T恤外加墨镜的形象在当时劳动阶层的青年中广为盛行，在英国，这种形象又被称为“洛克风貌”（Rocker Look）。修道士着黑色服饰以否决肉欲生活，而70年代的朋克以黑色皮革紧身衣表达其对性的崇尚。80年代，由后朋克摇滚发展而来的“歌特摇滚”的音乐风格引发了哥特服饰时尚。黑色摩托皮夹克、黑色紧身牛仔裤、黑色网眼丝袜和黑色飞行太阳镜成为哥特族的标识，他们试图以此种富含反抗情绪的黑色服饰来传达“黑暗的力量”。而在商业领域，黑色西服成为高层管理人员的基本着装。

随着现代纺织技术的发展，不断丰富的面料材质、组织肌理以自身的个性与黑元素结合，丰富了黑元素的所指意义。黑色的精纺毛呢标识着穿着者尊贵的身份；黑色棉布散发着朴素的乡土芬芳，多为劳动阶层所服用；黑色蕾丝网眼丝袜也成为性感的朋克一族的标识。

4．象征寓意

由于气候风土、文化传统和宗教信仰不同的原因，中国各民族有着各不相同的色彩习俗，其中将黑元素作为象征之色应用到本族主要服饰中的少数民族为数众多。彝族人崇尚“黑色”，将其作为黑虎的象征之色。传说远古时代彝族先民是黑虎氏族，民间史诗《梅葛》记载，是黑虎形成了世间万物，由此崇黑尚虎，并一直保持到现在[1]。阿昌族和拉祜族也以黑元素象征黑虎，并用在本族服饰上。“黑衣壮”作为壮族一个特殊的族群，身着别具风采的黑色服装。他们以黑为美，作为穿着和民族的标记，寓意吉祥。另外，哈尼族、仫佬族、布朗族、苗族、维吾尔族、蒙古族都尚黑。维吾尔族将黑色视作高贵与神秘的

---

[1] 马山．黑、红、黄三原色与凉山彝族文化［J］．西北第二民族学院学报：哲学社会科学版，2007（3）：67-70．

象征，并将其作为秋冬首服的首选颜色。在西方世界，黑色曾一度作为悲伤、罪恶和死亡的象征，但是随着时代推移，服饰中的黑元素已逐渐演化出积极正面的所指符号意义，为世人喜爱。"Black"既象征死亡、罪恶和灾难，同时也象征庄重、威严和尊贵，"Black Suit"和"Black Dress"是西方人的正式服装。交响乐团的成员在表演时几乎都身着黑色西服，象征着尊严和肃穆；法官也穿象征权威与公正的黑色袍服。

在色彩选取和运用上，各时代都有自己的追求，这时色彩元素以特定符号的概念与各个时代不同民族结合在一起，共同传递和展示着这一时期一系列的独有特点、文化审美、身份标识及象征意义。于此，可以解析出每个时代任何民族在一定时间年轮中服饰色彩所展现的社会风俗和文化面貌，也可以透视出一个时代、一个民族的意识、精神和性格，更是一个时代审美和文化的真实再现。

四、服饰民俗的符号学解读

自古以来，不同民族文化形成了各异的民俗符号，这些象征代码随着时间推移便成为百姓约定俗成的符号化语言，在日常生活和相互交流中起着重要作用。

研究团队对民俗文化进行了研究，例如梁惠娥、刘姣姣曾发表《解读民俗剪纸中的符号化纹样》[1]文章中提到剪纸是民俗文化的物化表现形式，是由一系列约定俗成的符号化纹样组合而成，是民俗文化凝结的符号化产物。中国剪纸民俗历史悠久，具有很强的传承性。自古以来剪纸在前后辈、左右村之间广泛流传，相互之间吸纳，基本上处于一种互相临摹的状态。一些传统的表现生活的剪纸语言在其发展历史中逐渐固定下来，再凭个人喜好进行随意发挥，逐渐交融于民间，同时剪纸的题材和内容丰富多样，善于运用简洁的符号语言概括复杂的形象，久而久之便形成了一套确定的符号化纹样。

（一）民俗剪纸的符号化纹样概述

符号指具有某种代表意义的标识，是人们约定俗成用来指称一定对象的标志物，形式简洁，具有很强的艺术魅力。而符号化纹样是指使用艺术手段所提炼出来的、能够反映人类情感的图案。剪纸作为民俗文化活动的物质载体存在一套确定的符号化纹样，每个纹样都包含了被大家共同认可的寓意，如表3-2

---

[1] 梁惠娥，刘姣姣．解读民俗剪纸中的符号化纹样［J］．艺术百家，2011，27（S1）：165-168.

中部分符号化纹样。在民俗剪纸中，能指是符号的形式，即表3-2中第二列内容，即剪纸纹样的形体；所指为符号内容，即纹样的思想，是纹样想要表达的意义，某种纹样代表了具体特定的含义，即表3-2中“释义”这部分。符号论美学家卡西尔认为，“艺术可以被定义为一种符号语言”，是我们的思想感情的形式符号语言。那么剪纸是民俗文化的艺术表现形式，是以符号为中心的文化表现，而且始终延续着“图必有意，意必吉祥”，剪纸艺人组合运用不同纹样，向人们传达生命繁衍、祈福纳祥的愿望。

剪纸以民间美术自身特有的文化基因、心理结构、审美情趣为基础，并以程式化的符号化纹样世代相传。剪纸作为非物质文化的重要载体，反映着人类本源的东西，它承载着文字所无法传载的文化原型。民俗剪纸的形象来源于生活中的种种事物，从具体的实物演变为平面的艺术形象，离不开其他门类艺术的启迪。在其产生之前，在艺术特点上有与其相似的母胎形式如原始岩画、原始彩陶直接给予启发和影响。剪纸本身从原始艺术脱胎而来，所以作品中存在许多与原始艺术原形相似的纹样，或是相同的表现形式。

表3-2　剪纸纹样中部分符号化纹样

序号	实质	图样	图样名称	释义
1			万字纹	这是一个被佛教徒视为吉祥和功德的具有神秘色彩的符号，寓意幸福不断
2			孔钱纹	图案呈现为圆圈中有内向弧形方格，似圆形方孔钱，寓意财富
3			寿字纹	中国古代传统纹饰之一，是文字纹的一种，寓意生命长久
4			方胜纹	两个菱形压角相叠组成的图案或纹样，寓意同心相连
5			绣球纹	八仙纹里的一种图案，寓意女性和爱情

续表

序号	实质	图样	图样名称	释义
6			十字纹	十字型的纹路符号寓意太阳和生命
7			云头文	云头纹又称“如意云”，寓意福运和如意
8		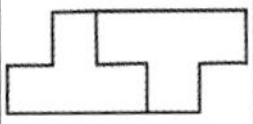	城砖纹	模仿砌墙的砖，寓意富贵不断
9		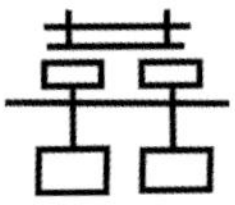	喜字纹	一种典型的吉祥纹样，用于喜事庆贺

（二）民俗剪纸符号化纹样的表现形式与制作工艺

剪纸具有高度的概括性，刻画形象重写意，依据剪纸纹样的外在表现形式，可以将其分为具象纹样和抽象纹样，这些纹样都具有符号化特征。具象纹样是对自然形象的真实再现，以民俗事象为主题的多是具象纹样。每个具象纹样有其相应的象征意义，也可以这么说，某些特定的意义也必须通过特定的符号来表达。同一地域的纹样存在差异性。当表达祝寿主题时，通常会运用松树、仙鹤、寿桃、老寿星等具象纹样，祝福新婚时少不了龙凤嬉戏、蝶恋花等纹样，还会以瓜果具象纹样祝福多子多孙，家族兴旺。图3–14中观者能清晰明了地看到莲花、金鱼、蜻蜓这些具象纹样，象征了多子多孙之福。

图3–14 金玉满堂莲花多子（山东临沂）

抽象纹样是对自然形象的抽象概况，一般用在具象纹样的内部，起到装饰作用。相对于识别性较强的具象纹样，只有相同文化背景的群体才能辨认出抽象纹样的具体文化内涵。它是在漫长的历史中逐渐简化而成的，人们不断创造着各式各样的吉祥纹样，同时各种纹样随时代的变化而改变。一种纹样在不同时期、不同地域、不同作者的作品里可能体现出差别，但这不影响纹样传递的深层文化内涵。例如，太阳纹的主体是旋状纹样，线条数目在不同地域会稍有差别，但是其旋状主体并没有改变。太阳纹一般装饰在动物、人物衣物上，河北剪纸用在牛身上，山东刻在猫身上，陕西则用在狮子身上，运用的动物不同但都体现了对生命的崇拜（图3-15）。

图3-15　太阳纹在不同动物身上的运用

民间剪纸的许多特点和风格都是由于折剪上的一定技巧而产生的，另外，剪纸特有刀法也可以塑造一些富含特定寓意的符号化纹样。剪纸作品基本是由这些符号化纹样组合而成，所要表达的主题人们都能读懂，看明白。折剪，就是将纸先折叠多次，然后在折好的单元上剪出连续对称的图形纹样或文字、符号。用二分法折纸，以合口折边为对称轴线，从对称轴线向旁边剪出不同形态的线条，展开即形成各种纹样，如云头纹、十字纹、城砖纹；用四分法折纸，剪去纹样以外的部分，可以形成方胜纹、盘长纹等；用八分法折纸，可以剪成孔钱纹、绣球纹、太阳纹等。还有一部分由于剪纸特殊的刀法而形成的像月牙纹、锯齿纹、花朵、涡纹、云纹和水纹的装饰纹样。民俗剪纸的刀法形式有“锯齿”和“月牙儿”等，“月牙儿”也是剪刻时自然产生的各种弧形装饰，它以阴刻为主，主要表现人物的衣纹，或破坏大块黑的面积，根据不同物象的特征，形状可长可短，可宽可窄，可曲可直，能变化出各种不同的类型。从南北朝时期的“对马团花”和“对猴团花”剪纸技法中的锯齿和月牙儿的萌芽出现，经过逾百年的历史演变，一直延续至今，已成为剪纸艺人喜爱一种装饰纹样。

（三）剪纸符号化纹样的所指特征

1. 剪纸符号化纹样的民俗性

符号化纹样是民俗活动的物化载体，具有民俗性。年节剪胜、元宵挂纸灯、清明烧纸钱、端午除五毒等民俗活动都离不开剪纸，从岁时节令、婚丧嫁娶、祭祀礼仪到吃、穿、住等都随着时代发展和社会生活变化而形成各自相应的习俗，正是这形形色色、五色斑斓的民俗事象催生了各式各样的符号化纹样。首先，它依附着民俗活动而生存和发展。其次，民间美术也为民俗活动增添了丰富的形象载体，它伴随着民俗活动而产生、发展、完善。

原始宗教文化是民间民俗文化的核心，可以说是符号化剪纸纹样形成的基因。由于原始社会生产力低微，科学落后，原始人将种种神秘现象都看作是天命鬼神的影响，予以膜拜、祭祀，祈求神灵的保护，他们信仰图腾崇拜、自然崇拜、祖先崇拜，每遇重要的事件都要祭拜。

民俗剪纸中有象征生育的催生娘娘纹样（图3-16），有保护婴儿的保生神纹样，每当祈求生子，都会去祭祀生育神，新生儿诞生后要去祭祀保生神。云南傣族信仰佛教，在寺庙内外悬挂佛灯、佛幡和各种敬佛的器具，都是用剪纸来装饰。萨满教信奉天神、地神、动物神、植物神等，在满族民俗剪纸中仍能见到传承下来的象征各种神灵的符号化纹样（图3-17）。

图3-16　生育神催生娘娘

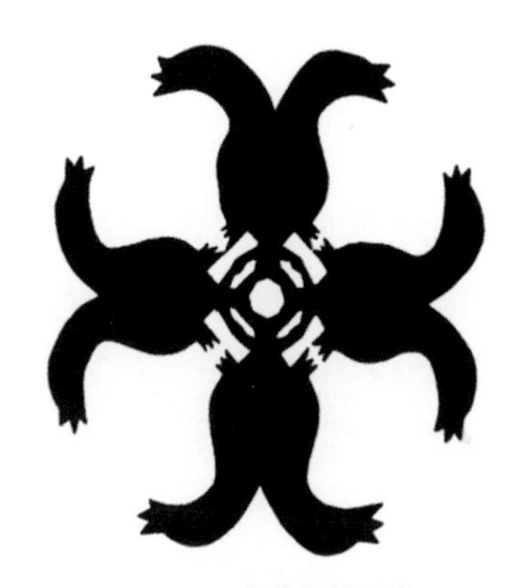

图3-17　萨满教蛙图腾

2．集体意识与个体意识共建的统一体

民间剪纸是附和民间习俗必不可少的一种艺术活动。民间剪纸纹样之所以能够长久流传，与中国农村稳定的文化圈环境有着密切的关系。几千年来封建统治和自给自足的经济形成了相对封闭的乡村文化环境，文化的传承是以家族为单位进行的。民间剪纸纹样是集体传承，通过“口传耳闻手教”的方式，许多剪纸世代相传，找不到明确的作者。民间剪纸离不开这一群体的审美意识而独立存在，表达的自然不是单个农民的审美意识，而必然是民间群众的共同审美意识。集体意识是一种承传久远的集体的智慧意识，蝙蝠象征福运、聚宝盆象征财富、松鹤象征长寿等这些已逐渐固化为观念的替代物，它使那些与人的切身利益相关的客观对象成为民俗剪纸中特定的符号化纹样。

集体意识所建立的符号，并不是最终成为艺术形象的符号。因其一方面缺乏个性化的内涵，另一方面观念载体并不是由主体当下建构的表现形式。个体有着自己的艺术修养、审美情趣和个人感情寄托，导致不同地域剪纸的符号纹样是不尽相同的。因此支配剪纸创作的观念是集体意识与个体意识的统一。创作时面临的都是一些具体的、不同于其他创作者的现实问题。剪纸艺人对于剪纸形式程式化的灵活处理，他们按照自己的理解和兴趣，随意灵活地增减和再创造。可能因为一不小心剪错了，顺势将错就错而造成纹样的小变动，也可能是根据实际情况变动纹样的细节，但并不会影响纹样的主体结构。于是在作品中常有“既相似，大不同”的风格，甚至还有观念完全不同的变异。艺人个性化的感受、需求、兴趣和情感，必然要使作品披上个性色彩。当个体产生表现要求时，他既要对符号所指的意义加以主观的排列组合，又要对符号化纹样的形态进行能动的选择综合。扬州自古以来文人墨客聚集，清代形成以“扬州八怪”为代表的扬州画派，置身于此的剪纸艺人张永寿深受影响，他擅长花卉，尤爱菊花，其创作的百菊图更是出神入化的细腻而富有灵气。还有各地形态不同的城砖纹，有的呈现“⊥”纹样，也有呈现“上”纹样，都受到剪纸艺人个体意识的影响，这都离不开创作者的个体意识。

符号的发展在任何时候都是从几个不同的角度同时进行的，而每一个角度上的发展都需要一种原始和自动的抽象思维形式。作为艺术设计的符号，它既珍视过去又面向未来，更具有包容性和丰富的变化。随着社会经济的发展和全球一体化的到来，越来越多的现代科技和新的艺术审美形态都会影响到我们的观念。中国博大精深的历史文化值得我们一代人去探索、发掘和重新创造。

第四节　服饰审美意蕴

按照不同的审美特性，人类可以感知；高山大川的美不同于山水盆景的美；汹涌波涛的美不同于碧波涟漪的美；雄鹰展翅的美不同于蝴蝶飞舞的美……总之，有些审美对象给人的感受是和谐、平静、优雅、舒畅、古典；而另外一些审美对象给人的感受则是激荡、粗狂、雄伟的。然而服饰的审美是人们在满足温饱后，通过一些具有广泛流传性的审美事物或者审美现象等来体现，它的不断发展能够使社会群体跟上时尚发展的审美追求，感受并享受美[1]。

---

[1] 袁愈宗．都市时尚审美文化研究［M］．北京：人民日报出版社，2014：49．

一、审美意蕴概述

所谓意蕴即内在的意义、含义。审美意蕴，包含在审美意象中，有同艺术真实性紧密相连、融为一体的倾向性[1]。艺术性完美地或者说较好地表现了审美意象，使其意蕴获得生机时，具有震撼人心灵的艺术感染力，才具有美学价值。

一定的意蕴性必须通过一定的艺术性才能栩栩如生地表现出来，有其中包括一定的艺术形式、艺术手段和艺术技巧；一定的艺术性一般都要体现一定的意蕴性，才具有实际的审美价值。他们之间密不可分的关系，在艺术审美活动中也表现得尤为突出。欣赏一部作品的艺术性时，总是或多或少、或明或暗地感受到它所表现的意蕴性；品味其中的意蕴性时，又总是无处不在欣赏它的艺术性。虽然意蕴性与其艺术性互相依存，密不可分，但两者之间的关系却是有主次之分的。意蕴性决定并制约艺术性，而艺术性依存于意蕴性，即为其审美意象构思和意象传达服务。

服饰审美相较于普通艺术作品不同的是，它们以零距离的炫耀性“直接体验”为中心，而不仅仅是主客两分“观看”审美为中心[2]。它们脱胎于社会文化背景和当时审美，得到了社会群体的认可，尤其是民间百姓的效仿，也使更多的人享受美。所以，构建服饰审美意蕴实际就是构建一种不同文化价值和生活理念。发掘服饰审美意蕴就是突破服饰意象表层去体悟其意象内蕴。

二、传统服饰装饰纹样之美

从中国传统民间服饰演变来看，最为突出的则是不同的装饰审美纹样，源于本土文化引导民众的审美观念的发展，形成各地独有的装饰纹样审美特征。它们来源于自然界的花、草、树、木、鱼、虫等，掺进作者主观的再创造，脱离人们正常视觉感受下的准确透视、基本造型、色彩等，重新排列、变形、变色，有着不同的装饰造型。

（一）传统服饰纹样中形态美的体现

吴祖慈在《艺术形态学》中对形态的定义为：形态一般可解释为物体的

---

[1] 张居华．关于艺术性审美价值的思考［J］．武汉大学学报：社会科学版，1989（2）：96-101．

[2] 丹尼尔·贝尔．资本主义文化矛盾［M］．赵一凡，等译．北京：生活·读书·新知三联书店，1989：139．

形态、姿态。形态作为艺术创造的载体，是指带有人类感情和审美情趣的形体[1]。研究团队对服饰纹样的形态美进行分析，例如梁惠娥、胡少华曾发表《刍议云肩中云纹的形态美》[2]中提到就中国装饰艺术的实践形态而言，云纹样式纷繁，演绎不断，嫁接复杂，是难定一尊的一大类纹样。

1．自然云纹形态在云肩中的体现

殷商甲骨文中的云字，即是对“天上之云”的基本构形元素——涡形曲线的模拟所得。许慎《说文解字》释：“云，山川气也。从雨，云象云回转形”。精练而高度概括了自然云纹微妙而富有趣味的曲直形态变化。云纹形态演变与创新无不是对自然云纹语义的不断诠释，是人们崇尚自然美的反应。以形式取胜，通常以鲜明、清晰、具体、生动的感性方式显示出来。云肩中自然云纹形态的运用就是将自然云之色、光、形组合，直接唤起人的视觉美感。陆机《文赋》：“遵四时以叹逝，瞻万物而思纷。悲落叶於劲秋，喜柔条於芳春，心懔懔以怀霜，志眇眇而临云。”

图3-18　河南盘金暗八仙纹云肩

云，在我国具有独特的文化内涵和美学意味，自古无数文人雅士借用自然云来表达豪情壮志，咏叹飘逸潇洒的灵性人生。由云而得名的服饰品云肩，也多将自然云纹融入其中，使云肩廓型产生一种生动和谐之美。如图3-18所示为河南盘金暗八仙纹云肩，远望似一团浮云，圆润华美、轻柔缥缈，使穿着者有飘飘欲仙之感。从结构及组合方面来看，此云肩廓型略呈圆形，造型饱满别致，外横串密排16片云朵，卷曲形态模拟自然云，曲线讲究流畅婉转，舒展自由，并伴动静之美。从配色及工艺方面来看，此云肩底色为青色，为协调自然云轻巧淡雅的真实感，选用银线加以平绣工艺，同时利用手工针法粗细不一的细微变化绣出云的虚实浓淡，工艺手法极为考究。由于云纹在云肩中多以抽象形态出现，此云肩可谓自然形态云纹在云肩中应用的一个特殊范例。

2．抽象云纹形态在云肩中的体现

当云肩由多个较为纷繁复杂的艺术符号连接组合而成时，吉祥纹样也会作为连接部件成为其中的构成元素。此时吉祥纹样并非具象形态的再现，而是通过手工艺人将其创造性艺术加工，通过变形、嫁接新事物（突出表现为与云纹

[1] 吴祖慈．艺术形态学［M］．上海：上海交通大学出版社，2003．

[2] 梁惠娥，胡少华．刍议云肩中云纹的形态美［J］．国外丝绸，2009，24（5）：25-28．

的结合），使之抽象化。例如：在保持自身特点不变的情况下，以外轮廓线为切入点或通过向其形态内部卷曲融入云勾元素或通过将其形态向外部延展融合云勾元素。不仅使吉祥纹样本身形态轻盈美观，达到形神兼备的效果，而且与其他部件和谐统一，令整片云肩轻巧优雅。

由雏形云肩大而整的块面结构衍生的多块云纹符号按特定形式连接构成的形态，其最基本的意图为使云肩更加贴合人体，突出头面，展现人体的美，但如此众多的几块甚至上百块的部件串联很多只是并无实际意义的结构组合，其存在价值主要为了满足形式及审美需要，虽然这种形态设置相对比较偶然，没有固定形式也不作为主体构架存在，但它的存在同样具有自身的艺术价值，以江南大学民间服饰传习馆收藏的实物为例，图3-19中所示，两侧对称、上有绣花的红色云朵，形态抽象，较自然云朵夸张、线条卷曲弧度大，是民间手工艺人从个人审美角度出发设定的云朵形态，一方面作陪衬主体之用，另一方面为装饰云朵的增加，起到延展云肩形态的作用，使其构形美观、廓型更加完满。

云肩的标志性符号云纹，其形态变化体现的生动而又丰富，云纹线型转折变化的灵活、变形处理的巧妙，裁剪布局讲究层次的丰富，片与片之间大小的渐变、长短的穿插、色彩的变幻等，处处凝聚着手工艺人的辛劳与智慧，彰显“形美以感目”的艺术魅力。

（二）传统服饰纹样美学特征的表达

马克思主义美学认为，艺术美是美学研究的主要对象，从而形成不同的美学特征。研究团队对装饰纹样美学特征进行研究，例如侯雨薇硕士论文《我国传统服饰品中鹿纹的审美演变及其创新设计》[1]中以鹿纹为例研究装饰纹样的美学特征。

1. 对称美——统一与均衡感

装饰纹样中的对称美来源于其产生的稳定规则形式，体现出纹样自身的理性美感，相对于几何形态的装饰纹样自带均衡感，曲线类纹样较为畅流多变，一般借助色彩或使用相同搭配纹样实现对称效果，这点在传统动植物纹样设计上运用较多。传统服饰品中纹样的结构表现方式多样，唐代时期“陵阳公样”中的对鹿纹，如花树对鹿

图3-19 齐鲁地区四合如意式云肩

[1] 侯雨薇. 我国传统服饰品中鹿纹的审美演变及其创新设计［D］. 无锡：江南大学，2019.

纹锦、红地联珠对鹿纹锦、团窠尖瓣联珠对鹿纹锦等，其中的鹿纹采用的是纹样、色彩对称的装饰手法，鹿纹相对侧立而站，双鹿自身框架结构保持不变，色彩区域配色运用也相同，设计格局完整统一，视觉效果大气稳重。

2. 节奏美——韵律与灵动感

在美学视角中，各类不同的物品有着独特的节奏表达，能产生一定的韵律动感。服饰品中鹿纹的节奏美感是通过纹样规则重复及元素变化的多种方式，使单独鹿纹或多个规整的鹿纹搭配其他纹样形成独立的纹样个体，以二方连续、四方连续等其他规则演变方式，在经过合理设计后，完整的纹样具有一定的节奏规律。如唐代对鹿纹锦中的鹿纹，色彩选用古朴单纯的搭配，从排列方式、团窠式构图等方面突出纹样设计的层次感，使纹样产生视觉重复性，从横向的节奏出发，带来有序排列的节奏递进感。

3. 和谐美——融合与整体感

传统服饰品中鹿纹纹样在美学视角下有着和谐统一的美感，在形式美基本法则中，鹿纹作为服饰品装饰纹样，常出现在服饰配件中的某一部位，如下摆、补子、饰带中。从出土文物的装饰设计中看到鹿纹虽出现区域范围较小，但其排列方式、摆放位置、结构布局、大小密度等方面，都经过了完整的考虑布局设计，并形成和谐的完整画面，从简单规则的设计中与人文环境融合，增加审美情趣。除了外在装饰能够表现出视觉审美上的统一，在内在蕴含的社会精神内涵中，各朝代的鹿纹纹样更是针对各个不同场景寓意需要的纹样题材进行组合搭配，使装饰纹样背后蕴含的美好内涵与外在所表达的美感相契合，从视觉以及思想上满足穿戴者的审美需求。

4. 变化美——演变与丰富感

传统服饰品中的鹿纹纹样在不同阶段表现形式各异，外在的变化之美体现出具象的美学意义，从各朝代流行的审美偏好出发，鹿纹纹样在创作者的设计中呈现丰富纷繁的效果，有作为单一纹样、动植物搭配纹样、风景搭配纹样等多种方式。其演变的速度与特性还受到内在寓意的变迁，不同题材寄予的鹿纹效果从配色、大小、组合都有着相应的搭配法则，在多元化设计中提供极大的创作空间，为服饰品装饰带来品类多样的层次变化效果。

三、传统服饰色彩搭配之美

服饰色彩是穿在身上的文化，没有哪一个国家像中国一样，“服色”在朝代更迭、等级制度、社会经济中有着深刻的影响。长达两千年汉族服饰色彩审美与立制根源、依据和核心、立制细则、织物染色及染料工艺等息息相关。中国人有着传统用色习惯和对颜色词的特殊情感。封建统治阶级等级森严，服饰奢华繁缛，色彩是区别地位等级的最明显的标志之一。[1]宫廷服饰在不同的场合穿戴不同规范的衣裳与冠饰，质地高档，设色遵照君臣、尊卑、男女的礼制约束。服色是尊卑贵贱等级制度视觉化的物质载体，起到规范民众行为和维持社会秩序的政治功用。在汉族特定的文化语境下，礼制对服色的约束极为强烈，大体上，服色的限制，上层要比下层严、官方要比民间严、男服要比女服严[2]。百姓穿用的服饰，在择色选择有限中寻求色彩关系之间和谐配比，服饰色彩审美从传统的浓艳繁复转向现代的浅淡素雅，形成了一套既符合社会制度又兼备个人身体性感受的世俗色彩审美。

（一）传统五色观的功能色彩美

“五色观”是我国色彩文化中重要的组成部分之一，也是我国传统文化在服装用色上的表达，不仅体现了先民们对色彩的感知，也凝聚了先民们对自然、生命、礼仪的特殊情感。研究团队对传统五色在汉族民间服饰中的应用进行了研究，例如唐欢、梁惠娥《汉族民间裙装色彩中的“五色观”》[3]中提到这一套流传久远的用色观念，在汉族民间服饰中的运用及美感表现影响至今。

关于五色的记载，其最早可见于《尚书·禹贡》：“厥贡惟土五色”及《尚书·益稷》：“以五采彰施于五色，作服，汝明”并后有注“采者，青、黄、赤、黑、白也，言施于缯帛也”。“五色观”在历史发展中，也受到了哲学思想的影响，如将“五色观”与“五行说”“五方说”结合的“天人合一”思想。同时，具有悠久历史底蕴的儒家学说也影响着五色观。儒家推崇“以色明礼”，赋予五色礼仪的象征。

“五色观”核心内容为五色（青、赤、黄、黑、白），“五行说”核心内容为五行（金、木、水、火、土），“五方说”核心内容为五方（东、南、西、北、中）。根据古文《逸周书·小开武》及《周礼·考工记》的记载，绘制五色、五行、五方的对应关系示意图（图3-20）。西方主白，属金；东方主青，属木；北方主黑，属水；南方主赤，属火；中部主黄，属土。在传统文化中，

---

[1] 梁惠娥，李坤元，邢乐．中国传统佩饰·明清“帉帨”研究［M］．北京：中国纺织出版社，2019，46．

[2] 姜澄清．中国色彩论［M］．贵阳：贵州大学出版社，2013：155．

[3] 唐欢，梁惠娥．汉族民间裙装色彩中的“五色观”［J］．艺术与设计（理论），2020，2（2）：90-92．

白色有死亡、丧事等含义，青色有生命、繁荣、端庄等含义，黑色有忍耐、庄严、神秘等含义，赤色有热情、喜庆、力量等含义，黄色有大地、中和等含义。在漫长的历史演变中，贵族们为彰显地位，通过服装色彩这一有效且直观的方式来区分人群，划分权力界限，而哲学思想家们则期望通过“五色观”来解释自然并规范行为。多个因素令“五色观”从最初的自然之色，演变为蕴含风水、地位、礼仪等不同含义的色彩观念，从自然色彩转为功能色彩，并最终融合成为独树一帜的传统色彩文化。

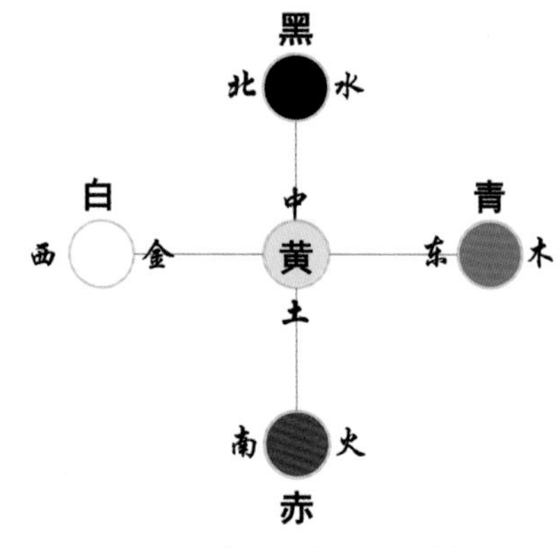

图3-20　五色与五行、五方对应图

（二）民间服饰体现的用色观念

1．汉族民间服饰色彩中“禁黄”

朝代更替时，神职人员将“五色观”与“五行说”“五方说”结合，用以推算适用于每个朝代的尊贵色。直到隋唐时，黄色被人们推崇为帝王固定之色，代表至高无上的君威与权力，《新唐书·车服志》“遂禁臣民服”明确规定了黄色作为皇帝的专用色彩，禁止官员与百姓穿着。此后，黄色的崇高地位以及权威性成为“五色观”突出的特点。明清时期继续沿用这一条规定，皇帝通过赏赐黄马褂表示对有功之臣的恩典，加深了黄色的尊贵象征。据《本草纲目》记载，柘木所染的黄色为皇帝服饰专用。柘木是一种名贵的木料，所提取的黄色染料有成本高昂、染色独特的特点，百姓难以获得。染料的珍贵使得独特的黄色从众多普通植物染色中脱颖而出，进一步加深了它的皇权象征。“禁黄”体现了中国传统色彩的等级观念强烈，各等级之间不得僭越，同时具有强化统治阶级权力的作用。

2．汉族民间服饰色彩中的“尚红”

“红”的本义是我们现在通常所说的粉红、桃红等色彩，后来成为赤、朱的统称。中华民族的“尚红”体现在方方面面：嫁娶时选择红色的喜服及装饰，过年时大红色的灯笼、剪纸、红包以及本命年需要穿用红色贴身衣物、首饰等，红色在中国传统文化中有趋吉避凶、幸福美满等含义。后又与女性的美丽联系起来，李白的《陌上赠美人》，写道：“美人一笑褰珠箔，遥指红楼是妾家”，以及“红袖添香”等词语。据《周礼》《天工开物》等古籍记载，红色的染料来源主要有红花、茜草、石榴花等丰富的材料，以红花纯正的红色素染成的红色称为“真红”，容易获取，这是红色得以广泛使用的物质基础。“尚红”体现了红色在中华传统色彩中的重要地位以及延绵不绝的传承，也体现了人们向往红色所代表的喜庆热闹，对平安喜乐的追求。

3．汉族民间服饰色彩中的“喜青”

民间服饰中对青色与黑色的用量较大，但仅有三分之一作为主色使用。据《周礼》《天工开物》等古籍记载，青色的染料来源有蓼蓝、板蓝、马蓝等植物，有着悠久的历史，且染色原材料丰富，获取容易，具有染色工艺简单、产量高等特点。由于染色材料的价廉易得和染色技艺的容易习得掌握，蓝青色成为中国民间服饰与少数民族服饰主要色彩之一。除物质基础外，青色不受服装用色禁令影响，自然可以得到广泛的运用。同时，青、黑色的运用主要集中在江南地区，朴素的配色可以表现江南水乡含蓄、温婉的特点。

4．汉族民间服饰色彩中的“用黑”

江南一带素有“水乡”的称号，各式各样的江河湖海贯穿江南百姓的生活，而黑色在五行中代表的正是水。秦始皇嬴政采纳邹衍的“五德始终说”，秦为水德，尚黑色。民间服饰的“用黑”体现了江南水乡的特征，体现了百姓朴实的特点。同时，黑色有耐脏的特点，百姓穿着黑色服饰劳作时无需担心污迹影响美观。民间服饰对青、黑的运用体现的是百姓对节俭、实用的看重。“用青”“用黑”的色彩选用趋向是基于靛青染料的易得性以及黑色面料的耐脏性。青色与黑色的大量运用，基本上是传统民间服色的延续，是百姓勤劳朴实的象征，以及对价廉物美材料的偏好。

5．汉族民间服饰色彩中的“避白”

白色的动物因珍贵而常被认为是祥瑞的象征，无论四条腿的野兽还是两只脚爪的飞禽，只要毛色纯白，就被视为吉祥的标志。但白色被用于服装时，常被认为与丧礼、死亡有关，在《万历野获编》中：“白为凶服，古来已然”，可见白衣白裙有不吉利的寓意。但白色布料无需染色，容易获取，在运用时作为纹样图案的底色，可以调和高饱和色彩的对比配色，并衬托纹样的鲜艳美丽。民间服饰对白色的运用体现了百姓对死亡的避讳，以及通过运用色彩的调和作用来增强服饰美感的审美需求。

四、传统服饰中工艺技巧之美

汉族民间服饰类非物质文化遗产中的技艺部分有绲、镶、嵌、烫、绣、盘、织、染、印等传统手工技艺，一般称之为女红，这些都是以平民百姓（主要是妇女群体）所掌握的技艺能力为基础的，不同地域有着不同的织造技艺，形成不同的服饰形式、色彩。

（一）面料技术的物质功能美

研究团队对不同的传统服饰面料实用性进行研究，例如周小溪、梁惠娥、董稚雅曾发表《江南水乡民俗服饰面料的技术美》[1]中指出技术美是由产品技术体现出来的抽象概括的美，它集中体现了人类造物在理性层面的水准与先进性，并由此带来产品在发挥功能过程中所产生的如科学性、高效性、安全性、优良性等内容[2]。作为审美形态的一种，技术美以一定技术原理生产的产品为载体，向人们展示人的社会目的性与社会前进的历史内容以及人性的提升过程，是一种依附于物质功能的美[3]。

在面料来源方面，水乡服饰所用的棉、麻多源于自家种植，且几乎家家有织机进行面料的编织与制作。小农业与家庭手工业的紧密结合，是中国自给自足的自然经济的特点，同时也是苏州纺织手工业的特征。据《苏州市地方志北桥镇志》记载："清代，泗荡、张家浜一带农民种麻，织夏布。大树屋、徐家观、谈家里、南章等村家家织夏布，代代相传。康熙年间，冶长泾旁大部分农家有纺车，木制布机，所生产棉布质优货好，姑苏闻名。解放前，张华村三分之一的农户摇棉花，绩绦，织土布。解放后，家庭纺织土布遍及全乡。[4]"通过地方志可看出，水乡盛产的优质棉、麻为面料的经济性提供了条件，自给自足的手工业生产节省了面料的成本与开支。

江南有四季分明的气候，季节温差及早晚温差较大，合理的面料选择为着装的舒适性提供了保证。水乡春秋季民俗服饰在解放前多采用薄棉料、土布与麻布。土布采用全棉织造而成，由当地妇女以手工纺纱、手工织布的方式进行纺织，一般为纯色，比薄棉布更加厚实。解放后，化纤面料也被运用于水乡服饰的制作，如涤纶、涤/棉混纺织物。水乡女子所织面料基本为平纹、斜纹组织。在耐用性能上，平纹织物质地最为坚牢，耐磨性最强；斜纹织物由于纱线浮线较长，因此在纱线相同的条件下，耐磨性与坚牢度不及平纹织物；缎纹织

---

[1] 周小溪，梁惠娥，董稚雅．江南水乡民俗服饰面料的技术美［J］．纺织学报，2015，36（12）：104-108．

[2] 王效杰．工业设计：趋势与策略［M］．北京：中国轻工业出版社，2009：289．

[3] 朱荣贤．论技术美及技术产品的宜人化设计［D］．南宁：广西大学，2004．

[4]《北桥镇志》编纂委员会．北桥镇志［M］．苏州：苏州大学出版社，2007：92．

物的坚牢度在三种组织中最差，且易起毛、钩丝。在织造效率上，平纹织物因为组织结构最为简单，工艺易于操作，因此编织速度最快，效率最高；斜纹组织织物工艺相对复杂，织造速度不如平纹快速，时间成本较高；缎纹织物因为结构最为复杂，因此织造效率最低。出于经济性与耐用性的考虑，水乡女子选用平纹与斜纹织物，且以效能最高的平纹织物为主。水乡服饰的制作材料大都是棉布和麻布，为服装的舒适性提供了保障，有利于劳作时的透气排汗。

（二）因势造型的缘饰工艺美

传统服饰以平面结构加缘饰为主要特征，传统造物思想认为没有缘饰的衣服无法像外衣一样，难登大雅之堂。“衣做绣，锦为缘”，不同材料以边缘线和结构线为附着轨迹一层层加固，使得绣片平滑悬垂，缘饰工艺从服饰加工的实用功能出发，经过数代的变迁，清代晚期已经淡化了其实用功能的范畴，成为一种有理、有序的装饰形式。

研究团队对缘饰工艺进行了研究，例如邢乐、梁惠娥、刘丹丹《论云肩之缘饰工艺及其美用价值》[1]中提到缘饰工艺主要指服装领围、袖口、底摆、侧缝等边缘处理工艺，缘饰最初的用途是为了增加衣服的牢度，防止服装边缘纤维脱纱，增加布幅边缘重量，以保持服装外观上的平整，是传统服装必备的辅助工艺和装饰工艺。

清朝初期，妇女衣领袖口镶边等装饰较窄，颜色素雅，即便是时髦的优伶之辈，也不过“用生色倭缎漳绒等缘其衣边”而已。清中后期，边缘装饰极尽奢靡，人们看重服饰边缘装饰的审美意义多于实用价值，花边越绲越多，衣缘越来越宽，从三镶三绲、五镶五绲发展到“十八镶绲”。在连缀式云肩一方绣片上（图3-21），共有包、镶花边三种，裸粉、姜黄、果绿、金等粗细不同的装饰线六种。组成莲花瓣的小绣片被装饰花边、镶线层层包围，几乎看不到绣片底色。

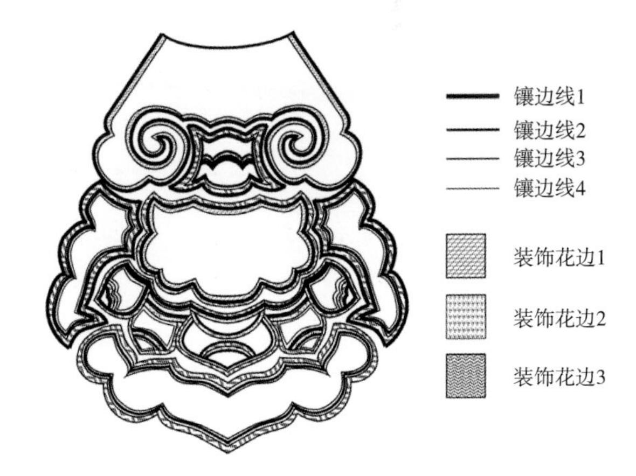

图3-21 连缀式云肩局部缘饰分析图

1．贴缝

贴缝是指用另外一块面料或花边与云肩

---

[1] 邢乐，梁惠娥，刘丹丹．论云肩之缘饰工艺及其美用价值［J］．纺织导报，2014，(2)：78-81．

边缘缝合，使边缘外观光洁、平整，满足各种弧度转折的需要。按照贴缝的位置可将其细分为内贴和外贴两种。云肩中多采用内贴缝工艺缝合里料与正面面料，山东地区俗称“抹里子”。里料沿着云肩绣片的形状向内扣烫（图3-22），用暗缲针与翻折的正面布边缝合。李渔《闲情偶寄》提到：“谓云肩之色，不惟与衣相同，更须里外合一，如外色是青，则夹里之色亦当用青，外色是蓝，则夹里之色亦当用蓝。”由此看出，规制中要求云肩“里外合一”，但民间百姓形成了尽可能节省的造物理念，反面贴缝面料多为相对便宜且柔软的面料。外贴缝工艺在云肩中多为将花边折烫后与向外翻折的本布边缘在云肩正面缝合，不仅满足了收拢云肩边缘的实用需求，同时增强了艺术美感。

2. 绲边

绲边也叫包边，指用45°斜丝布条熨烫后镶沿在服装边缘，包裹缝份，增加牢度。云肩绲边所用面料多为区别于本布的其他面料，或成品花边。采用布帛绲边，需将绲边布条折缝扣烫，花边则一般不需要进行折烫。绲边工艺的特点是云肩的正反面边缘光洁、整齐、牢固，适合任何弧度的造型。

绲边依照宽窄可分为阔绲、狭绲、细香绲三种类型。云肩中绲边宽度在0.5厘米的阔绲和0.2～0.3厘米的狭绲应用较多，宽度小于0.2厘米的细香绲较少。阔绲不适合弧度较陡的布边，为了增加绲边的宽度，可将两层或多层绲边叠加起来（图3-23），形成多层绲边的视觉效果。选择不同质地和颜色的绲边面料，比单层绲边更具层次感，在增加绲边宽度的同时，使云肩边缘扁平、服帖。云肩多以云纹收边，边缘曲折流畅，内部结构繁复。组成云肩的小绣片，为图案构图安排的需要，边缘转折陡峭，因此缘饰成为塑造形态的一项重要步骤。

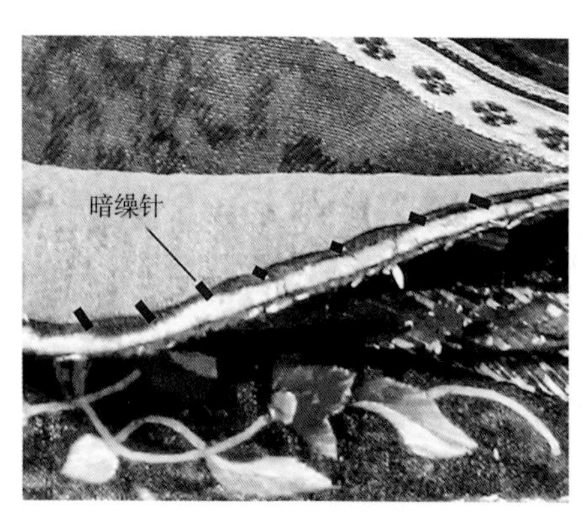

图3-22 里料缲缝实物图

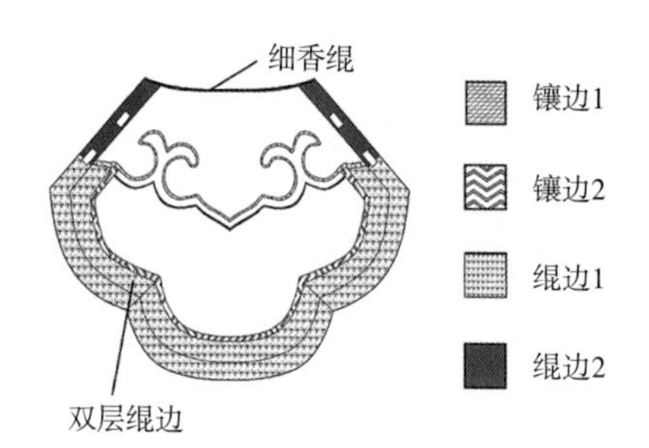

图3-23 双层绲边结构图

3. 镶边

镶边是指用布帛、花边、织带、金属丝线等材料沿云肩边缘或内部结构线镶缝的工艺。绣片边缘大多已内折或用绲边、贴缝等处理好缝份，因此镶边以装饰意义为重，材料以花边和彩色线为主。按照镶边数量，分为单条镶和多条镶，并配合包边、贴缝、嵌线等工艺手法混合使用，形成繁复精巧的视觉效果。

云肩中还有以金属丝线为材料镶边的装饰现象，可称为“平金”“盘金”，是用金线来回盘排，呈金色块面的纹样，并用针线固定。沿蝙蝠绣片边缘镶缝黑底绣花织带（图3-24），织带内侧排3根金属丝线，后以线固定。究其原因，云肩多为小绣片连缀而成，绣片形状各异，采用硬度比布帛、花边较高的金属丝线固定边缘，可构建骨架，起到塑形的作用。

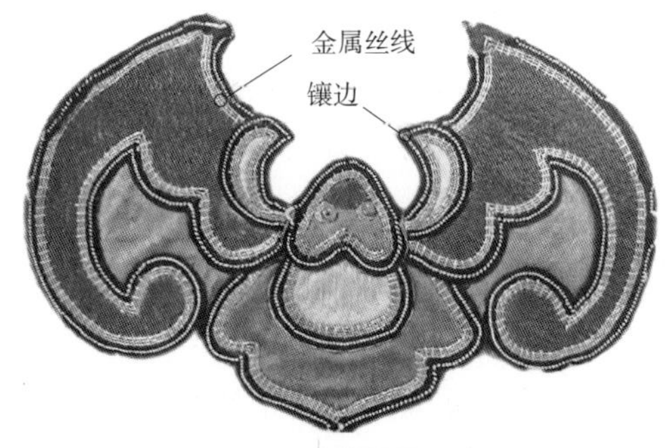

图3-24　蝙蝠造型绣片

4．其他缘饰工艺

云肩缘饰品类繁多，除了常见工艺，还有独特的装饰形式。蝴蝶造型绣片（图3-25），以锁缝方式固定边缘及内部曲线。锁缝是手工缝制中常用的处理缝份的方法，一般会将锁缝边缘内折或用绲边工艺包裹起来，不会显露在表面。该绣片以此形式处理边缘，并在内侧镶沿花边，拙质朴实，配合自然形态蝴蝶造型，更具民间服饰特色。

图3-25　蝴蝶造型绣片

云肩缘饰材料除了上文提到的金属丝线，还有金箔、纸张，甚至亮片、金属装饰等物件。如意云纹绣片（图3-26），沿绣片边缘轮廓填充0.5厘米左右硬纸做衬垫，使得边缘形成凸起，并附金箔装饰，以丝线固定，形成立体效果。花鸟绣四合如意云肩局部（图3-27），绣片折角边缘均匀缝制亮片。亮片在我国其他传统服饰类型中并不常见，但在云肩中却时有涉及，每个亮片上2～3个孔不等，用丝线缝合在云肩边缘曲线转折处，起到加固造型的作用。云肩中缘饰协调统一连接而成的共用结构线，更体现了一形多义、虚实相生、互为你我、因势造型的造物哲学，隐含着生生不息、绵延不断的民俗寓意。

图3-26　如意云纹绣片

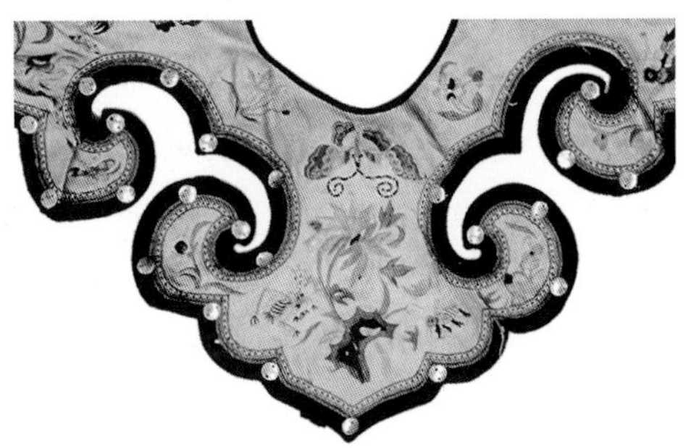
图3-27　花鸟绣四合如意云肩局部

结语

当传统服饰依据一个很长时间的社会制度被逐渐确立时，它背后的观念和思想在服饰上表现为那些约定俗成的服饰图案、结构、色彩、技艺等，随着时间流逝被生活在其中的人们忽略不计，成为不言而喻的背景而渐渐淡出。其中也包含人类无法穷尽的认知与美好希求，形成了一副色彩斑斓的历史画卷。然而历史总是在不断变动的，那些观念与思想以及使其得以确立的背景都被剧烈的朝代更迭和社会变革而摧毁，尤其是民族交融、政体不稳时催生出大量服饰美学，旧的观念与思想很快被新的观念与思想淹没，外来的知识与思想融入了传统也改变了传统❶。服饰的不断变革，那些曾经依赖和信仰的理念已经陌生。于是，我们现在从传统服饰去寻根，去追踪古人的思路，领悟古代的人们是怎样建立起他们并不自觉的心底意识。古人穿着的是一种身份等级、一种情感价值以及生存状态。在封建社会制度下，虽然很难根据个人的感受衡量服饰的优劣，更多是由统治阶级和社会族群的集体意识所代替。人们从服饰中获得自身的价值和意义，上升为时代的表征。服饰已成为着装者表现自我的一种符号，正如袁愈宗所说："这一符号是索绪尔语言学拓展，是弗洛伊德心理学说的奠基石，是巴特结构主义美学思想的核心，是古代先哲的哲学思想的基点，它既是理性的锐器，帮助人类从野蛮走向文明，向着无线的未知挑战，又是情感的雨露，滋润着人类美好的心田❷。"

---

❶ 葛兆光．中国思想史（第一卷）：七世纪前中国的知识、思想与信仰［M］．上海：复旦大学出版社，1998：49．

❷ 袁愈宗．都市时尚审美文化研究［M］．北京：人民日报出版社，2014：122-123．

第四章

保护传承篇

第一节 服饰遗产保护与传承

传统服饰文化遗产是中华文明发展的重要载体，蕴藏着中华民族特有的个性符号及审美情趣。传统服饰中包含众多珍贵的物质文化遗产及丰富的非物质文化遗产。其中，物质文化遗产是指各个时代留存下来的具有历史价值、艺术价值、科学价值的实体服饰，如龙袍、云肩、马面裙、荷包等传世实物及出土文物；非物质文化遗产是指各民族人民世代相传的、与群众生活密切相关的各种传统文化表现形式和文化空间[1]，如与传统服饰息息相关的制作技艺、思想内涵、精神意蕴等。传统服饰中的物质文化遗产与非物质文化遗产相互关照，共同体现了我国各民族发展的历史进程、风俗习惯、礼俗仪式与艺术审美，同时，也展现出了中华民族不同时期的伟大生活智慧。这些具有丰富的历史文化价值和象征意义的民族服饰，促进着民族文化传统的构建，同时也凝聚着各地域、各民族人民对于本土文化的认同感。

一、服饰遗产保护与传承的意义

传统服饰在传统社会中与人们的生活关联最为密切，传统服饰以“物”的形态、“技”的形式融汇了自然观念、造物哲学、材料工艺、审美情趣、价值观念等中华民族优秀的传统文化精髓，在传承民族精神文明与物质文明的过程中，发挥着不可替代的作用[2]。

首先，传统服饰本身就是历史的一部分，具有丰厚的历史价值。通过传统服饰文物来佐证历史，非常直观且真实可靠。同时，延续至今的传统服饰类非物质文化遗产中蕴藏着古籍、文物无法获取的知识体系，对其保护与传承有助于我们全面深入地认识本民族的文化传统。其次，传统服装文化遗产中的艺术资源、技术资源、文化资源是现代艺术创新、科技创新、文化创新的宝贵财富，对其保护与传承有利于我国文化在继承的基础上，焕发生机、日益丰富。最后，随着现代化进程的加快，使得许多原本丰富多彩的人类文明走向雷同。自2001年联合国教科文组织发表《世界文化多样性宣言》起，世界各国都开始

---

❶ 王文章．非物质文化遗产概论［M］．北京：教育科学出版社，2010．

❷ 贺超海．中国传统工艺的当代价值研究［D］．北京：北京科技大学，2018．

注重本国文化遗产的保护与传承，因此，对我国各民族传统服饰文化的保护与传承，是全球文化多样性、可持续发展的现实需要。

然而，在经济全球化的背景下，人们的价值观念、生活方式发生了翻天覆地的变化，传统服饰几乎失去了其生存的土壤，工业化生产的普及和现代文明对传统风俗文化的淡化导致了传统服饰生存屏障十分脆弱。目前，掌握传统服饰文化和技艺的民间手艺人已经为数不多，许多传统工艺精粹后继乏人，濒临失传[1]。因此，深入挖掘中华传统服饰文化，充分吸取民族资源和民族智慧，建立中国特色的传统服饰文化保护与传承机制，显得尤为紧迫。

二、服饰遗产保护与传承的现状

新中国成立以来，我国在服饰文化遗产保护与传承方面做出了大量的工作，如沈从文先生通过出土的服饰文化图像资料与文献资料考证相结合的方法，对旧石器时代至明清各朝代的服饰问题进行了深入的探讨和专题研究。沈从文先生所编撰的《中国古代服饰研究》一书，开辟了我国传统服饰物质文化遗产研究的先河，是一部珍贵的服饰史料集成。20世纪50年代初期，国家对工艺美术采取了“保护、发展、提高”的方针，在此背景下，恢复了苏绣、缂丝等传统服饰类手工技艺的生产，为中华服饰文化的保护与传承做出了积极的贡献，也为服饰文化的可持续发展积累了有益的经验。

近二十年以来，国家出台了一系列有关文化遗产的政策，极速加快了社会各界对传统服饰文化遗产保护与传承的步伐。如2005年3月颁布了《国务院办公厅关于加强我国非物质文化遗产保护工作的意见》，同年12月，下发了《关于加强文化遗产保护的通知》，指出：“保护文化遗产，保护民族文化的传承，是连接民族情感纽带、增进民族团结和维护国家统一及社会稳定的重要文化基础，也是维护世界文化多样性和创造性，促进人类共同发展的前提。”以上文件明确指出了保护传承文化遗产的重要性和紧迫性，同时也明确指出保护传承工作的十六字指导方针：“保护为主、抢救第一、合理利用、传承发展”。

多年来在政府政策的引导下，社会各界对服饰文化的保护与传承展开了一系列的举措，如建立民族服饰博物馆，对流传至今的传统服饰技艺进行了申遗保护，对服饰相关的文化资源进行生产性保护等工作，产生了一定的社会效

---

[1] 崔荣荣，牛犁．民间服饰文化遗产的保护与传承体系构建［J］．内蒙古大学艺术学院学报，2012，9（3）：105-109．

益与经济效益，也在公共文化领域使民众形成了普遍意义上对服饰文化遗产价值的认知。但同时也存在保护传承工作不到位的现象：如各类服饰非物质文化遗产中均出现“重申报，轻保护”的现象；又如打着传承创新的旗号对服饰遗产进行“改造”，破坏遗产的文化基因，从而导致“真遗产”变成了“伪遗产”的现象；抑或是传统服饰技艺被过度产业化、市场化运作，生产低质低价同质化的产品，出现忽视核心技艺的现象。因此，我国服饰文化遗产的保护与传承，仍然面临着众多的挑战，探索合理有效的保护与传承路径尤为重要。

三、服饰遗产保护与传承的路径

保护与传承的核心是服饰文化遗产中所蕴藏的民族文化“基因”。一方面民族文化“基因”具有强烈的历史性和遗传性，另一方面又具有鲜活的现实性和可再生性，无时无刻不在影响着今天的中国人，为我们开创符合中国特色的新文化提供历史的根据和现实的基础。要实现民族文化“基因”的延续发展，需厘清传统服饰文化遗产保护与传承之间的关系。保护与传承二者之间相辅相成，缺少了保护的传承，犹如无源之水，无根之木，传承发展可能会失去自身的文化属性。缺少了传承的保护，服饰文化遗产只能停留在过去，无法实现可持续的生命力。因此，传统服饰文化遗产的保护与传承，需建立在“在保护中传承，在传承中保护”的基础之上。经社会各界相关人士十多年的实践探索，目前，对于传统服饰文化遗产合理有效的保护与传承路径可以分为以下两种。

其一，“原真性”保护与传承路径。“原真性”由英文“Authenticity”一词转译，英文本意是指真实的、原本的、忠实的、神圣的，20世纪60年代被引入文化遗产的保护领域[1]。具体来说即是将服饰文化遗产真实地、完整地、未经任何改编改造的保护与传承。“原真性”保护与传承的目的就在于确保我国服饰中优秀传统文化“基因”的纯净性和稳定性。传统服饰文化遗产是真实历史的一部分，历史价值是其保护与传承的灵魂所在，通过对其历史价值真实的保护，能够体现出文化样式的可辨识性，以及服饰文化与人们生活长期伴生所反映的集体文化心理[2]。从而在传承过程中，有所参照，不盲目创新发展，仍然能延续独特的文化基因。

此种路径的典型代表是以博物馆为中心的服饰文化遗产保护与传承体系，

---

[1] 王文章．非物质文化遗产概论［M］．北京：教育科学出版社，2010．

[2] 胡惠林，王媛．非物质文化遗产保护：从“生产性保护”转向“生活性保护”［J］．艺术百家，2013（4）：19-25．

该体系建立在对传统服饰文化遗产档案详细建立、资料全面搜集的基础之上。博物馆的收藏、展示、研究、教学等功能，能够对传统服饰的“原真性”建立一个积极有效的保护、抢救和传承的机制，对客观还原传统服饰所具有的物质形态和文化形态起到了重要的作用。通过博物馆体系历年来的积累，为真实地探索民族服饰所蕴藏的文化“基因”提供了强有力的实证依据。

其二，“活态性”保护与传承路径。“活态性”是指服饰非物质文化遗产随时代变化而变化，在自然、现实、历史的互动中，不断生发、创新，一直保持动态发展的属性。具体来说，即是将服饰文化遗产不脱离当代民众的生活方式，不脱离当代的社会环境，鲜活、动态的保护与传承。“活态性”保护与传承的目的就在于使得传统服饰文化能够持续地“活”在当代人们的生活之中。因此，需充分挖掘传统服饰文化的当代价值，依托生产实践，以消费需求为导向，以融入生活为宗旨，结合现代技术等手段，使得传统服饰文化资源积极主动地“活”在当下。

此种路径的典型代表是传统服饰类非物质文化遗产的生产性保护。生产性保护是基于“活态”传承诉求的基础上提出的一种保护方式，具体来说即是将传统服饰“非遗”资源转化为文化产品，使之产生经济价值，促进技艺文化价值的接续，并在生产、流通、销售的整体性过程之中全程保护，促进民众对文化产品的购买行为，从而实现技艺的“活态”保护与传承[1]。通过合理的生产性保护能够建立传统服饰类“非遗”与当代生活的深度关联，激发服饰文化的“活态性”特质，从而潜移默化地实现传统服饰文化价值的认同。

上述两种传统服饰文化遗产保护与传承的路径践行过程中，要有效地实现“在保护中传承，在传承中保护”的目标，需合理地运用一定的保护传承手段。本章节重点围绕“服饰博物馆展示”“基于现代技术手段的文化基因提取”及“创新设计应用”三种保护与传承的手段展开详细探讨，以期为未来服饰文化遗产保护与传承实践工作提供一定的参考。

第二节 基于博物馆展示的保护与传承

“博物馆展示”是借助建筑空间、文物、展示技法等要素相互作用来共同实

---

[1] 靳璨，梁惠娥. 江苏传统服饰手工技艺的价值认同路径研究——从“生产性保护”到“生活化传承”[J]. 艺术百家，2020，36（3）：77-81.

现文化遗产的保护与传承。从服饰文化遗产保护的视角看来，博物馆展示不仅对服饰文物及其濒临失传的制作技艺起到了保存、抢救的作用，也对真实有效地实现历史文化的复原发挥了重要的作用。从服饰文化遗产传承的视角看来，博物馆展示是使得观众从传统文化的认知主体转变为传承主体的关键环节。因此，博物馆展示是传承传统服饰文化原真性及增强传统服饰文化认同感的有效手段。

研究团队近年来对博物馆展示进行了深入研究，例如张守用曾发表的文章《我国服饰博物馆数字化展示设计研究》，通过对国内具有典型性及代表性意义的12家服饰博物馆进行实地调研，探索目前服饰博物馆的展示现状及未来趋势，深入解读如何通过展示设计的手段实现观众对传统服饰文化从被动参观到主动参与的角色转换，从而更好地发挥服饰博物馆教学育人、科学研究及文化传承的功能。

一、国内服饰博物馆概述

我国服饰博物馆属于专业博物馆的范畴，它的营建主体与办馆的宗旨及目的息息相关，是收藏和展示服饰的重要机构，是宣传服饰文化的重要场所，同时又是研究服饰的重要科学研究机构之一[1]。表4-1介绍了国内具有典型性及代表性意义的12家服饰博物馆建馆时间及馆藏特色。通过对国内12家服饰博物馆的实地调研，探索目前服饰博物馆实体展示与数字化展示现状及未来发展趋势，有利于民族服饰博物馆积极有效地解决未来生存问题，对加强民族服饰文化的保护和传承有着重要意义[2]。

表4-1　12家服饰博物馆基本情况一览表

序号	名称	建馆时间	价值与特色
1	南京云锦博物馆	1957年	该馆是我国唯一的云锦专业博物馆，主要展示以南京云锦为代表的我国民族织锦艺术，馆内展示着云锦织造工艺、明清时期的云锦精品实物、中国古代丝织文物复制品等文物，有1500多年手工织造历史的南京云锦，以特殊的浮雕、镶嵌技艺，表达出特殊的审美境界和文化艺术魅力，反映出中华民族特有的文化内涵
2	江宁织造博物馆	2006年	该馆以一府《织造》、一馆《云锦》、一楼《红楼梦》、一园《园林》为主线，运用多种展陈方式，遴选了几百件珍贵文物史料，清晰再现了江宁织造府的兴衰脉络

[1] 寇大巍．虚拟服饰博物馆的交互性设计研究［D］．北京服装学院，2008．

[2] 周明．浅析现代平面设计对中国传统艺术文化的继承与发展［J］．大众文艺，2012（9）：58．

续表

序号	名称	建馆时间	价值与特色
3	中国丝绸博物馆	1992年	该馆是第一座全国性的丝绸专业博物馆，也是世界上最大的丝绸博物馆。馆内藏有自新石器时代起各朝代与丝绸有关的历史文物，汉唐织物、辽金实物、宋代服饰、明清时期的官机产品以及近代旗袍和像景织物等文物
4	宁波服装博物馆	2009年	该馆是我国第一家服饰专业博物馆。展示了两千余件我国服饰历史珍品，令民族服饰文化历史场景再现，中间穿插宁波服饰起源以及红帮裁缝诞生的过程，突出其对我国近、现代服饰的形成与发展的重要贡献，生动深刻地展现出我国服饰文化发展史①
5	上海纺织服饰博物馆	2008年	该馆是我国唯一一座综合展现国内纺织服饰历史文化和纺织科技的专业博物馆。馆内陈列以我国纺织服饰发展历程以及纺织服饰科普教育为特色，更好地体现出学术性与科普性的结合、纺织和服饰的融合以及少数民族和汉民族纺织服饰的综合等特色
6	上海纺织博物馆	2007年	该馆通过纺织服饰实物、图片与文献资料、多媒体设备等，展示了上海地区纺织业发展历程，以此体现上海纺织业在社会主义建设时期的历史巨献
7	美特斯·邦威服饰博物馆	2005年	该馆展陈分为五大板块：衣冠王国、至尊气象；民族华章、缤纷霓裳；民间风韵、时尚新装；精美饰品，生活点缀；绚丽织锦、大千世界
8	中央民族大学民族博物馆	1952年	该馆是我国最具代表性的民族学专业博物馆之一，馆内收藏、展览了我国56个民族的文物，堪称国内高校之最；同时，馆内展出了中国台湾少数民族文物以及牛玉儒同志遗物。现在馆内藏品涵盖全国56个民族的服饰、生产工具、皮毛、历史文献、珠宝器以及宗教用品等14类文物；此外，馆内还收藏展示国外一些国家与民族的历史文物
9	北京服装学院民族服饰博物馆	2000年	该馆是我国首家服饰类专业博物馆，是集收藏与展示、科研及教学相结合的服饰文化研究机构，也是国内最好的服装专业博物馆之一。馆内藏品包括我国各民族的服装、饰品及织物等一万余件文物，同时，馆内收藏了近千幅20世纪二三十年代拍摄的彝族、藏族与羌族的生活服饰珍贵图片
10	北京民俗博物馆	1997年	该馆是北京唯一一座国办民俗类专题博物馆，常年举办老北京民俗风物系列展，与此同时，先后推出的《老北京人的生活展》《中国百年民间服饰展》《锦州满族医巫闾山剪纸展》等主题展览具有很强的代表性
11	中南民族大学民族学博物馆	1953年	该馆是我国唯一一座以“民族学博物馆”命名的专业性博物馆。设有民族服饰、民族工艺品以及民族文化等展厅。收藏及展示的29个民族的文物及图片多达一万余件，馆内文物或古朴，或典雅，或华丽，其中不乏珍品。充分展现了我国南方民族多姿多彩的传统文化及风俗民情，为研究民族学、人类学等学者提供了探究中华民族文化精神真谛的殿堂

续表

序号	名称	建馆时间	价值与特色
12	江南大学民间服饰传习馆	2003	该馆是我国唯一一家以汉族民间服饰为研究对象的博物馆，强化这个机构的研究和传播性能，旨在挽救和保护我国民间服饰，传承和发扬我国民间服饰文化。馆内藏品有袄、裤、眉勒、裙、蓑衣、云肩以及各种首饰等二十多个品种

① 梁惠娥，张守用．关于当下我国民族服饰博物馆展示现状的思考——基于江浙沪地区民族服饰博物馆的考察［J］．艺术百家，2014，30（6）：76-81．

二、服饰博物馆实体展示形式

服饰博物馆展示形式主要包括实体展示与数字化展示两种展示形式。实体展示是指藏品实物的陈列展览，以文物、标本为基础，配合适当的辅助展品，按一定主题、序列和艺术形式组合进行的文物展示。数字化展示是指对数字化藏品信息进行选择和有机组织后，以电脑和网络为平台，采用数字化展示技术构成的一种信息群的呈现，应用多媒体技术、虚拟现实技术等去表现文物的信息与主题。与实体展示一样，按照一定的主题、序列和艺术形式组合进行的文物虚拟展示。本章节重点对服饰博物馆实体展示形式进行剖析与研究。

（一）服装实体展示

从服饰博物馆现存藏品的展示形式看，服装的实体展示形式主要有平面铺排展示、陈列架展示、人模展示三种基本形式。

1．平面铺排展示

服装的平面铺排展示是指服装展品依附于某一实体支撑物上，将其某一部分或全部铺展开来，以供展示，如图4-1所示。平面铺排展示形式受展品本身形状影响较大，所以变化形式较少，只能展现出展品的平面信息。其中，平行面铺排与垂直面铺排方式较为常见。

图4-1　服装平行面铺排展示（摄于上海纺织服饰博物馆）

当展示空间较小或者展品有一定的破损时，平行面铺排展示形式是最好的选择。如有些展柜空间太小，只能把展品具有代表性的部分展示出来，从而让参观者了解其布料质地和纹样等，如图4-2所示；又如一些展品有一定的残缺或者损坏，无法通过其他方式展现其穿着效果，只能通过平行面铺排这种方式进行展示，让参观者由局部联想到完整的服饰，如图4-3所示。

图4-2 服装局部平行面铺排展示
（摄于上海纺织服饰博物馆）

垂直面铺排，即实体支撑面不与地面平行，而与地面呈0～90°之间的某一角度，呈90°角的垂直面铺排和其他角度的斜面铺排[1]。斜面铺排选择较小的倾斜角度，比完全平行面的铺排方式更方便参观者欣赏。垂直面铺排使展品在参观者的平视范围内，更容易吸引参观者的视线，此方式是博物馆采用较多的展示形式，如图4-4所示。

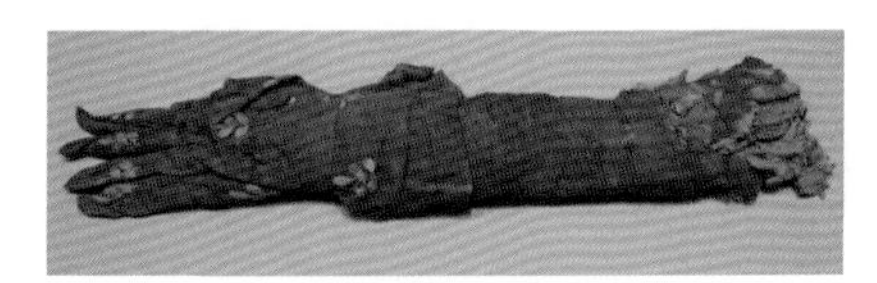

图4-3 残损服装平行面铺排展示
（摄于中国丝绸博物馆）

此外，平面铺排还可延伸出多种表现形式，通过改变实体支撑物本身的材质、颜色等，可以改变平面铺排的展示形式。例如，在其玻璃支撑实体的两边都留出观赏通道，达到展品的两个平面都能被展现的效果。以展品为主体，根据展品的特点而选择最佳的展示方式[2]。

平面铺排展示形式可以把不同类型的展品组合到一起，表达特定的主题，让参观者很好地了解到主题服饰的形制异同之处及文化内涵。服饰博物馆在展示服装、饰品、纺织面料以及书籍等常采用这种展示形式。但是此种展示形式占用空间较大，有一定的空间局限性。

2. 陈列架展示

陈列架展示是指依靠展示陈列架支撑起服饰，使服装立面以平面的方式展示出来。陈列架展示将服饰某一单面或者是两个平面的信息完整地表达出来，同时将展品支撑引起的重力作用还有助于表现服装面料的质地、服装造型等特点，较之平面铺排展示形式更具有生动性与鲜明性。

根据所展示服装的结构特点，陈列架通常采用T字形，即以两根垂直的杆架组成，竖杆位于中轴位置，是展品受力的重心，横杆置于竖杆的顶部，支撑

---

[1] 李正光．论博物馆陈列的形式设计［C］//中国博物馆学会．博物馆学论集．北京：文物出版社，1983（3）：2-5．

[2] 梁惠娥，张守用．关于当下我国民族服饰博物馆展示现状的思考——基于江浙沪地区民族服饰博物馆的考察［J］．艺术百家，2014，30（6）：76-81．

服装的两条袖子和衣领，为展品提供线性支撑点，如图4-5所示。这种陈列架展示可以间接地表现服装的穿着效果，更具形象性。

图4-4 服装垂直面铺排展示
（摄于宁波服装博物馆）

图4-5 服装T字形陈列架展示
（摄于上海纺织博物馆）

陈列架展示对空间大小要求较高，受到展品宽度的影响，为了节约空间，一般采用部分重叠或者前后排高低放置的方式，力求在不影响展品展示效果的基础上，节省展示空间。

通过变换陈列架的材质、形状和数量同样可以延伸出多种陈列架展示形式，根据展品的具体形状和颜色可以选取相应的材质或形状的陈列架进行展示，除了T字形陈列架展示之外，线性陈列架展示形式也较为普遍，在调研的服饰博物馆里面，几乎都用到了线性陈列架展示的形式，如图4-6所示。

陈列架展示会根据展品的排放位置而变换，从所调研的博物馆来分析，几乎所有博物馆都会把镇馆之宝或者是具有代表性的服饰进行全方位的展示，让参观者更多地了解该展品的纹案与做工等，在展示空间上也是从二维空间到三维空间的一种升级[1]。

陈列架展示形式多用于服饰、纺织面料的展示上，在研究团队调研的服饰博物馆中，陈列架展示形式运用最多，陈列架展示形式较好地展示了民族服饰的质感，让参观者更好地了解了民族服饰的立体造型，为当代服饰设计师的服

[1] 梁惠娥，张守用．关于当下我国民族服饰博物馆展示现状的思考——基于江浙沪地区民族服饰博物馆的考察［J］．艺术百家，2014，30（6）：76-81．

饰创作带来造型、纹案等方面的参考与借鉴。此种展示形式成本相对人模展示较低，占用空间较小，是各服饰博物馆首选的展示形式。此外，借助于陈列架展示的固定性也可以延伸出一系列的陈列架展示形式，如将陈列架置于展品的顶部，使展品悬垂下来，这样能更好地体现出展品的质感与悬垂感。

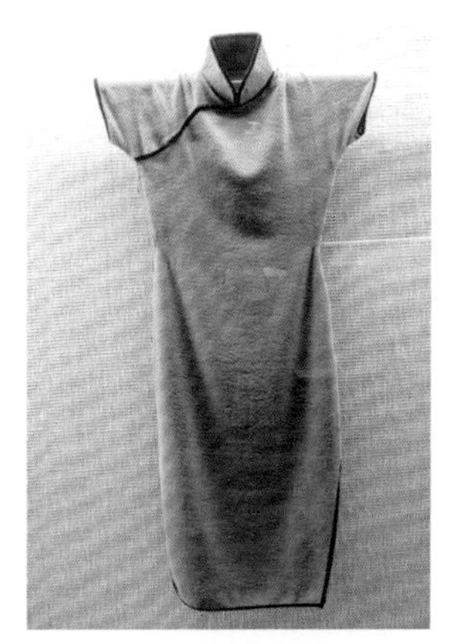

图4-6 服装线性陈列架展示（摄于上海纺织服饰博物馆）

3. 人模展示

服饰人模展示是指将服饰穿着于模拟人体体态特征的模型上的立体展示。人模展示能够完整服饰的穿着效果，对服饰进行三维展示。较之前两种展示形式，人模展示是从平面到立体的进化[1]。

从所调研的服饰博物馆中看，人模展示要求服饰展品具有一定的完整性，成套展示或者是主题场景展示形式较为普遍，成套展示可以体现出民族服饰的搭配艺术与各民族穿衣风格等，根据服饰的特征来选择与之相匹配的人模，这样展示才能更好地体现服饰的美感，如图4-7所示；主题场景展示主要是指为了还原历史场景、体现民族建筑及服饰特色以及某一民族节日而设计的展示形式。主题场景展示需要展品与周围环境相统一，根据主题的需要对人模进行姿态调整，才能达到意境美，如图4-8所示。例如，店铺遗址、民俗风情馆，“红楼梦”主题、“洞房花烛夜”场景等多采用主题场景进行展示，如图4-9、图4-10所示。主题场景展示形式可以使参观者融入特定的展示氛围之中，更直观地感受各民族服饰及面料的独特魅力与风俗人情。

图4-7 成套服饰人模展示（摄于宁波服装博物馆）

图4-8 主题服饰人模展示（摄于中南民族大学民族学博物馆）

[1] 梁惠娥，张守用. 关于当下我国民族服饰博物馆展示现状的思考——基于江浙沪地区民族服饰博物馆的考察［J］. 艺术百家，2014，30（6）：76-81.

图4-9 “红楼梦”主题场景展示
（摄于江宁织造博物馆）

图4-10 “布铺”主题场景展示
（摄于无锡市博物馆）

此外，对应人模的不同形态可以分为缺省人模和完整人模，缺省人模展示有助于对服饰某个部分重点展示，强化某部分的观赏印象，如图4-11所示；完整人模传递的展示信息更加完整和丰富，同时在表现力方面有更多的优势，尤其是在进行主题展示的时候，必须要用完整人模进行展示，同时也是学术研究成果的生动体现，如图4-12所示。

图4-11 服装缺省人模展示（摄于宁波服装博物馆）

图4-12 服饰完整人模展示
（摄于上海纺织博物馆）

（二）纺织面料实体展示

面料一般以其肌理、组织结构、花纹和图案等性状为主要展示要点，从调研结果来看，展示面料都采用平面二维的展示方式，包括平面铺排和陈列架展示两种基本形式。面料平面铺排展示同服饰的平面铺排展示一样，把想要展示的部分铺排在某一平面上进行展示，是表现面料肌理、组织结构特性的最主要、最直接的方式，如图4-13所示。陈列架展示以点、线的支撑形式来支撑展品的展示方式，基于面料展品的平面性。单根横杆陈列架方式较普遍，如图4-14所示。

图4-13 纺织面料平面铺排展示
（摄于中国丝绸博物馆）

图4-14 纺织面料陈列架展示
（摄于中国丝绸博物馆）

（三）服饰配件实体展示

服饰博物馆里面的服装配饰多采用平面放置的形式进行展示，其放置平面与其他藏品平面铺排方式相同，根据服饰配件的结构与颜色选择能够体现其特色的展示形式，在进行服饰配件平面放置形式设计时，可把服饰配件与展台呈平行角度，如图4-15所示；或垂直角度，如图4-16所示；或采用0～90°的各种倾斜角度进行展示。多角度的展示设计可以给参观者带来视觉上的冲击感，使展示形式显得丰富而不呆板[1]。

图4-15 服饰配件平面平行展示
（摄于江宁织造博物馆）

图4-16 服饰配件平面垂直展示
（摄于江宁织造博物馆）

[1] 梁惠娥，张守用．关于当下我国民族服饰博物馆展示现状的思考——基于江浙沪地区民族服饰博物馆的考察［J］．艺术百家，2014，30（6）：76-81．

图4-17　云肩平面铺排展示（摄于江南大学民间服饰传习馆）

平面铺排的方式适合于完全铺展后面积较大的服饰配件，如图4-17为江南大学民间服饰传习馆云肩藏品展示，在垂直于地面的展橱墙面完全平铺，占用了橱窗墙面从上到下的整个高度，拓展了展示空间。云肩藏品运用平面铺排展示形式不仅完整的表现了其全貌，还可以让参观者从另外一种较新奇的角度进行赏析研究，增加了展示的趣味性和多样性。

服饰配件同服装一样，也可借助于人模，表现穿着佩戴的效果。服饰配件采用人模形式进行展示时通常与服饰一起构成一个展示主题，这样更能体现服饰配件的体积感，在服饰的陪衬下，参观者能够了解配件的大小、配件与服饰质感的对比、佩戴方式与佩戴位置以及服饰配件的搭配特色等特点，易于实现信息传递的完整性，同时服饰配件的功能与象征意义也能生动形象地表达出来。

（四）工具制品实体展示

服饰博物馆为了增加其展示主题的全面性与展示形式的趣味性，让参观者了解服饰文化的同时对服饰制作工艺与制作流程及工具也有所了解，所有服饰博物馆都在展厅内放置了服饰工具制品。用于服饰主题展示的工具制品种类繁多，在调研的服饰博物馆中，工具制品主要有：量身裁衣的尺子、服饰设计的相关书籍及图片、织布机、缝纫机、纺纱机和建筑遗址等[1]。

图4-18　纺纱机平面放置展示（摄于中国丝绸博物馆）

工具制品多采用平面放置展示形式进行展示。例如，中国丝绸博物馆与中央民族大学民族博物馆里面的纺纱机和织布机就采用平面放置展示形式进行展示，如图4-18所示；宁波

[1] 姚迁．辅助展品在陈列中的地位和作用［C］//中国博物馆学会编．博物馆学论集．北京：文物出版社，1983：5-6．

服装博物馆与上海纺织博物馆里面的服饰文化书籍和建筑遗址多采用平面铺排和模拟场景模型进行展示，如图4-19、图4-20所示。

图4-19　书籍平面铺排展示
（摄于宁波服装博物馆）

图4-20　建筑遗址模型展示
（摄于上海纺织博物馆）

现阶段，实体展示形式是服饰博物馆展示的主流手段，实体展示的优点在于参观者可以亲眼看到馆内的服饰藏品，对展出的服饰藏品的形状、纹案以及质地等有面对面亲历的体验感[1]。我国服饰博物馆在实体展示设计方面取得了一定的成果，是值得肯定的。但也有一些不足之处，存在一些问题需要解决。

如，服饰博物馆没有根据馆内展品的主题需要而设计场景，所有民族服饰展厅一律使用同样的模型与虚拟建筑，让参观者无法感受到各民族的风格与特色，展示形式千篇一律，没能为馆内的各展品量身设计具体的展示形式，展品与展品之间没有很好地组合或者形成体系等问题。

三、服饰博物馆数字化展示形式

服饰博物馆数字化展示兴起于20世纪90年代，随着计算机技术、多媒体技术、通信技术和网络技术日趋成熟，数字化展示为服饰文化遗产带来了一种全新展示模式。服饰博物馆数字化展示具有鲜明的时代特征和自身特色，数字化展示的特色集中体现在展示形式之中。

国内服饰博物馆数字化展示形式主要有虚拟服饰博物馆、多媒体系统和数字图片展示三种主要的数字化展示形式[2]。

---

[1] 王伟华．博物馆文化遗产的数字化展示与实体展示［J］．东南文化，2011，5：91-95．

[2] 梁惠娥，张守用，贾蕾蕾．民族服饰博物馆数字化展示艺术初探——基于江浙沪地区民族服饰博物馆的考察［J］．东南文化，2014（6）：100-106．

（一）虚拟服饰博物馆展示

虚拟服饰博物馆展示是指运用计算机技术、多媒体技术和网络技术以及虚拟现实技术等数字化技术再现服饰博物馆文物和历史以及其他场景的博物馆陈列方式。虚拟服饰博物馆最大限度地扩展了传统服饰博物馆的展示、演示等职能；同时，虚拟服饰博物馆通过软件或者硬件设备，为参观者在欣赏服饰的同时加入一些“新鲜”的交互体验。

上海纺织服饰博物馆中的虚拟展示带有交互功能，只要点击鼠标便可在屏幕上进行多角度、多侧面的变化，或放大、或缩小地观看数字服饰文物，达到最佳的欣赏和学习效果。展示更加富有弹性，与参观者的交互性明显加强。虚拟博物馆中的许多展品都是该馆收藏的珍品，由于多种因素不能长期进行实体展示，虚拟展示运行以后，弥补了民族服饰爱好者的遗憾，也满足了专业人员对其考察研究的需要。美特斯·邦威服饰博物馆官方网站上“植入”了虚拟博物馆，这个网上虚拟服饰博物馆具有数字存储、资源共享、展览方式多样化等优点，通过三维模型、图像资料和文字说明等多媒体信息手段全面展示馆中的精品文物。只要身边有电脑与互联网，体验者就可以随时随地欣赏文物，从而使参观者更便捷地感受民族服饰独特的魅力及其背后的文化内涵，如图4-21所示。

图4-21　美特斯·邦威服饰虚拟博物馆

（二）多媒体系统展示

多媒体展示系统以网络为平台，是专业的“第五媒体”播放系统。多媒体系统展示可以使用户快捷地构建多媒体信息联播网，同时提供功能强大的“第五媒体”特有的编辑、传输、发布以及管理的专业化平台，且运用高质量的编码方式将视频、音频、动画和图片信息以及滚动字幕通过网络这个媒介传输到各播放端，之后由播放端输出播放[1]。

从国内服饰博物馆实际情况来分析，多数博物馆都运用了视频形式进行服饰及服饰文化的展示与诠释。例如，上海纺织博物馆用几段视频为参观者展示了从扎花到成衣的全过程，如图4-22所示；中国丝绸博物馆通过实拍纪录片来为参观者诠释丝质服饰的质地与美感，如图4-23所示。中南民族大学民族学博物馆通过实拍民族风情纪录片来为参观者诠释此民族的习俗与生活特点等，这些视频都从不同角度展示了各民族服饰的经济价值与文化价值，通过所拍摄的民族习俗展现了民族服饰在不同节日的重要意义，使参观者在感受民族服饰独特魅力的同时也了解了不同民族的风俗习惯，如图4-24所示。值得一提的是，该馆还运用了电子光控翻书展示形式，电子翻书系统是将要展示的内容经过程序编辑并储存在电脑里，再通过悬挂的投影机显示影像到预制的书本造型上[2]。电子翻书装置在两侧安装光感应系统，参观者在看内容时可轻轻挥动手臂，阻断光线，页面就会自动翻转到下一页内容，适应了当代参观者对大量信息的需求，同时也使服饰博物馆的参观者有机会参与并为之带来新奇与惊喜，较好地把展示形式与展示内容结合起来，如图4-25所示。

图4-22　轧花场景模拟图（摄于上海纺织博物馆）

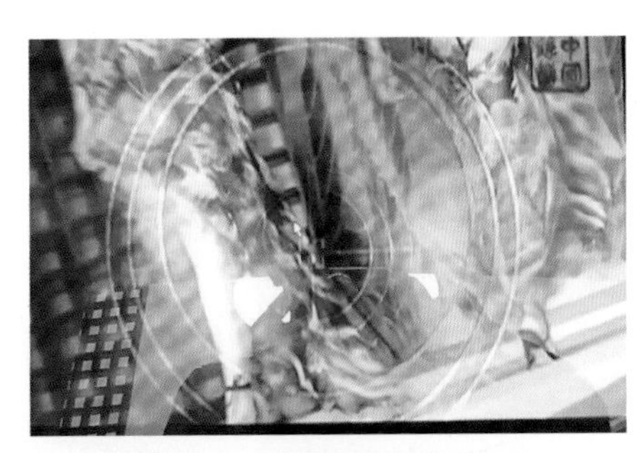

图4-23　中国丝绸主题片（摄于中国丝绸博物馆）

图4-24　民族风俗专题片（摄于中南民族大学民族学博物馆）

与视频相比，动画展示形式独特的趣味性及形象化更容易被参观者所

❶ 梁惠娥，张守用，贾蕾蕾．民族服饰博物馆数字化展示艺术初探——基于江浙沪地区民族服饰博物馆的考察［J］．东南文化，2014（6）：100-106．

❷ 徐乃湘．博物馆陈列艺术总体设计［M］．北京：高等教育出版社，2013：148-150．

图4-25 电子光控翻书展示（摄于中南民族大学民族学博物馆）

接受，但是据研究团队实地考察发现这一展示形式在服饰博物馆中运用较少，江宁织造博物馆与中国丝绸博物馆两家博物馆在动画展示形式上运用相对较多。例如，江宁织造博物馆通过动画的形式形象地为参观者展示了《康熙南巡图》（图4-26）、《云锦天衣》以及云锦的制作过程（图4-27），精美的画面配以优美的音乐，使参观者“身临其境”，赞叹不已；同时，该馆还运用了皮影戏的形式展示服饰文化，如图4-28所示，直观形象且富有趣味。江南大学民间服饰传习馆利用三维模型技术对该馆的服饰藏品进行了动画展示，通过虚拟走秀的方式形象而又生动地展示了该馆汉民族服饰的穿着搭配与款式特色，展现了汉民族服饰的精美纹案与独特魅力。又如，中国丝绸博物馆通过三维动画的形式展示了织布机的组建过程以及织布的动作模拟，如图4-29所示。因为对于服饰博物馆而言，除了民族服饰，服饰制作工具和方法的展示也非常重要，这样才能使参观者体会

图4-26 《康熙南巡图》（摄于江宁织造博物馆）

图4-27 云锦制作过程专题片（摄于江宁织造博物馆）

到民族服饰是各族人民智慧的结晶，也为当代的服饰设计师留下了深入思考的空间[1]。

图4-28 皮影戏动画（摄于江宁织造博物馆）

图4-29 织布虚拟展示（摄于中国丝绸博物馆）

（三）数字图片展示

数字图片展示以多媒体设备为平台，分为动态图与静态图两种展示形式。就调研博物馆实际情况来看，静态图片展示形式运用居多，动态图展示运用较少。由于每个服饰博物馆的展示特色不同，藏品具有一定的局限性，图片展示方式的运用可以弥补实体展馆展品不足的缺憾，通过图片以及文字的介绍，可以使参观者更好地了解我国民族服饰发展史。

例如，中国丝绸博物馆利用静态图片展示形式展现战国至清代流行的袄裙袍服、补服、龙袍等宫廷华服和家常日用绣品，图片上的服饰不仅样式与纹案非常精美，而且具有很强的代表性，对民族服饰研究人员具有很好的学习与研究意义，如图4-30所示。宁波服装博物馆利用“交互式”动态图与字幕展示了从先秦到唐宋元明清直至民国的服饰演变。“交互式”动态图可以受控于参观者，参观者根据自己的需要对图片进行缩放操作来欣赏与研究，可以反复观察图片展示的服饰藏品，从而便于参观者更加深刻地了解民族服饰的纹案与制作技艺，如图4-31所示。

在民族文化越来越受到国民关注、科技迅速发展的今天，民族服饰博物馆的展示手段和形式也随之发生了变化，越来越多的服饰博物馆利用数字化展示形式和展示系统，最大限度地发挥服饰博物馆的价值是实现民族服饰文化传承和再创造的有效途径，而服饰博物馆价值的发挥依赖于具有时代风貌的现代展示艺术，通过各种先进的信息手段和数字技术，将人性化科技与民族精髓完美

---

[1] 梁惠娥，张守用，贾蕾蕾．民族服饰博物馆数字化展示艺术初探——基于江浙沪地区民族服饰博物馆的考察［J］．东南文化，2014（6）：100-106．

结合，从而达到引导、教育民众、促进民族文化传承与发展的目的❶。民族服饰数字化不仅是时代的需要，同时也是现代博物馆生存发展的必然趋势。

图4-30　静态服饰图展示（摄于杭州丝绸博物馆）

图4-31　“交互式”动态图展示（摄于宁波服装博物馆）

四、服饰博物馆展示设计发展趋势——交互式展示

把“体验”理念引用到服饰博物馆展示方式中，是社会进步、科技发展的必然趋势。由于博物馆里面的服饰藏品的特殊性，“交互式虚拟服饰博物馆”将成为宣传和弘扬民族服饰文化的主要渠道之一，参观者通过体验式的展示方式对服饰文物感情性、象征性、符号性等进行把握，进行展品信息的了解；同时也获得了一种传统服饰文化的体验和精神的满足❷。

（一）服饰博物馆交互式展示的核心与原则

体验式展示方式最核心的理念，即以参观者的精神感受为中心，所用音响、灯光环境的设计以及展品的位置与展示方式等都服务于体验，成为体验的基础和对象。如上海纺织服饰博物馆里的虚拟展示馆可以根据参观者自己的意愿选择参观路线，服饰也可以拉近与推远。

体验式展示方式要遵循主题性、艺术性、深刻性、参与性、多样性、准确性以及人性化原则❸。

1. 主题性

明确的展示主题，是开展服饰博物馆体验式展示形式设计的首要步骤，是

---

❶ 仲秀林. 浅议博物馆人文精神的开发和培育［J］. 群文天地，2011（8）：24-25.

❷ 莫军华. 标志设计的艺术性［J］. 南京艺术学院学报：美术与设计版，2005（3）：116-118.

❸ 梁路. 现代办公建筑空间的人性化设计研究［D］. 重庆：重庆大学，2006.

展示方式设计的总纲。互动主题是数字化服饰博物馆体验性设计的指导纲领，由此而进行的一切设计必须围绕主题进行。

2．艺术性

“艺术性原则是指文学艺术作品通过形象反映生活、表现思想感情所达到的准确、鲜明、生动的程度及形式、结构、表现技巧的完美程度[1]。”服饰博物馆体验式展示的艺术性是集展示信息准确、表现方式优美等元素于一体的特性。把美作为服饰博物馆数字化展示的基本要求是合乎自然、合乎理想的。

3．深刻性

体验式展示的深刻性原则是指需要参观者花费较长的时间进入“角色”使自己受到复杂和强烈的刺激，激发深刻的心理感受，产生深刻的记忆，并通过图片、文字、语音等形式保留和传播。

4．参与性

从大量的心理学研究结果可以看出：深入参与、主动参与，能给人的大脑带来强烈的刺激，从而留下深刻的印象。对于服饰博物馆的体验式展示的参与性原则而言，体验的主体是游客，体验的本质是主体所经历的一系列值得记忆的事件在脑海中留下的印记，充满着感性的力量，给参观者留下深刻的记忆。

5．多样性

服饰博物馆体验式展示多样性原则要充分考虑参观者的视觉、听觉、触觉和心理感受，针对观赏者这些感官进行体验的深度开发，以丰富体验效果。

6．准确性

信息的准确性是各种数字化展示手段、展示方式的基本原则，一切其他的设计都应建立在此基础之上，在此基础之上才可能进行其他层次的发展和延伸。

7．人性化

人性化主要是指信息展示的美观性、舒适性、交互性等。体验式展示设计归根到底是为人的设计，人是设计的出发点和归宿点，所以应该围绕人的需要来进行设计。

（二）服饰博物馆交互式展示的形式

针对服饰博物馆展示的内容来分析，交互式服饰博物馆展示大致可分为以下三种形式：

---

[1] 游雪晴．文化遗产在数字博物馆闪光［N］．科技日报，2004-03.

情境体验。首先，“情境”要以“情景”为基础，前者是后者本质精神的提炼和升华；其次，情境的高妙表现在“似与不似之间”和“神似而非形似”以及“欲说还休”的境界之中，参观者拥有思想的主动权，为参观者创造可以联想、思考和回忆的神秘空间。可以通过特定的“景”让参观者融入其中，例如，江宁织造博物馆里面的红楼梦主题馆，展厅内用多媒体设备播放《红楼梦》的一些场景，加之运用《红楼梦》主题音乐，很容易把参观者带入“红楼”里，在里面如痴如醉，梦幻般的感觉，如图4-32所示。

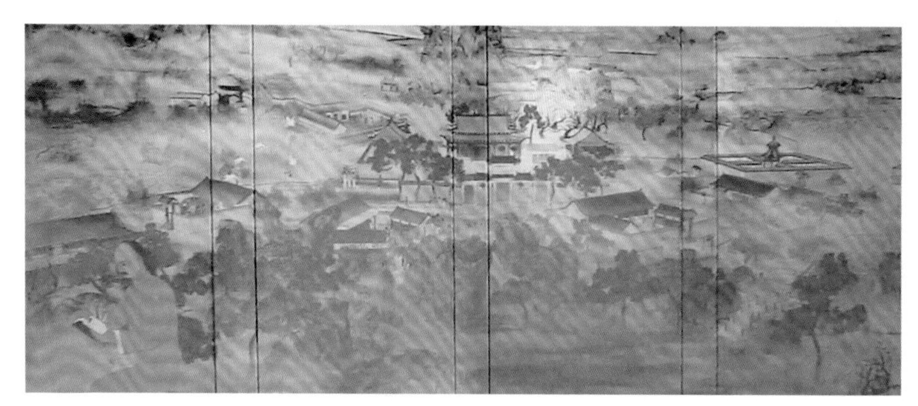

图4-32 《红楼梦》场景模拟（摄于江宁织造博物馆）

角色体验。“体验”概念下的服饰博物馆展示方式，以参观者的精神感受为中心，所有设计要做到以人为本。可以把三维试衣技术引入到服饰博物馆来，只要参观者站到服饰面前，通过一些简单的操作就可以把服饰“穿”到自己身上，体验一下民族服饰的独特魅力，也可以仿制一些具有民族特色的服饰，使参观者真正穿上民族服饰，实现“零距离”接触。加之营造相应的环境氛围，从而对民族服饰的纹案、面料乃至文化内涵有更深层次的了解。在上海纺织服饰博物馆里，我们可以根据电脑上的视频演示手绘T恤、首饰DIY和服饰款式数字化拼接等，参观者可以成为“设计师”，体验一次设计与制作服饰或者饰品的过程。

虚拟体验。随着计算机技术和网络技术的飞速发展，以及虚拟现实等高新技术的运用，极大地丰富了服饰博物馆的展示形式，从而使展示形式呈现出多层次、立体化的格调，使虚拟体验技术的创新性成为可能，为研究者提供了技术指导和实践依据。首先，虚拟现实把视觉、听觉以及触觉融为一体，操作者可以借助虚拟展示设备与虚拟环境中的展品进行交互；其次，虚拟现实展示还可以运用到对文物的保护和复原上；此外，由于一些展品年代久远，不适合经常展现在博物馆里面，这时就可以通过虚拟展示形式进行展览，让参观者较为清晰、真实地欣赏展品，如图4-33所示。

图4-33 上海纺织服饰虚拟博物馆展示

（三）服饰博物馆交互式展示的手段

服饰博物馆为了适应时代潮流，凸显自身特色，在展示设计方面必须有所突破，这样其才能屹立于现代化博物馆之列，才能更好地做好服饰文化遗产的保护与弘扬。研究团队结合对服饰博物馆展示设计的实地调研，展望了交互式服饰博物馆未来的展示手段。

1. 展示设计更加人性化

在未来的服饰博物馆展示设计中，为人服务、以人为本的理念应引入展示设计之中，展示形式、展示环境的创造更要考虑参观者的生理、心理、情感、精神的需要。根据参观者需要设计展厅的展示形式，比如江南大学民间服饰传习馆收集的都是汉民族的一些服饰与生产工具，可以在展示设计的时候置入汉民族在各种节日穿着民族服饰的专题影片；根据不同地区服饰与民俗的不同设计与之对应的场景。灯光的运用也要有所讲究，尽量模拟出大自然的光照效果，这样才能更好地衬托出汉民族民间服饰的靓丽色彩与纹案之美。

2. 展示方式更具开放性

展示方式开放性主要体现在参观者的参与度上，服饰博物馆不仅面向社会，更多的是面向服饰专业领域的专家和学生，为了满足其对民族服饰文化的专业需求，必须加强展示设计的“全接触、全体验”的特色功能。无论是实体展示设计还是数字化展示设计，都须加强参观者的体验感受。“体验”式展示形式符合高校服饰博物馆展示的发展需要，可以丰富服饰博物馆的展示形式，加强参观者与展示信息之间的沟通，激发参观者的参与与兴趣，并为其带来新的发展模式[1]。例如可以制作一些民族服饰的仿制品，让参观者亲身体会民族服饰的穿着效果，还可以对馆内的一些简单服饰品进行DIY，让参观者对服饰的制作流程有所了解。

3. 展示形式更具多样化

多样化的展示形式才能满足现代参观者的个性化需求，实体展示与数字化

---

[1] 郭盈．服饰博物馆体验式展示形式研究［D］．天津：天津工业大学，2009．

展示有机结合，才能实现其效果。而且，服饰博物馆是文化校园建设的重要组成部分，怎样更好地吸引更多的参观者来学校参观学习，展示设计的形式显得尤为重要。例如，北京服装学院民族服饰博物馆是集收藏、展示、科研、教学为一体的文化研究机构，该馆所面对的参观对象受教育程度与年龄层等有所差异。在该馆的展示设计之中，可以根据不同展厅的需要，设计出参观者普遍乐于接受的现代化展示形式，可以虚拟搭建出体现苗族风情的主题展馆以及其他少数民族的服饰展厅，配以与场景相得益彰的民族音乐与视频或动画，达到“身临其境”的效果。直接而且有趣，既能满足专业人士的需要又能解决普通参观者的参观之需。

4．信息载体更加丰富

现阶段，多媒体影像、数码技术、光电感应技术以及虚拟模拟等技术都可以运用到服饰博物馆的展示设计之中，随着科学技术的发展，将会有更多的展示信息载体和手段被运用到服饰博物馆的展示设计中来。多媒体技术的运用带来了服饰博物馆展示设计的变革，虚拟博物馆、3D影像及4D影院等展示形式将会给参观者带来更加真实、更加刺激的“交互”感受，提高参观者的参观兴趣。但是，我们要“虚拟”与“现实”相结合，尊重藏品实物和史料数据，遵循服饰博物馆的展示定位与宣传目标，使虚拟出来的场景为藏品更好地展示服务，避免本末倒置[1]。

对于服饰博物馆展示设计的探索，有利于我国民族服饰文化走出深闺，焕发独特的魅力与光彩。服饰博物馆展示设计应服务于传统服饰藏品的特色，因此，需根据藏品自身的特点将实体展示与数字化展示设计有机结合，使之相辅相成，唤起观者对传统服饰文化的主动体验与积极认同，从而充分发挥服饰博物馆的社会教育及文化传播的作用，承担起中华服饰文化遗产的保护和传承的重任。

第三节　基于现代技术手段的保护与传承

科技的进步为传统服饰文化的保护与传承提供了强大的技术支持与保障。一方面，传统服饰文化遗产实体资源受到历史变迁、自然或人为因素破坏的影响，面临毁坏和消失的危险，迫切需要利用现代先进技术对文化遗产进行保

---

[1] 沈业成．虚拟现实技术在博物馆的展陈中［N］．中国文物报，2013-07-10．

护。另一方面，传统服饰中所蕴藏的能够“活态”传承的资源也急需更加客观的方式提取转化。通过现代技术的手段能够将过去从社会科学角度感性的对传统服饰要素的提取上升为实证化、理性化的提取，从而更加精确地展现传统服饰丰富的艺术特征、文化表象和美学思想。因此，现代技术是传统服饰文化保护与传承的必要手段。

以传统服饰实物的色彩提取转化为例。色彩是传统服饰文化体系中最为典型的文化资源，对于传统服饰色彩客观、准确的提取，不仅有助于提升服饰遗产保护中色彩信息收录的准确性与规范性，也有助于“以史鉴今”，为民族化、本土化的设计创新提供真实的参考依据。然而，以往对传统服饰实物色彩的辨别，多依赖于肉眼识别，这种方法受到操作环境与操作者生理、心理等因素的影响，准确性难以保障。基于此，研究团队近年来对运用现代技术提取服饰色彩的方法进行了研究，如李俞霏、梁惠娥等曾发表的文章《基于HSV颜色模型的明清衍圣公赐服色彩研究》，邢乐曾发表的文章《传统服饰云肩实物图像主色的智能检测》，均深入探索了如何通过现代测色技术更加精准地对传统服饰中的色彩进行智能提取，并在此基础上客观、充分地挖掘出传统色彩的艺术魅力。

一、传统服饰色彩的智能提取——以明清衍圣公赐服为例

明清衍圣公赐服作为中国古代服饰的典范，其服饰色彩中蕴含着独特的物质属性和精神文化内涵，是中国古代服饰政治思维、等级观念和时代审美的有力呈现。研究团队整理出山东曲阜衍圣公府馆藏的明代衍圣公赐服蟒袍2件（图4-34），分别是彩绣织金蟒袍、蓝罗金绣蟒袍；清代衍圣公赐服蟒袍2件（图4-35），分别是蓝缎织金蟒袍、紫绸蟒袍。根据研究需要，选取每件三种及以上有彩色蟒袍作为研究对象。通过HSV颜色模型对不同时代赐服的色彩特征及差异性进行分析，进而以科学的角度思考明清服饰色彩的审美思想及文化意蕴，从而为中国古代服饰色彩研究提供一定的参考。

（a）彩绣织金蟒袍

（b）蓝罗金绣蟒袍

图4-34　明代衍圣公蟒袍

（a）蓝缎织金蟒袍

（b）紫绸蟒袍

图4-35　清代衍圣公蟒袍

（一）HSV色彩模型简介

HSV（Hue-Saturation-Value）是根据颜色的直观特性由A．R．Smith在1978年创建，用倒锥体模型表示的颜色空间[1]。HSV颜色空间将色彩的三属性，色相（Hue）、饱和度（Saturation）和明度（Value），用倒圆锥体来表示（图4-36）。其中色相*H*表示不同的色彩，它沿着顺时针方向（0～360°）进行环形变化，0°对应的是红色，60°对应的为最暖色黄色，180°对应的为青色，240°对应的为最冷色蓝色，360°对应的为红色。饱和度*S*沿横轴中心向边缘变化，圆心处为0，边缘饱和度最大为100%。明度*V*沿纵轴变化，轴线从底部到顶部呈现由黑到白（0～100%）的明度递增[2]。

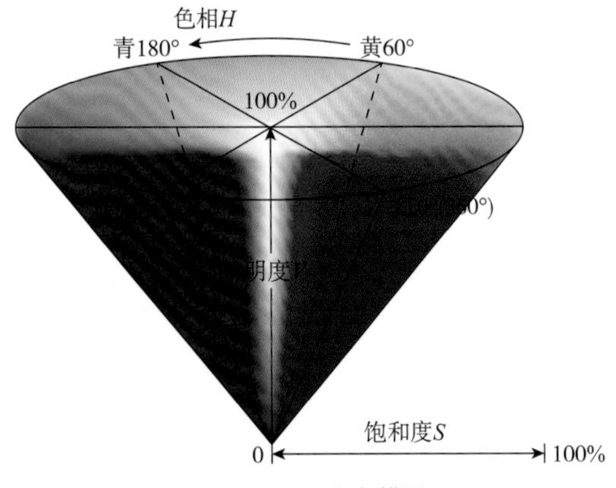

图4-36　HSV颜色模型

[1] SMITH A R. Color Gamut Transform Pairs［J］. ACM Siggraph Computer Graphics, 1978, 12（3）: 12-19.

[2] 马玲，张晓辉．HSV 颜色空间的饱和度与明度关系模型［J］．计算机辅助设计与图形学学报，2014，26（8）：1273-1278.

根据研究需要，本文将HSV颜色模型色相环细分为12等分度进行取值，即在原有6种基本色（红、黄、绿、青、蓝、品红）基础上，分割出6种中间色（橙、黄绿、青绿、蓝青、紫、紫红），见表4-2[1]。同时，将饱和度、明度数值按人的视觉差异进行平均划分，见表4-3、表4-4。

表4-2 色相区域划分

色相	数值（°）	色相	数值（°）
红	0～15；346～360	青	166～195
橙	16～45	蓝	196～225
黄	46～75	蓝	226～255
黄绿	76～105	紫	256～285
绿	106～135	品红	286～315
青绿	136～165	紫红	316～345

表4-3 饱和度区域划分

饱和度	数值（%）
低饱和度	0～33
中饱和度	34～66
高饱和度	67～100

表4-4 明度区域划分

明度	数值（%）
低明度	0～33
中明度	34～66
高明度	67～100

（二）明代衍圣公蟒袍色彩提取

通过对两件蟒袍进行色彩提取，运用HSV颜色模型对色彩数值进行标注，结果如图4-37所示。

[1] 沈天琦，梁惠娥．基于HSV颜色模型下近代江南、闽南地区民间女性服饰色彩差异分析［J］．北京服装学院学报：自然科学版，2017，37（2）：15-24．

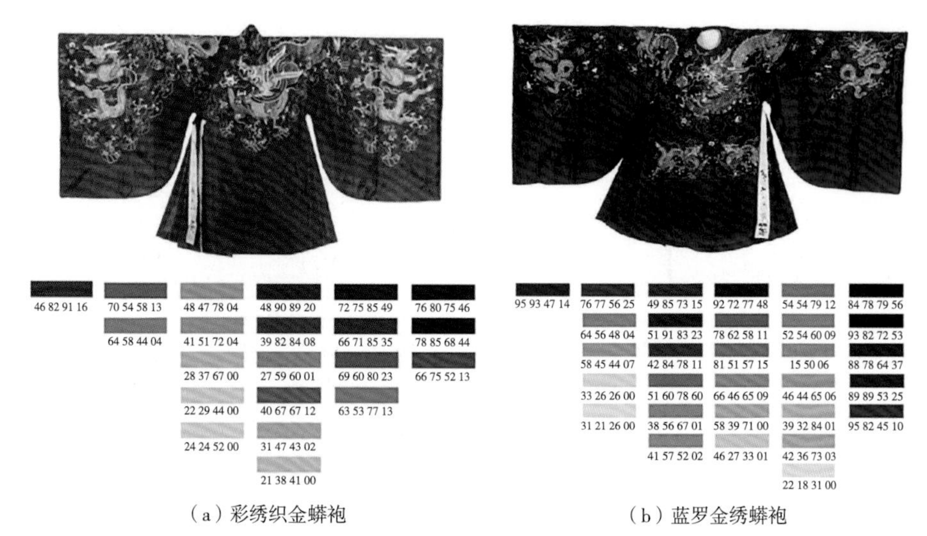

（a）彩绣织金蟒袍　　（b）蓝罗金绣蟒袍

图4-37　明代衍圣公蟒袍主要用色（HSV数据采集示意）

将明代衍圣公蟒袍的测色数据进行色相区域划分，生成色相构成分布，如图4-38所示。

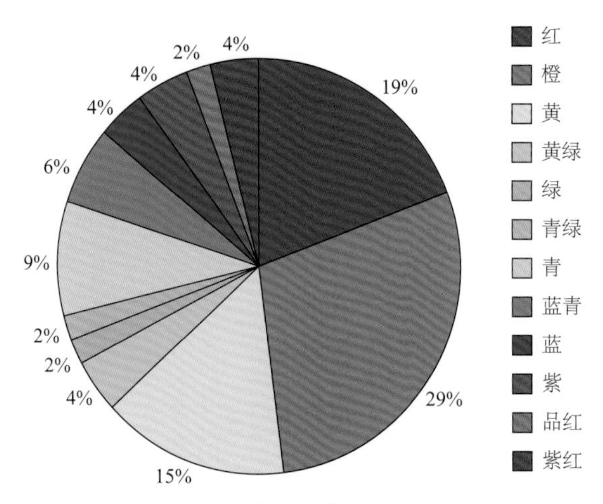

图4-38　明代衍圣公蟒袍色相构成分布

（三）清代衍圣公蟒袍色彩提取

通过对两件蟒袍进行色彩提取，运用HSV颜色模型对色彩数值进行标注，结果如图4-39所示。

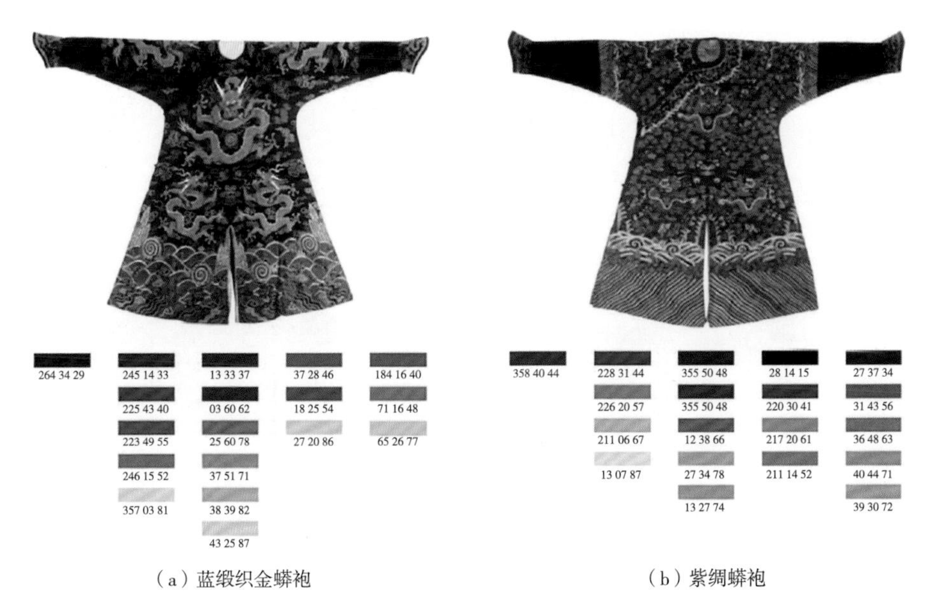

（a）蓝缎织金蟒袍　　（b）紫绸蟒袍

图4-39　清代衍圣公蟒袍主要用色（HSV数据采集示意）

将清代衍圣公蟒袍的测色数据进行色相区域划分，生成色相构成分布，如图4-40所示。

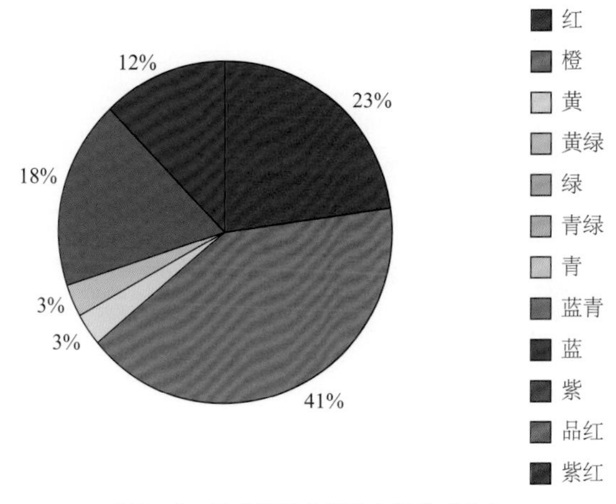

图4-40　清代衍圣公蟒袍色相构成分布

（四）基于色彩提取的明清衍圣公蟒袍色彩差异辨析

将明代和清代的衍圣公蟒袍主要色彩以色块的形式进行提取，植入色环模型及饱和度明度模型进一步分析明清时期衍圣公蟒袍的色彩差异。

色环模型主要针对服饰色相进行分析。根据袍服在HSV颜色模型中的H值、S值，将主要色彩以色块形式植入色环模型中，如H为0值位于色环右侧居中位置，并随顺时针增大；饱和度为0值位于色环圆心，饱和度增大，半径随之增大，如图4-41所示。饱和度、明度模型主要用于呈现蟒袍的色彩饱和度和明度。横轴表示饱和度，原点至右端数值依次增大，色彩越饱和；纵轴表示明度，原点向上数值依次增大，明度越高，如图4-42所示。

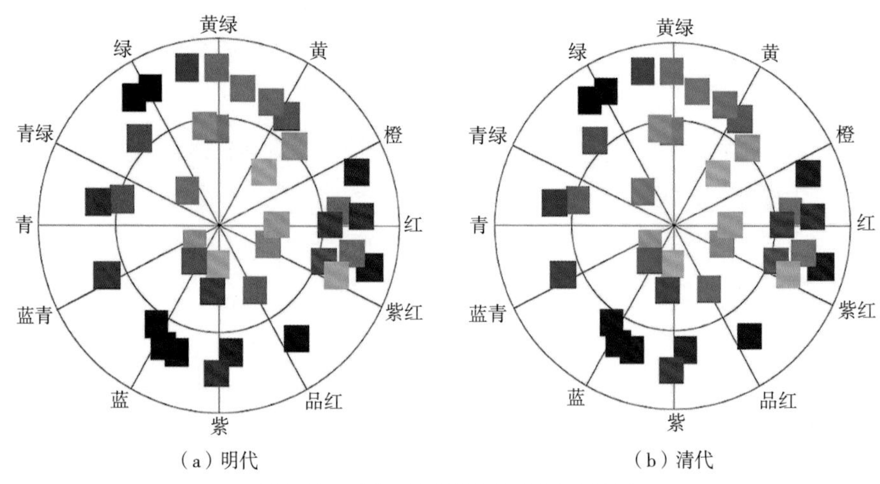

图4-41 明代、清代衍圣公蟒袍色环模型

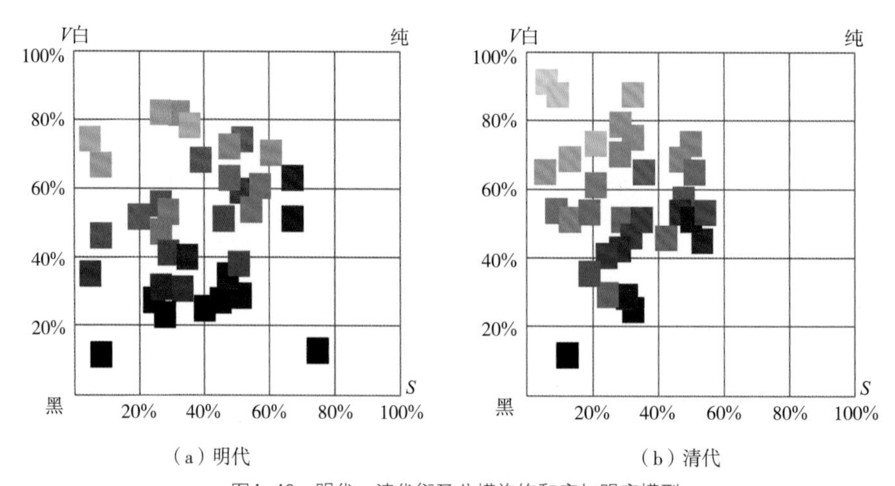

图4-42 明代、清代衍圣公蟒袍饱和度与明度模型

通过数据分析可知，在色相运用方面，明代衍圣公蟒袍色彩色相丰富，均为正色，涉及黄色、红色、蓝色等，以红色的使用率最高。这与《明史·舆服志》记载“明代取法周、汉、唐、宋，服色所尚，于赤为宜”相一致。清代衍圣公蟒袍色彩在色相方面较多集中在黄色、紫红、青色、蓝色，色彩的丰富程度比明代稍有逊色，正色间色均有使用。

在饱和度、明度方面，明代蟒袍色彩以中饱和度、中明度色彩为主，在蟒袍的底色当中多有呈现。饱和度集中在30%~50%，明度集中在50%~75%。而在袍服的纹样色彩中，高饱和度的间色多有出现，如蟒纹、花卉枝叶等主图案之外的祥云、植物等处，或者以合股彩线形式运用于纹样局部的点缀，丰富图案色彩的搭配，使得纹样色彩之间、纹样色与底色之间均呈现对比搭配的色彩特征。清代衍圣公蟒袍以中低纯度、中高明度的色彩为主，饱和度在20%~50%，明度在45%~80%，在图案的配色方面，多选用高饱和色与中性色搭配，色彩之间的分割疏密得宜，繁简相适；高明度的使用要比明代强烈许多。尤其清代衍圣公蟒袍多采用妆花、缂丝和刺绣技法且大量使用金线，色彩明亮、个性张扬。纹样承袭明代的同时又具有满族自身的民族特点，因此海水江崖纹、祥云八宝纹等纹样的铺陈发展到前所未有的丰富程度。

由此可见，明代衍圣公蟒袍恪守儒家色彩观，将象征东南西北的五色（青、赤、黄、白、黑）作为正色，把五色相生相克而来的绀、红、缥、紫、流黄作为间色。正色为尊，间色为卑，上尊下卑，选配相应的官位等级色彩，具有鲜明的标识性[1]。因此，赐服色彩中也同样蕴含着强烈的政治意义和丰富的文化内涵，尊卑观念表现得十分鲜明。同时，明代处于中国封建社会后期，其经济的繁荣和发展，导致衍圣公蟒袍赐服在审美方面呈现出繁丽华美的特点，更加趋向于表现太平和吉祥[2]。因此，服饰色彩在遵循五行五色审美思想的同时也盛行饱和艳丽之色，也是明代从统治者到士庶百姓都崇尚和认同的审美价值观。清代衍圣公蟒袍色彩在明代基础上，融合北方游牧民族壮美的色彩及织金技艺于其中，形成对比强烈、色彩繁多、格局规整、配色浓重、金彩辉煌的特点。在袍服图案色彩的运用中，采用上下平衡、左右平衡、前后平衡的布局，图案的题材与布局相互呼应，避免了只有“变”而显得杂乱无章，和仅有“贯”而显得重复单一的局面，二者融会贯通，形成了清代赐服独有的富丽绚烂、以华为美的色彩审美特征。

以上研究借助HSV颜色模型对传统衍圣公蟒袍色彩进行系统分析，总结对比了不同朝代衍圣公蟒袍在色相、饱和度、明度方面的特点及差异，客观地佐证了明清时期衍圣公蟒袍色彩在各自时代基础上鼎革损益，不仅继承了传统赐服的端庄典雅、雍容华贵，也有选择地汲取了其他民族服饰色彩的特点，最终形成自己的特色，成为古代华夏服饰艺术的典范。

---

[1] 乔杰，巨德辉．浅谈春秋战国儒家、道家色彩观［J］．艺术与设计（理论），2007（11）：19-21．

[2] 王熹．明代庶民服饰研究［J］．明史研究，2007（8）：87-131．

二、服饰配件色彩的智能检测——以传统云肩为例

为解决获取传统服饰实物图像色彩耗时又缺乏准确性这一问题，以色彩种类丰富、具有民间服饰代表性的云肩为例，借助Mean-shift聚类算法提出一种服饰图像主色智能检测与提取方法，期望为不同类别的服饰实物图像色彩识别与分类提供指导。

（一）云肩色彩构成

云肩是披挂在人体肩部兼具审美与实用功能的典型汉族民间服饰品，最早出现在隋唐五代时期石刻宗教人物形象中，为仙人佩戴或舞女乐伶表现柔美仙化的舞姿穿着[1]。宋至明清很长的历史时期内，云肩多为宫廷和贵族妇女的礼服。清末，云肩由宫廷拓展到民间，成为汉族女性婚礼、宴会、祭祀等场合约定俗成的礼仪服饰[2]。因此，云肩相比其他传统民间服饰品装饰精美，色彩丰富，以此为例研究传统服饰实物图像色彩检测具有代表性。

已有研究[3]将云肩色彩归纳为三种（图4-43），即主色、辅色及装饰色。一般来说，主色是指云肩的主体颜色，是指抛开装饰以外的面料底色。辅色即辅助用色，多指为满足服饰整体与局部造型需求，贴边、镶边、绲边等工艺的色彩，多为具有调和作用的黑、蓝、金、银等色，对云肩整体色彩视觉属性影响不显著；装饰用色是指云肩中刺绣图案、流苏等装饰物的色彩，细碎烦琐，块面比例较少。因此，本文主要探讨对云肩主色即绣片底色的智能提取。

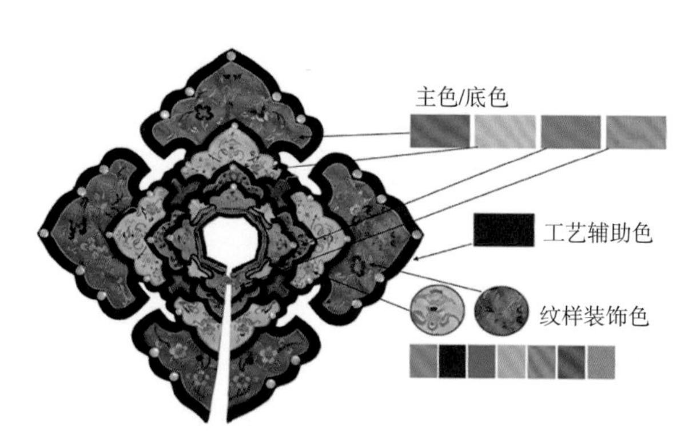

图4-43　传统服饰云肩色彩分类举例

❶ 薛再年，王闪闪，崔荣荣．鲁南民间云肩及其制作技艺探究［J］．纺织学报，2013，34（3）：109-115．

❷ 邢乐，梁惠娥，刘水．民间服饰云肩中人物纹样的语义考析［J］．艺术设计研究，2015，24（1）：54-60．

❸ 梁惠娥，邢乐．中国最美云肩情思回味之文化［M］．郑州：河南文艺出版社，2013：143-144．

（二）云肩色彩智能检测实验步骤

首先，通过单镜头反光相机获取云肩实物图像；其次，利用中值滤波法对子图像中R、G、B三个颜色通道进行去噪处理；第三，对滤波后的图像重建，将图像色彩由RGB颜色空间转换为CIE L*a*b*颜色空间；第四，采用大津图像阈值分割算法将云肩实物从背景中分割出来；第五，对云肩图像色彩像素进行Mean-shift聚类分析；最后，根据手动输入的聚类阈值，从图像聚类分析结果中提取服饰主色（图4-44）。

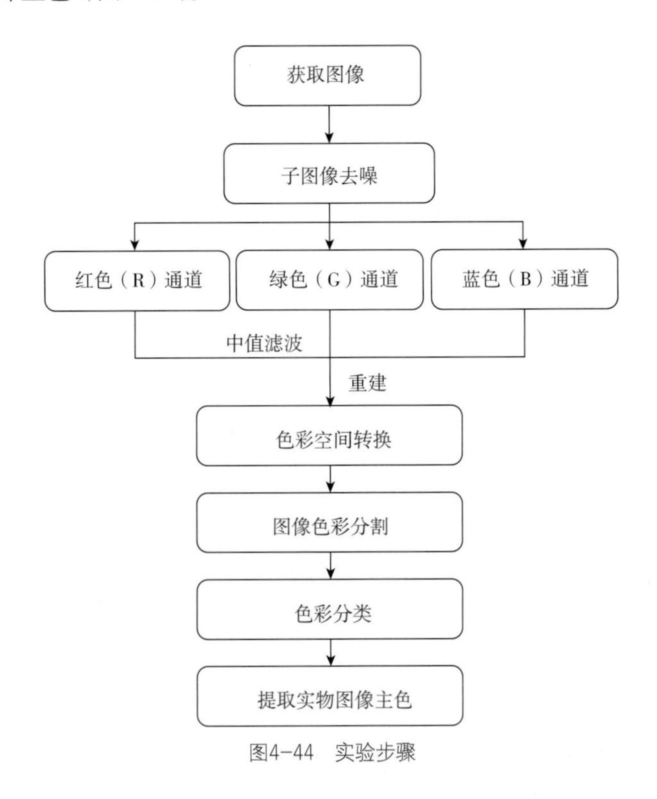

图4-44　实验步骤

1. 获取图像

由于云肩实物尺寸较大，因此在统一背景颜色[L，a，b]=[20，-0.8，-2.4]下，选用佳能EOS500D数码相机获取云肩图像。如图4-45所示，为获取的尺寸为1991×2010像素的云肩原始图像，采用双线性插值法[1]对该图像进行材质影像插补处理。双线性插值法适用于背景与实物分明的静态图像，不仅不会对云肩主色提取造成负面影响，并能够有效减少计算时间，输出图像的每个像素都

[1] KIRKLAND E.J.Advanced Computing in Electron Microscopy［M］. Berlin: Springer, 2010: 261-263.

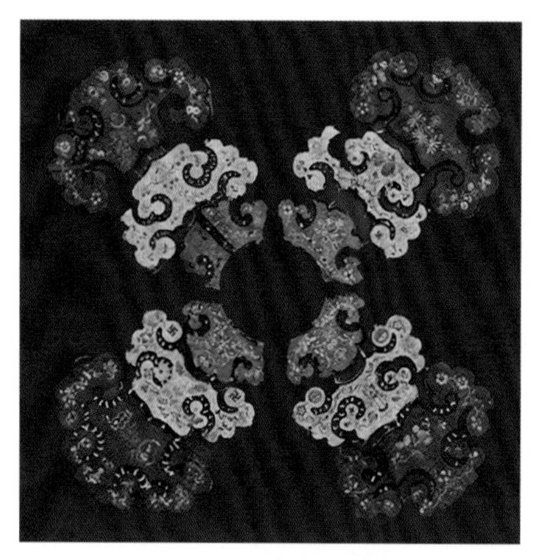

图4-45　云肩原始图像

是原图中四个像素（2×2）运算的结果，放大后的图像质量较高。

2. 子图像去噪

为了消除云肩实物图像中因穿着产生的污渍，利用中值滤波器消除图像噪声，提高图像质量和颜色分离精度。中值滤波法（Median filtering method）的基本原理即取数字图像中任意一点的像素值，并与邻域内像素点依次比对，判断该像素点能否代表周围环境，与周围像素点灰度差值较大的点改取该点邻域内各点的中值，从而消除孤立的噪声点[1]。其核心是：在定义的邻域范围即窗口内对样本取中值，窗口的大小是影响图像品质的重要因素。如图4-46所示，以5×5的像素窗口通过子图像的R、G、B三个颜色通道，对举例云肩图4-45实物图像进行中值滤波处理，消除了云肩表面污渍以及松散的边缘线，有效地保留了图像的颜色信息。

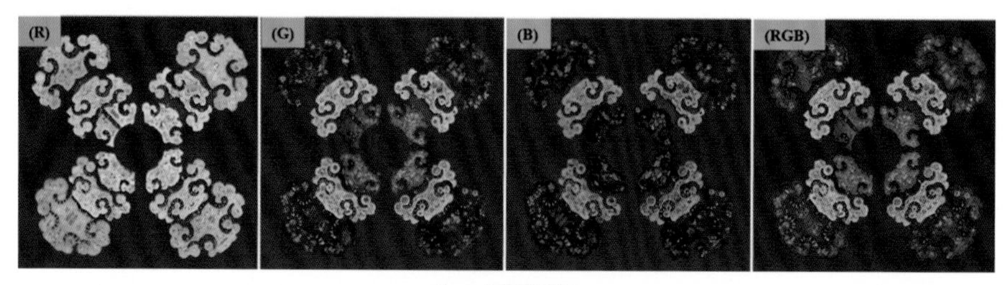

（a）原始图像

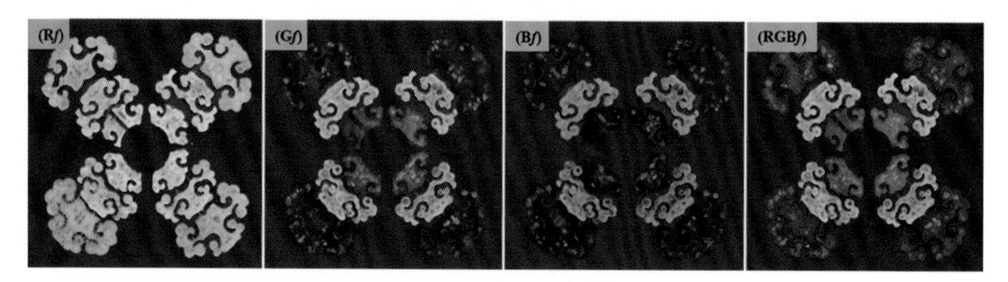

（b）中值滤波处理后图像

图4-46　云肩原始图像及中值滤波处理后图像对比

[1] BROWNRIGG D.The weighted median filter[J]. Communication Association Computer Machine, 1984, 27(8): 807-818.

3. 色彩空间转换与图像色彩分割

由R、G、B三个分量描述的非均匀线性RGB颜色空间，分量之间的相关度很高，单一分量不能明确色彩信息[1]。相比之下，在CIE L*a*b*颜色空间中，两点间的欧氏距离（Euclidean metric）与人视觉颜色的区别度以及实物颜色感知一致性较高，在模型分割中便于通过高斯函数的变化度量颜色质地的变化[2]。因此，本文采用借助CIEXYZ颜色空间实现中值滤波后图像由RGB向CIE L*a*b*颜色空间的转化，并将统一的图像背景删除，提取出云肩主体做进一步检测。

云肩图像分割由以下两个步骤组成。首先，在CIE L*a*b*颜色空间中，通过计算得出背景与云肩主体颜色间的欧氏距离d，如图4-47（a）所示，颜色由蓝到黄的改变值d越来越大，背景的L*a*b*值与输入值越来越接近，背景与云肩主体的L*a*b*值反差增大。其次，采用大津阈值分割算法[3]，以背景与主体图像的距离为依据决定图像自动分割的阈值，如图4-47（b）所示，白色像素点为云肩主体物，黑色像素点为图像背景。

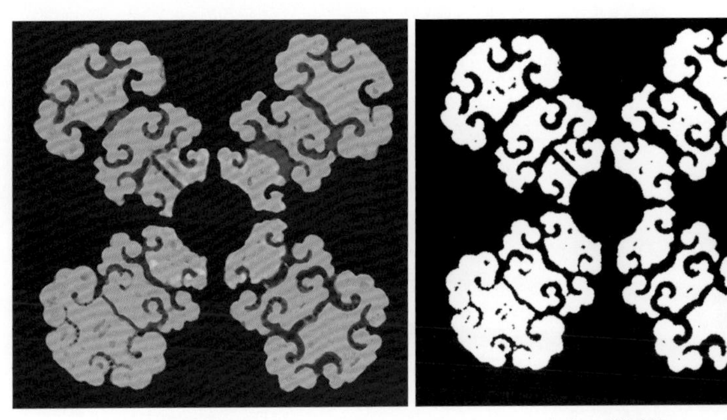

（a）欧氏距离转化图　　（b）二值图像

图4-47　分割图像

4. 颜色分类

Mean-shift是一种非参数核密度估计的迭代算法，由Comaniciu等人[4]提出，

---

❶ 卢雨正，高卫东．基于图像分割的拼色纺织品分色算法［J］．纺织学报，2012，33（9）：55-60.

❷ PAN R R, GAO, W D,LIU J H. Automatic Detection of the Layout of Color Yarns for Yarn-Dyed Fabric via a FCM Algorithm, 2010, 80（12）: 1222-1231.

❸ HAN Y,FENG X,BACIU G.Variational and PCA Based Natural Image Segmentation［J］. Pattern Recognition, 2013, 46（7）: 1971 - 1984.

❹ COMANICIU D,MEER P. Mean Shift:A Robust Approach toward Feature Space Analysis［J］. IEEE Trans Pattern Anal Mach Intell; 2002, 24: 603 - 619.

最初是指偏移的均值向量，其核心是对特征空间的样本点进行聚类。Mean-shift算法计算量小、模型简单、易于实时跟踪，且能够保留图像显著特征，近年来广泛应用于图像分割、图像滤波等计算机视觉领域。

在CIE L*a*b*颜色空间中，通过Mean-shift聚类算法对主体物云肩的像素点进行分类，其图像颜色包含主色、辅色以及纹样装饰用色被自动分割，并从聚类结果中将云肩主色提取出来。研究表明：在Mean-shift迭代过程中，带宽h是非常重要的参数，它决定图像分割的速度和质量[1]。实验带宽被设置为0.05，图像颜色聚类结果如图4-48（a）所示，图4-48（b）为云肩图像颜色聚类结果在RGB颜色空间中的显示。

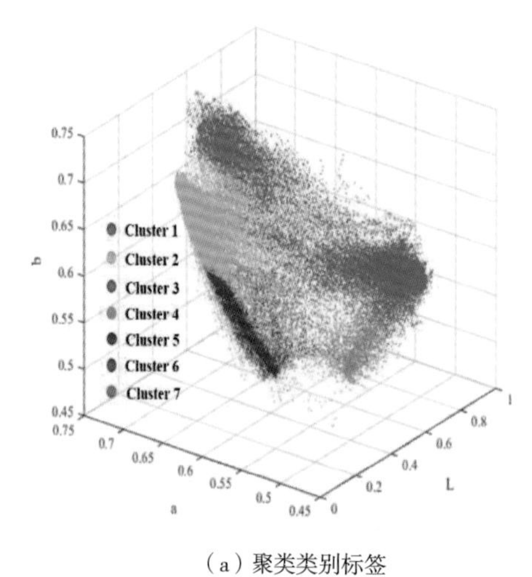

（a）聚类类别标签

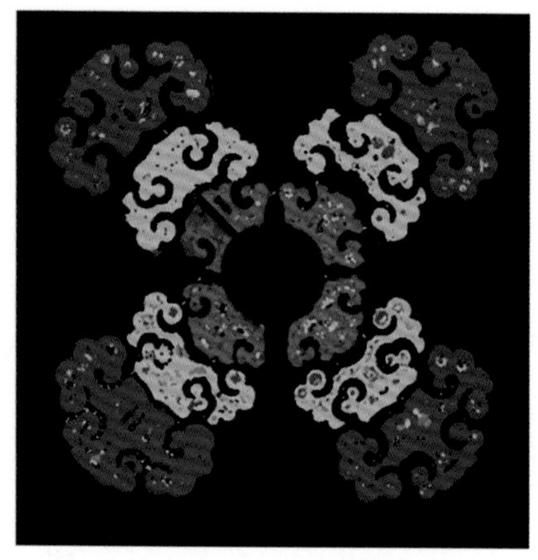
（b）云肩图像的聚类结果

图4-48 Mean-shift聚类计算结果

5. 提取实物图像主色

云肩图像的主体颜色可通过每一个颜色分类的像素数量决定。提取主色时需要输入云肩图像主色的数量N，像素数量最多的颜色将被从颜色集群中选择出来。如图4-49所示为云肩（图4-45）图像的主色。

（三）云肩色彩智能检测实验结果分析

参数一，中值滤波窗口尺寸的选择。

为了获得最佳的图像滤波效果，研究团队选取了3×3、5×5和7×7三个不同像素尺寸的中值滤波窗口进行测试。如图4-50所示为相同带宽不同尺寸滤

---

❶ BROWNRIGG D. The weighted median filter［J］. Communication Association Computer Machine, 1984, 27（8）: 807-818.

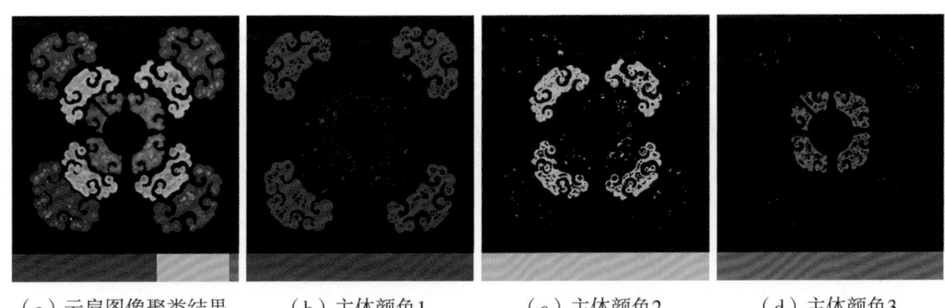

（a）云肩图像聚类结果　（b）主体颜色1　（c）主体颜色2　（d）主体颜色3

图4-49　云肩（图4-45）主体颜色

波窗口下的图像过滤、分割和聚类结果。实验表明：不同尺寸的滤波窗口条件下，呈现不同的图像滤波效果；在图像分割结果中，离散像素点会随着滤波窗口尺寸的增大而减少，但颜色集群的数量随之减少。因此，为了减少图像分割结果中离散像素点的数量，同时保留颜色集群数量不变，设定滤波窗口尺寸k=5，进行云肩实物图像过滤。

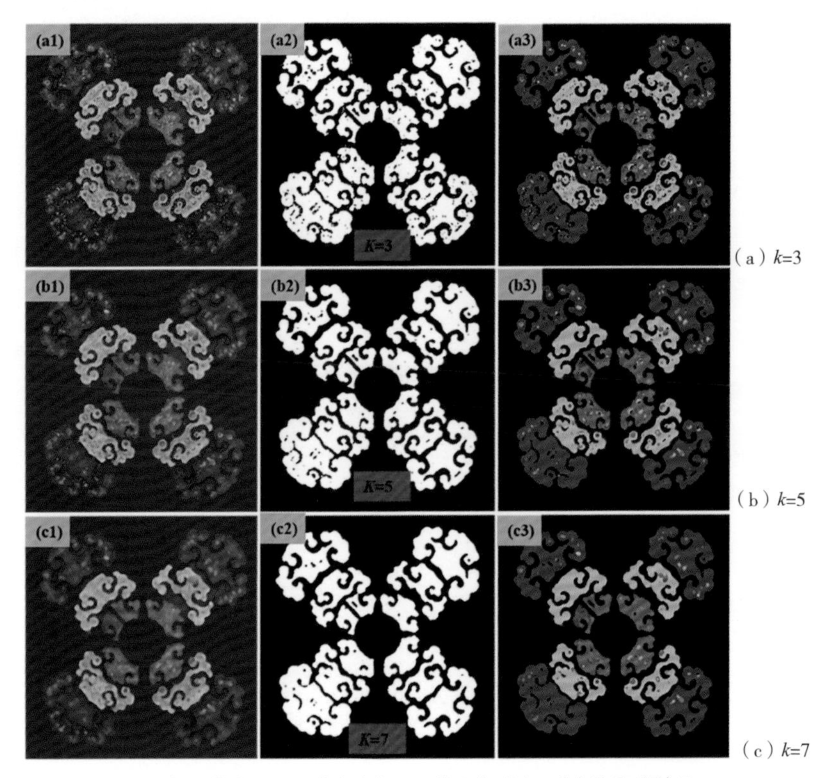

（a）k=3

（b）k=5

（c）k=7

图4-50　相同带宽不同尺寸滤波窗口下的图像过滤、分割和聚类效果

参数二，带宽h对Mean-shift聚类的影响。

带宽h是Mean-shift聚类算法非常重要的参数，影响聚类分析的精准度与计算时间。为了获取最佳的颜色聚类效果，研究团队选取不同的带宽值对云肩图像主色提取进行了测试。将被测试云肩实物图像的93200个像素点输入Mean-shift聚类算法中，采用色差公式CMC（1∶*c*）[1]评估智能和实物比对获取的云肩图像主色的差异，色差均值Δ*E*[2]为在均匀的颜色感觉空间中人眼感觉色差的测试单位。不同带宽参数设定下，CMC（2∶1）色差均值（Δ*E*）、颜色聚类数量及计算时间结果如表4–5所示。

由表4–5可知：（1）计算时间随着带宽*h*的线性增加逐渐减少，当*h*>0.07时，颜色集群数量低于3。当*h*=0.01时，计算时间较长，因此，带宽*h*应设置在0.02~0.08。（2）随着带宽*h*的线性增加，三个主色的色差均值Δ*E*首先不断增加后又逐渐降低。（3）色差均值Δ*E*与颜色相似性之间呈现反比例关系，Δ*E*值越小，两个颜色间的相似性就越高。为了进一步确保获取最优值，通过*h*=0.04，0.05，0.07计算Δ*E*和值，计算结果分别为1.86、1.6、2.28。由此可见，当*h*=0.05时，Δ*E*和值最小。因此，本实验设定带宽*h*=0.05进行云肩颜色聚类分析。

表4–5　不同带宽下色差值和计算时间

带宽（*h*）	主色色差均值（Δ*E*）			聚类数量	计算时间（s）
	1	2	3		
0.01	1.35	45.19	31.03	2195	197.86
0.02	1.35	1.38	0.51	156	59.88
0.03	1.11	0.84	0.60	26	22.83
0.04	0.87	0.55	0.44	10	10.11
0.05	0.63	0.47	0.50	7	4.53
0.06	0.39	0.68	0.73	3	2.62
0.07	0.21	0.99	1.08	3	1.84
0.08	0.25	1.29	—	2	1.37
0.09	0.41	1.69	—	2	1.03
0.10	0.58	2.00	—	2	0.83

[1] HEGGIE D, WARDMAN R, LUO M.A Comparison of the Colour Differences Computed using the CIE94, CMC（1∶c）and BFD（1∶c）Formulae［J］. Journal of the Society of Dyers and Colourists, 2008, 112（10）: 264–269.

[2] ASPLAND J R, DUNLAP, K L, DAN R T.Improved Methods for Colour Inventory Management in the Apparel Industry［J］. International Journal of Clothing Science and Technology, 1989, 4（2/3）: 66–70.

续表

带宽（h）	主色色差均值（ΔE）			聚类数量	计算时间（s）
	1	2	3		
0.11	0.77	2.41	—	2	0.69
0.12	1.03	2.88	—	2	0.52

实验探讨了一种有效的从我国传统服饰图像中提取主色的方法。以云肩服饰为例，将单反相机捕捉的实物图像分解为R、G、B三个颜色通道，并分别对三个颜色通道中子图像进行中值滤波去噪处理。而后基于CIE L*a*b*颜色空间，利用数字图像处理与分析技术将云肩实物图像从背景中分离。最后，运用Mean-shift聚类算法将构成云肩图像所有的像素点根据颜色分为几个集群，并从分类结果中提取云肩图像主色。同时，讨论了中值滤波窗口的尺寸k及均值位移算法中带宽h的大小对实验结果的影响。当k=5和h=0.05时，通过该方法从云肩图像中提取的颜色与实物比对获取的颜色最接近。

现代技术的手段促进了传统文化保护与传承的升级，有助于传统服饰文化遗产的保存、展示、研究、创新等新型文化业态的发展。在实际运用中，需与时俱进地选择现代技术，同时也需根据实际情况，以保护传承为目标，统筹安排具体实施举措。在此基础上，还需制定技术使用的相关标准，使得操作和服务更加规范化，从而促进传统服饰文化遗产的可持续发展。

第四节　服饰遗产创新设计应用

“创新设计”是建立传统服饰文化遗产与当代生活之间关联性的重要手段，也是实现服饰文化遗产当代价值转化的重要路径。通过设计创新，能够将传统服饰中所包含的造型、色彩、纹样等外在属性和工艺技法、文化表达、审美意蕴等内在属性演绎为与我们生活息息相关的文化产品，从而实现服饰遗产的有效保护与活态传承。其中，传统服饰纹样是最具传承性的文化资源之一。纹样中所体现的图案形式、风格布局、色彩表达等可以为现代服饰创新带来丰富、直观的参考参照，同时，纹样中所蕴藏的生活情感与民族记忆，也为传统文化与现代生活的良性沟通起到了积极的推动作用。

研究团队多年来对传统服饰纹样开展了一系列的理论研究及设计实践，如吴玥等曾发表的文章《地域差异下传统服饰中童子纹的比较研究及应用》，陈珊、刘荣杰曾发表的文章《清代宫廷服饰中“卐、卍”字纹的布局与审美及其设计应用》，均深入探索了传统服饰纹样中所包含的文化素材、文化符号与其所蕴含的文化精神是如何通过创新设计的手段，与当代服饰品相互关照，最终推进传统纹样在当代社会中的生活化、时尚化和大众化的价值实现。

一、传统服饰中童子纹的创新设计应用

童子纹是指以孩童形象为画面主体，饰以其他图案素材（动植物、器物、其他人物形象等）的装饰纹样[1]。童子纹作为一种传统装饰纹样，是艺术与文化在历史流变中沉淀和累积的智慧结晶（图4-51、图4-52）。其外在具有独特的造型特色，承载着中国传统艺术精神和传统装饰技法的精髓，蕴含着丰富的吉祥文化寓意，既可以满足人们的精神和情感诉求，又能为现代设计的各个行业提供优质的文化素材和表现形式[2]。传统服饰中的童子纹表现题材丰富，展现出孩童喜笑颜开的相貌和可爱顽皮的动态，丰富的构成元素让整体画面极富生活情趣和设计美感。童子纹背后蕴藏大量文化内涵，例如“麒麟送子图”“葫芦生子图”“瓜瓞绵绵”等表现祈求子嗣绵延的情感渴望，“五子夺魁图”“童子持笙图”等寄托祈富求名的心理期盼，“百子图”“五子闹春图”等表达幸福生活的追求。由此可见，童子纹具有的文化意涵和图像表现，提供给

图4-51 “连生贵子”荷包（江南大学民间服饰传习馆）

图4-52 “连生贵子”肚兜（孙中山大元帅府纪念馆）

---

❶ 吴玥，梁惠娥．中国传统服饰中童子纹的研究现状与趋势［J］．服装学报，2020，5（1）：78-83．

❷ 张琳．传统童子纹样在儿童游乐场公共空间中的应用研究［D］．天津：天津工业大学，2018．

现代设计多样化的题材、风格和表现形式。结合现代美学视角在图案设计中“古为今用”，融入时尚流行趋势和消费者审美理念，在保留传统服饰中童子纹美好寓意的前提下，重新演绎与创造新时代的童子纹，产生更多满足大众需求的现代童子纹产品，进一步实现传统文化理念与现代艺术设计的良性互动。另一方面服务于服装或家纺产业，可以丰富人物图案的产品设计，满足当下日益个性化、趣味化的市场需求，带来一定的经济适用价值。由此看来，童子纹具有极高的人文价值、社会价值和艺术价值，其传承和创新是时代发展的趋势。

（一）设计构思

丝巾是现代人们生活经常使用的服饰配件，不仅起到装点美化服饰造型的作用，更是一种展现个人审美情趣、时尚品位的表达方式。在整个丝巾设计中图案可以最直接、最集中地体现其艺术魅力，丝巾佩戴时不同的打结方式带来的图形变化可呈现出不同的视觉效果。如今，人们对于丝巾图案的设计需求逐渐多样化，极具个性意味、装饰情趣和文化内涵的丝巾在激烈的市场竞争中更容易赢得消费者的认同和喜爱。现今市场上的图案风格大致可以分为两种，第一类是传统图形元素，主要使用中国传统图案元素，也有部分运用少数民族文化元素，色彩搭配遵循传统配色规律，注重情感氛围营造；第二类是西方图形元素，图案纹样多是以西方传统纹样为主，色彩搭配上层次丰富，爱马仕丝巾是最著名的西方审美风格的丝巾设计[1]。丝巾设计一般遵循特定的形状和比例尺寸，可以选择长方形（170厘米×50厘米、165厘米×35厘米、140厘米×25厘米），或是正方形（110厘米×110厘米、88厘米×88厘米、52厘米×52厘米）。

丝巾图案以童子纹的方式进行现代设计应用，属于上述所说的第一类风格。两款童子纹主题设计的灵感与构思分别如下：

第一款为“童子秘语”主题丝巾图案设计创作，将目光聚焦到与生命、孩童及祈愿的主题之上。“麒麟送子”“年年有余”“连生贵子”都是三晋地区传统服饰中大众耳熟能详的吉祥图案，从这些具有代表性的童子纹中提取主要图形元素进行二次设计，通过提取整合、分解重构、拼接再创造等艺术创作手法，结合现代设计风格、构成形式和色彩流行，赋予中国传统服饰图案新的生命力。整体画面讲述的故事是一名孩童身骑麒麟，肩扛如意，伴着清晨暖阳，麒麟前脚略微抬起，踩着一个地球仪，象征跨越山川江河，一路上经过无数有

---

[1] 汤洁，胡淑琪，严建云．三江侗族服饰图案的审美形式及现代应用［J］．包装工程，2019，40（4）：277-282．

锦鲤的荷叶池塘，将对下一代美好的祝愿送到每一位平常百姓家中。通过创新设计运用，穿越时空和文化的隔阂，探索属于中国人千百年的关于理解童趣的天真哲学。

第二款为“玩儿趣”主题丝巾图案设计创作，灵感来源于吴越地区传统服饰中“百子图”，童子与吉祥元素构成的每一种纹样组合在百子图中均具有祈吉纳福的美好含义。在物质横流的社会，人们逐渐丢失了最初的童心与本真，孩童天真烂漫的心理和稚趣可爱的相貌成为成年人对于纯真情感的一种向往。本次设计在原有百子图中童子图案组合的基础上，保留部分孩童形象，加入各种玩耍道具的视觉元素，展现孩童嬉戏玩耍的生活场景，富有趣味性和生动性。人们可以在画面中寻找到儿时司空见惯的生活细节，搭建起图案与观者之间的情感桥梁，带来一种耐人寻味的体验。整体画面采用柔和高雅的粉色调，在展现中国传统艺术魅力的同时，表达现代社会对审美理想和品质的追求。

（二）设计方法与思路

本次设计遵循四个步骤，分别为骨架设计、图案素材选择、纹样构成设计、色彩搭配，在设计中注重形、意、神的延展，合理整合童子纹视觉符号组合、空间意向表达、流行色彩应用三者之间的关系。

1．系列名称：童子秘语

“童子秘语”丝巾设计按照现代中型方巾标准，形状为正方形，长宽尺寸为88厘米×88厘米。选择传统“方圆式”骨架设计（图4-53），将视觉焦点设置在图案内部中心处，围绕中心将几种代表性的吉祥纹样进行合理排列，在局

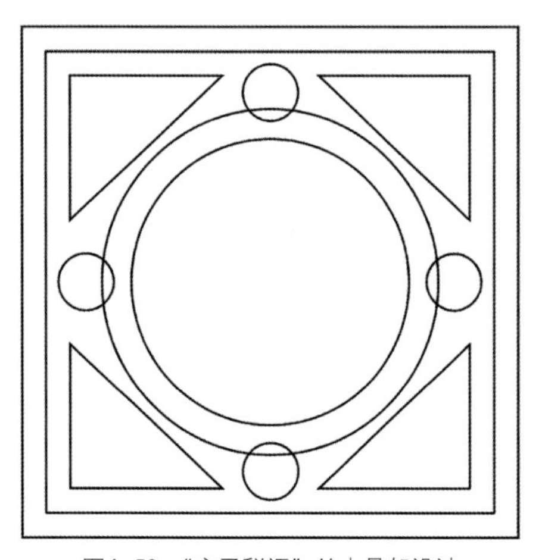

图4-53 “童子秘语”丝巾骨架设计

部对称中寻求画面的均衡感，通过多层级结构的处理，各个元素的穿插和搭配设计，让整体图案具有视觉张力与平衡美感。

素材选择方面，见表4-6，三晋地区传统服饰中童子纹表现最多的题材为“祈子类”，表达祈求子嗣昌盛之意。本次设计以传统服饰中常见的孩童骑麒麟的“麒麟送子”图案为核心元素，配置在画面中心的圆形位置内，圆形区域外侧有“年年有余”“连生贵子”“童子戏虎”图案中主要图形元素，如锦鲤、祥云、太阳、荷花、荷叶和绣球。为满足丝巾的观赏性，在丝巾四个方位的中心点处设计四个太阳元素，上面分别写着“岁”“岁”“平”“安”四个字，传递人们祈吉纳福的吉祥祝福。在传统素材选用的基础上，结合波普艺术风格，适当增加流行艺术元素，如马赛克式方形装饰物、闪烁的火花等，丰富画面层次感，融入大众化、通俗化的趣味，带来轻松愉快的娱乐化氛围。

表4-6 “童子秘语”素材选用及设计

元素名称	实物图例	设计图例
麒麟		
孩童		
如意	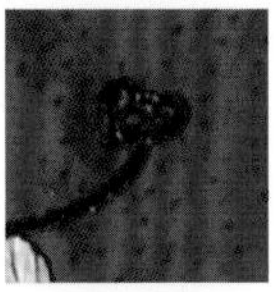	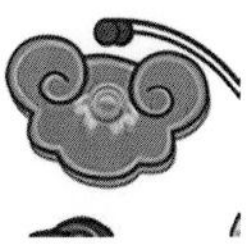
莲花		

续表

元素名称	实物图例	设计图例
太阳		
鱼		

纹样设计方面，首先以传统服饰中麒麟送子图案为主线提取典型元素，分析可知三晋地区传统服饰刺绣上的孩童形象一般身体裸露、穿着肚兜，面部通常省略掉五官的刻画，外形线条描绘较为粗糙，略显笨拙，寥寥几笔带有独具特色的乡土风情，与现代审美风格相比，这样的塑造不足以展现纹样之美。在保留原有纹样特色的基础上，调整孩童和麒麟形象的塑造方式，采用顺滑连续的线条勾勒纹样的外轮廓，突出形态特征。本次设计中孩童注重五官描绘，头戴墨镜，小辫高高翘起，目光炯炯有神，面带微笑，身体局部绘制装饰线条，加强孩童纹样的装饰美感。麒麟微抬额头，目光看向孩童，赋予麒麟人性化的特征，通过现代化风格特色的改良，使两者的结合形式更加适应大众审美。其次，将其他吉祥童子图案中提炼出的荷花、荷叶、鲤鱼、山石元素进行艺术化处理，以平面的形式概括，提取原本的外部轮廓，对过于复杂的内部线条与细节层次进行删减，尽量设计的干净利落，衬托中心处麒麟和孩童的主体图案。对于一些不适合直接应用到丝巾图案设计中的装饰纹样，提前进行艺术化处理，如变形打散、重新组织等，避免与其他图案搭配产生不协调之感。

色彩搭配方面（图4–54），参考三晋地区传统服饰中童子纹的配色特点和规律，主体色调选择紫色和粉红色，给人大气沉稳之感。整件作品用色统一，底色采用深蓝色衬托图案，为符合现代大众对色彩的审美需求，改变原有传统童子纹中红绿、红紫的配色规律，降低色彩的明度与纯度，在紫色和粉红色的基础上，加入小面积蓝色、橘色和绿色进行对比调和。荷花和荷叶为了不喧宾夺主，色彩上有意控制其鲜艳程度，纹样内部选用同类色产生丰富的层次变化，增加画面节奏韵律。

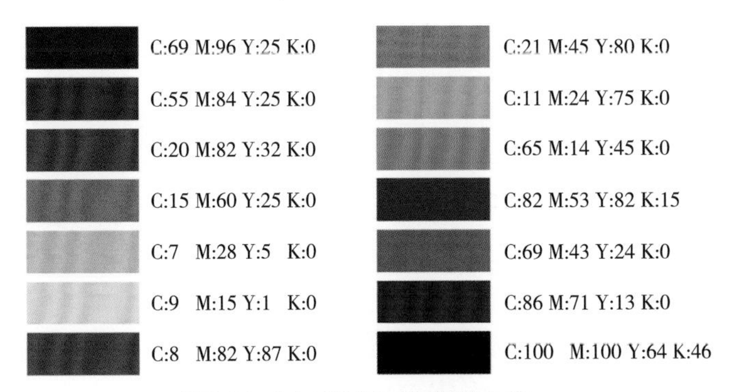

图4-54 “童子秘语”色彩配色示意

2. 系列名称：玩儿趣

“玩儿趣”丝巾设计按照现代中型方巾标准，形状为正方形，长宽尺寸为88厘米×88厘米。采用“分区式”骨架设计（图4-55），以四个大小不一的圆形区域将整个画面区分开来，在每个区域表达不同的创意内容。但每个区域不是孤立地存在，而具有一定的关系连接，这样的配置形式更易取得画面的均衡，给视觉上带来独特感和唯一感。

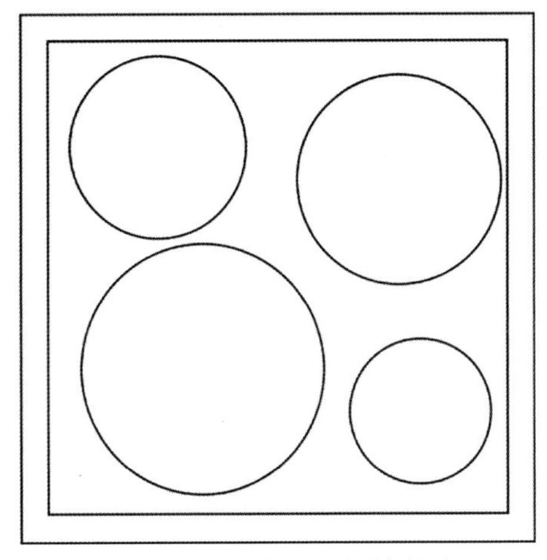

图4-55 “玩儿趣”丝巾骨架设计

素材选择方面，吴越地区传统服饰中童子纹的“祈福类”题材占有极大的比例，重在展现孩童嬉戏玩耍时的场景，营造乐观祥和的生活氛围。见表4-7，本次设计所选用的图案元素来自吴越地区女褂、女衫等传统服饰中的“百子图”纹样，依照孩童的形态表现、遵照面积和题材构成，将原始“百子图”中的图案组合拆分，并从中提取出三组孩童玩耍的动态形象作为本次设计的主要人物素材。其中一组孩童在举鲤鱼灯，寓意鱼跃龙门、年年有余；一组孩童在舞龙，祈求风调雨顺、五谷丰登；一组孩童游戏于庭院中，各享其乐，展现祥和欢乐的氛围。同时选择与孩童生活成长息息相关的玩耍物品，如风筝、风车、陀螺、拨浪鼓、扇子、球类、跳房子、戏水鸭等作为辅助元素。

表4-7 “玩儿趣”素材选用及设计

元素名称	实物图例	设计图例
童子、庭院楼阁		
山石、云水、树木	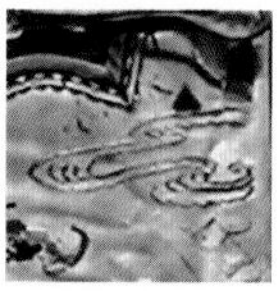	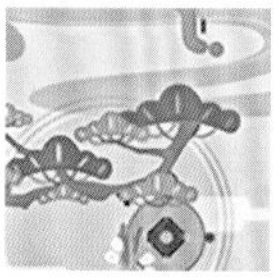
童子、扇子、蝴蝶		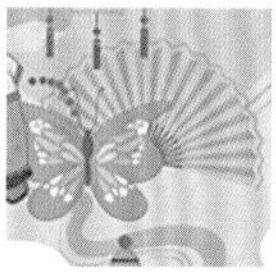
舞龙	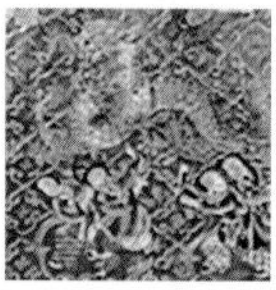	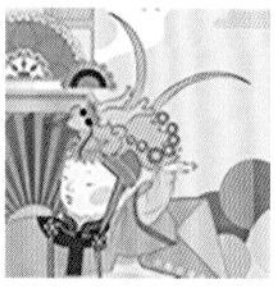
花瓶		
风筝	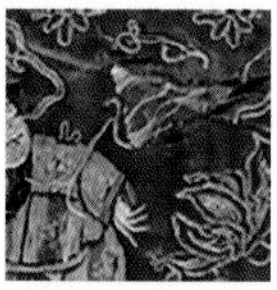	

纹样设计方面，首先，在人物形象的塑造上结合中国绘画白描的线条表现，从王家训先生的童子图作品（图4-56、图4-57）中找寻灵感，使用圆顺的线条勾勒出孩子的娇嫩肌肤和可爱表情，抓住儿童的体貌特征。同时注重孩童头部及其头上配饰的刻画，如捆绑发髻的绳带、虎头帽、龙头帽和瓜皮帽。其次，在人物的组合形式上提炼和筛选三组孩童图案的主要构成元素，对每组孩童的人数适当删减为一个或两个，用于突出画面中心。从局部图案中发现再塑造的可能性，添加或替换某些现代设计元素，依照新的规律重新组合，从而整合成为符合现代设计审美形式规律，并且适用于丝巾图案的独立纹样。例如舞龙主题的童子纹，并没有描画出三五成群的孩童高举龙体的动作，而是选择一个孩童头戴龙头帽，右手高举，模仿舞龙的造型，通过简化凝练的形式语言表达出舞龙的意向。再次，其他装饰元素皆是截取“百子图”图案的某一连续纹样中的片段，如玩耍道具、楼阁秀石、花卉苍松等，这些单独纹样进行抽象简化后再重构组合为三组孩童图案的一部分，整体呈现孩童与各式元素精致满饰的画面，满足观者以繁为美的审美需求，层次分明，疏密有致。

图4-56　王家训童子图（一）❶　　图4-57　王家训童子图（二）❷

色彩搭配方面（图4-58），分析可知吴越地区传统服饰中童子纹用色相对淡雅，明度和纯度较低，因此在设计时，画面色调以淡粉色为主，辅以浅蓝色、淡黄色和浅绿色，底色为淡粉色，给人柔和高雅的视觉感受。整体设色摒弃传统服饰中“百子图”的用色方式，有意降低色彩的对抗，选用的纯度和饱

❶ 雅昌艺术网．王家训国画童子图［EB/OL］. https://gallery. artron. net/w_work_detial. php? ArtWorkId=510267.

❷ 正广文化．由王家训的童子图谈到优秀传统文化对儿童教育的意义［EB/OL］. http://dy. 163. com/v2/article/detail/CB202IFP0514CBT3. html.

和度较低的颜色，如孩童的面部进行留白处理，棕色勾画五官，红色小嘴，衬托出儿童肤色的纯净。服饰则选择不同明度和纯度的黄色系，回避饱和度极高的大红大绿，防止颜色过于鲜艳导致画面的失调。其他图案根据主体人物的配色进行色彩配置，不同色系的混搭保证作品用色的整体性和丰富性。整体用色减少原有“百子图”给人喧闹的视觉效果，更多的是一份悠闲自得和恬静祥和之美，体现人们含蓄内敛的思想情感。

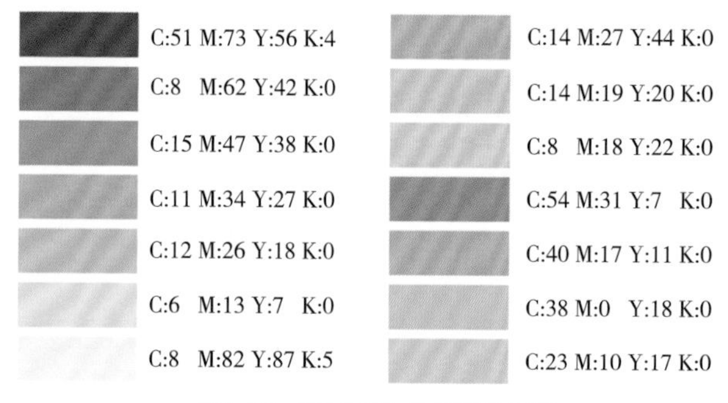

图4-58 “玩儿趣”色彩配色示意

（三）设计效果图及成品展示

第一款“童子秘语”图案设计和丝巾成品展示，如图4-59、图4-60所示。

图4-59 “童子秘语”图案设计

图4-60 “童子秘语”丝巾成品展示

第二款“玩儿趣”图案设计，如图4-61所示，“玩儿趣”丝巾成品展示，如图4-62所示。

图4-61 “玩儿趣”图案设计

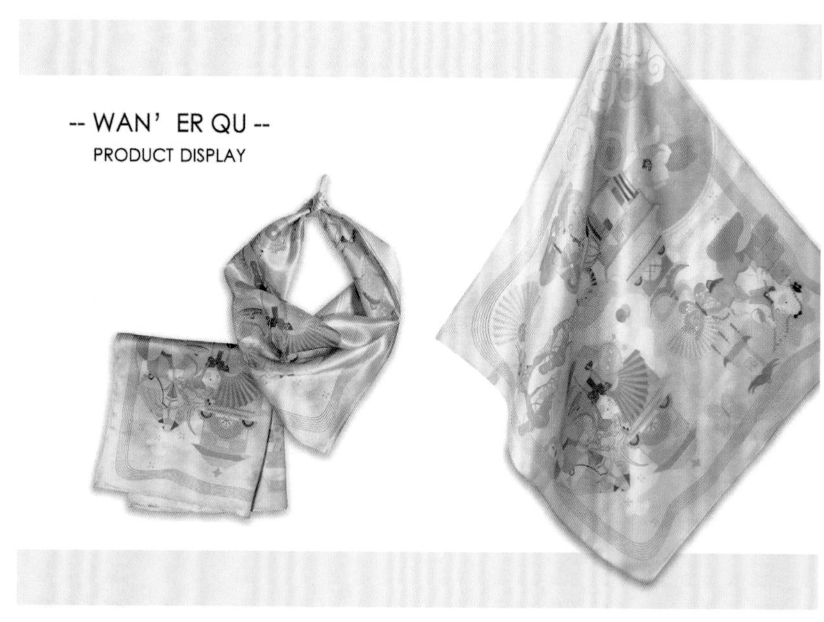

图4-62 “玩儿趣”丝巾成品展示

衍生设计是在原有图案的基础上，通过一定的增加或删减处理，适当调整画面中的元素组成形成的副线产品。在保证主题作品的系列性前提下，将设计的图案与文创产品相结合，创新产品设计语言，促进图案在市场中的流行，有助于传统纹样的文化传承与发展。图4-63和图4-64为“童子秘语”和“玩儿趣”两款图案创意的衍生产品设计。

图4-63 “童子秘语”衍生产品设计

图4-64 “玩儿趣”衍生产品设计

二、清代宫廷服饰中“卐、卍”字纹的创新设计应用

“卐、卍”是一种世界性的符号，同时也为佛教的代表符号之一。“卐”在藏传佛教中被称为“雍仲”，是吉祥的象征❶。随着历史不断的发展和人们对“卐、卍”字纹形态的提炼与演变，“卐、卍”字纹在服饰中呈现出的形态更为多样。清代宫廷服饰中“卐、卍”字纹作为一种常见的服饰文化符号，造型简约、寓意丰富，既有着“四平八稳”的稳定形态特点，又有着循序相生、无穷无尽的吉祥寓意，在服饰纹样中有着较强的代表性与较高的研究价值。其居中、对称、边缘、散点、平铺等的布局形式，为纹样设计与服饰结构的巧妙融合提供了创作灵感与方法；其图像中所具有的变化统一、繁简对比、动静结合的审美特征，在当代服饰设计中同样极具丰富的价值（图4-65～图4-67）。

---

❶ 邓嘉琳．藏族装饰物中的“卐”纹样探析［J］．装饰，2011（10）：108-109．

图4-65 紫色漳绒福寿三多纹夹紧身

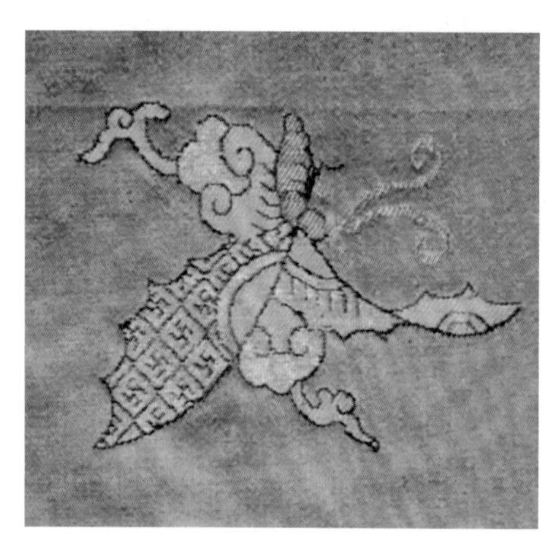
图4-66 “卐”字纹与蝴蝶组合纹样

图4-67 清乾隆缀绣八团夔龙纹

（一）设计构思

在符合历史规律及传统文化的前提下将传统的“卐、卍”字纹运用到现代图案中，力求抓住“卐、卍”字纹的根、不忘“卐、卍”字纹的本，设计符合当代人审美需求的“卐、卍”字纹图案，巧妙地将传统与现代相结合、传承与创新并重，丰富传统元素在当代服装及服饰品中的设计手法，传承与促进“卐、卍”字纹样与当代服装流行趋势的有机融合，为其创新应用提供设计灵感。

具体来说，创新设计中注重在塑造传统图案的基础上更加灵活、自由地展现图案造型与布局方式，以符合现代流行趋势与审美要求。在设计手法上将传统与时尚相结合，延传并提取传统服饰中“卐、卍”字纹的结构造型，通过省略、夸张、添加、变形、巧合、寓意、求全[1]等表现手法对其进行再创设计。

（二）设计方法与思路

1．添加与变形

添加即根据设计要求及原型，对原有的造型进行加工、提炼、丰富，使之更加美观，更富有装饰性，是一种先减后加的设计方法[2]。变形则在原有结构的基础上，对基本形态进行放大、缩小、加粗、减细等处理，是使图案保持基本形态可视前提下的一种再设计方法。通过借鉴清代宫廷服饰中“卐、卍”字纹变化统一、疏密节奏、动静结合的审美特征，将“卐、卍”字纹进行再创设计，即将“卐、卍”字纹的结构拆分，并结合变形法将拆分的结构轮廓按照等比例缩小，形成具有一定疏密肌理效果的“卐”字纹样，如图4–68所示。将拆分提取到的“ㄣ”与“ㄏ”在保留“卐、卍”基本形态的基础上进行加工与重组，并将形成的单位纹样以顺时针方向旋转45°叠加，形成新的变形纹样，如图4–69所示。

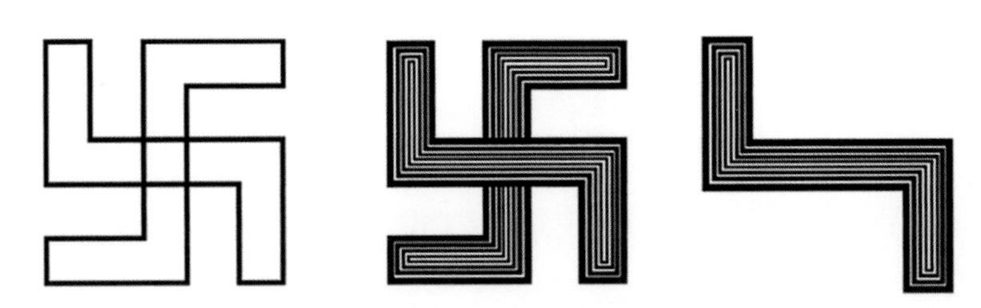

图4-68　右旋“卐”字纹的添加与变形

图4-69　右旋45°“卐”字纹的叠加图案

❶ 管静．中国传统万字纹的符号学解析与现代运用［J］．南京艺术学院学报：美术与设计，2015（6）：126-128．

❷ 郑军，白展展．服饰图案设计［M］．北京：中国青年出版社，2011：8．

通过运用添加与变形的现代设计手法创作出的“卐、卍”字纹，保留了其本身特有的直线曲折“S”形结构，从美学的角度来看具有时尚、自由、动感的特征，符合当今时代简约而不简单的设计理念，更具现代感。

2．寓意与求全

寓意即将图案背后所传达出的文化内涵与美好寓意寄予图案中，中国传统图案均有吉祥美好之含义。求全是一种全面、综合的表现手法，不受客观条件的局限，设计理念自由奔放、天马行空，把不同空间、不同时间，甚至不关联的事物组合在一起，成为一个构图完整、色调统一的完整图案形式[1]。在创新设计中，直接提取出纯粹简约的“㇉”与“⺁”为设计的一种方式，而寓意与求全的创作手法则更能够将另一种图案或纹样的“灵魂”注入其中，达到形与意的巧妙融合。

（三）设计效果图展示

研究团队将左旋“卍”字形态与佛教中代表圣洁美好的莲花图案相结合，将莲花的花瓣与荷叶形态按照“卍”字的结构形态进行融合，将“卐、卍”字纹原有的直线曲折边缘模糊化，但又保留了其回旋的“S”形结构框架，使“卐、卍”字纹整体视觉效果更加柔美，形成“万紫莲花”纹样，如图4-70所示。与此同时，二者结合寓意着智慧与美丽、圣洁与万福，与现代女性独立、自主、柔中带刚的气质相吻合。通过寓意与求全的手法设计再创的“万紫莲花”纹样，其保留了“卍”字的造型特征，风格独特、主题新颖，这种来源于生活、沉淀于生活的服饰图案与传统的“卐、卍”字纹形成了鲜明对比。

“万物生”的系列创新设计中，从现代设计的角度将“卐、卍”字纹外在的型与内在的意相结合，力求弘扬中国传统文化的精髓，挖掘其纹样背后所蕴含的文化价值与意义。研究团队借鉴清代宫廷服饰“卐、卍”字纹的造型结构特征、审美特征，并结合其在宫廷服饰中居中、对称、边缘、散点及平铺等布局形式，将创新设计的“卐、卍”字纹进行应用方案设计，通过进一步的构图、着色、底纹图案搭配等，达到作品丰满的效果。

以上案例，向我们展示了在保护与传承的协同中，通过设计创新的手段对传统服饰构造全新文化意象的具体方法及详细过程。同时，也指明了具有传承性的创新设计离不开设计者对服饰文化遗产传统性与当代性二者之间的权衡。

---

[1] 管静．中国传统万字纹的符号学解析与现代运用［J］．南京艺术学院学报：美术与设计，2015（6）：126-128．

图4-70 创新设计“万紫莲花”纹样

因此，设计创新需立足于当代社会语境，在对新的生产方式、生活方式、审美观念充分思考的前提下，对设计要素进行合理取舍，最终实现传统服饰文化资源与当代日常生活之间良性的转化。总之，设计创新作为文化遗产活态传承的支点，既能够为传统服饰注入适应当代社会的生命力，也有助于促进当代人对传统服饰文化的解读、接受与认同。

第五章 传播篇

交流是世界文化繁荣与延续的重要纽带。中国传统服饰作为我国优秀传统文化的载体，其服饰发展历程不仅能够呈现一个民族的成长，也是其他民族了解中国社会风俗与礼仪文化的有效途径。近年来，我们在吸收借鉴他国文明的同时，也尝试通过展览、学术会议、文化活动等形式将中华优秀文化传扬出去。经过三次申报，两次进京答辩，江南大学服饰文化与创意设计研究团队于2018年初获批2018国家艺术基金传播推广项目“中国传统服饰文化创新设计作品美国巡展”。

第一节　项目概况

江南大学是国家“211工程”重点建设高校和一流学科建设高校平台。江南大学服饰文化与创意设计研究团队在“江南大学汉族民间服饰传习馆”丰富的实物藏品、江苏省非物质文化遗产研究基地多年理论研究基础上，融合艺术学、设计学、社会学、传播学等学科，开展传统纺织服饰造物思想研究、服饰技艺遗产传承与创新、服饰文化传播以及时尚设计教育，拥有丰富的文化传播经验。

2018年5月，“中国传统服饰文化创新设计作品美国巡展”顺利启动，共分为四场活动。“游”作为首展暨项目发布会在北京拉开序幕，“囍”“悠”“礼”三个展览主题设定分别从婚庆、礼俗和工艺传承三个维度出发，结合展览地区的文化差异，突出每个展览的特色。如加州地区华人、华侨较多，中国文化接受度和认知度较高，由此进行婚俗文化为主题的巡展活动；北卡罗来纳州立大学是美国纺织服装类重点高校，对纺织材料的研究全美顶尖，因此开展服饰类传统技艺相关的巡展活动；路易斯安那州最大城市新奥尔良是著名的流行文化发源地，音乐、大众文化盛行，进行服饰品相关的展览，更能引起参观者的兴趣。

首展完成后，分别在美国加州大学戴维斯分校（University of California，Davis）、北卡罗来纳州立大学（North Carolina State University）、路易斯安那州立大学（Louisiana State University，Baton Rouge）开展以“囍——凤冠霞帔，圆十里红妆梦”“悠——褒衣博带，享一方宁静土”“礼——华裾珠履，承千年礼仪邦”为主题，以传统与创新设计婚俗服饰品、特色面料与工艺、传统服饰配件及创新设计作品为内容的展览活动。

2018国家艺术基金传播推广项目由负责人江南大学梁惠娥教授领衔，崔荣荣教授、张竞琼教授、潘春宇副教授、王蕾副教授、刘冬云副教授、徐亚平副教授、吴欣副教授、牛犁副教授、邢乐副教授等13名教师，1名工艺美术师、7名硕博士研究生共组成的研究团队共同完成。展品共计190余件，主要包含传统服饰传世实物及创新设计作品两大类别，来源于江南大学汉族民间服饰传习馆、江苏省非物质文化遗产基地收藏等。另外，苏州绣娘集团、苏州刺绣工艺美术师陆燕绪女士等合作企业为本次展览提供了大量的原创设计作品。多方面的支持，为巡展进行提供了充足的物质保障。其中传统服饰中包含上衣下裳、服饰配件与相关纺织品；创新设计作品包括师生创新设计作品，以及企业推进市场的设计产品。参观群体包含美国文化机构负责人、高校教授、学生、媒体记者、中国文化爱好者等在内1500余人，实现了传统文化有效输出，促进了全球化背景下我国传统服饰文化传承、传播与交融再生。一方面体现了高校与企业产学研的结合，另一方面展示了将传统服饰文化应用于现代设计艺术教学的成果，给予历史及传统当代实践设计的价值，实现传统服饰文化的延续与新生。

第二节 专题巡展

一、专题一

游——红飞翠舞，乐万里晴空日
（首展暨项目发布会——传统服饰及创新应用作品专题展）

项目首展于2018年5月，借助中国国际大学生时装周展开。中国国际大学生时装周旨在为中国高校服装打造展示设计才华的舞台，知名设计师、社会知名人士、服装企业、各大高校共襄盛举。首展发布包含巡展创新设计作品的2018届江南大学设计学院（原纺织服装学院）毕业生作品，得到前来观看的中国服装设计师协会专家、海内外服装行业知名设计师、嘉宾与社会各界人士的高度评价，为“中国传统服饰文化创新设计作品美国巡展”的顺利进行拉开序幕（图5-1、图5-2）。

图5-1　学生作品

图5-2　项目发布会合影留念

二、专题二

囍——凤冠霞帔，圆十里红妆梦
（中国传统服饰——婚俗服饰专题展）

【加州大学戴维斯分校站】

中国传统文化中，婚姻是生命中的“四礼”之一，在五千年中华文明史上形成了丰富而系统的礼仪文化，体现了中国的生活方式、家族繁衍兴旺伦理观念。正如“礼记”所说，婚姻是两个家庭的结合，目的是服务于祖庙，维持家族的生存。婚俗服饰作为中华传统悠远婚俗文化的重要载体，其制作精巧绚丽、蕴含丰富寓意，是民间服饰文化遗产的典型代表，在中国传统民间服饰中占有举足轻重的地位。

“囍——凤冠霞帔，圆十里红妆梦”主题，由项目组和协办单位美国加州大学戴维斯分校孔子学院在加州大学戴维斯分校International House共同举办（图5-3）。巡展旨在以现代视角关照传统婚俗服饰遗产创新应用，突出历史与现代的跨越，讲述全球文化背景下国人日益多样的婚俗文化。展览主要包括实物展示、视频展映、平面视觉展示、互动体验以及学术讲座五大版块，多种媒体组合的传播手段，展现了中华民族悠远的婚俗文化与精美绚丽的婚俗服饰。

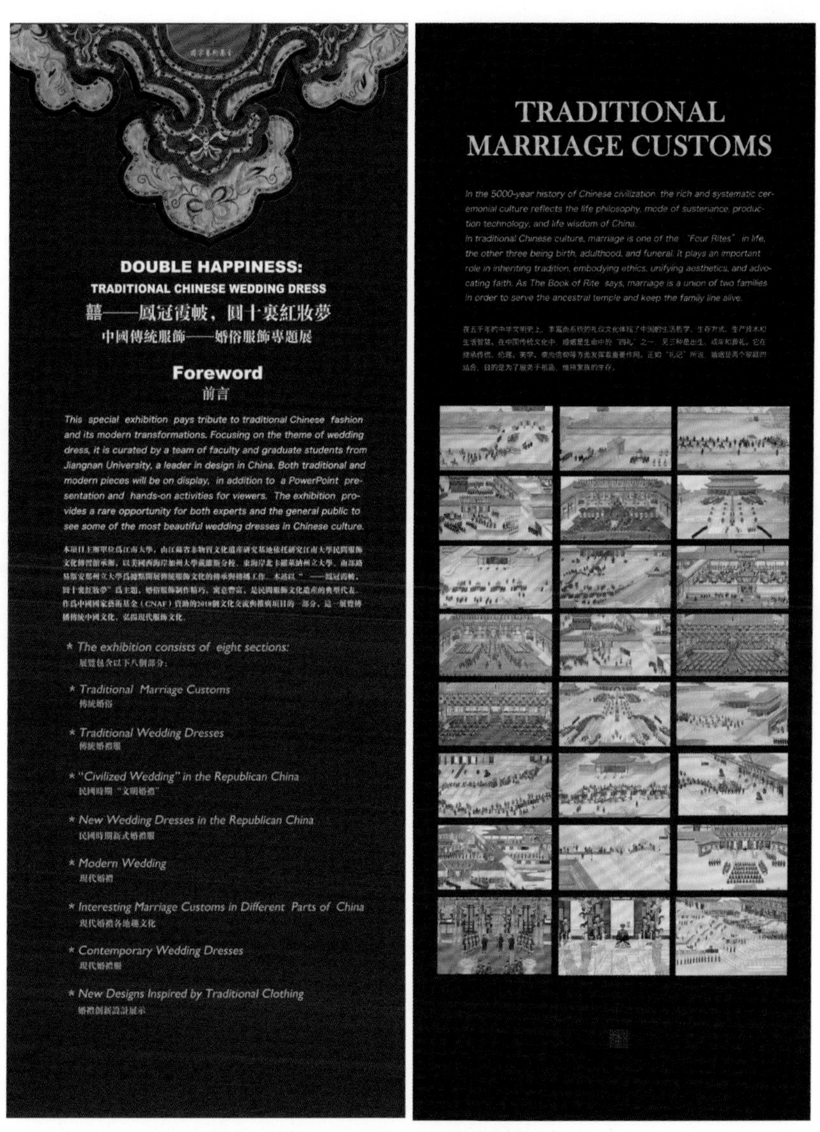

图5-3 “囍”主题展览海报

本次展览的静态实物展品由江南大学传习馆中清末、民国时期婚礼服饰以及当代创新婚礼服饰组成，如图5-4、图5-5所示，共计30套/件婚礼服饰品静态展以及4个系列16套创新婚礼服饰动态展示。所展作品以“古为今用、中西合璧”为设计思路，汲取中国传统女红中与时代文化相适应的元素，并与当今的服饰文化、审美需求和流行时尚相融合，体现了既传统又现代的中华服饰文化的强大魅力。

图5-4 “囍”主题展览现场

图5-5 中国传统婚礼服展示

数字及平面媒体展示包括影像资料循环展示播放“中国传统与现代婚俗文化”视频，该视频展示以清末、民国、当代时间线为坐标，透过百姓生活中最为重要的婚礼礼仪，加深海外受众对优秀的中华传统文化的认知，借助数字平台，更为全面、详细地为观者讲解、还原中国婚俗文化。另外有传统婚礼、现代婚礼文字与图片版面共计16幅卷轴，全面地展示中国传统婚俗礼仪。

体验活动分为：观摩式体验与参与式体验，组织婚服穿戴、传统婚俗礼仪体验等活动，力求使受众在互动过程中提高参与度，提升文化传播的影响力与传播效果。华丽精美并带有浓浓中国风元素的婚庆礼服一经展示，立刻吸引了数百名戴维斯民众注目。当看到凤冠霞帔、大红盖头、吉祥图案和绣花云肩这些传承着中华非物质遗产的华夏美服时，观展者们不由啧啧称奇，仔细询问这些服饰所代表和诠释的中华婚庆文化（图5-6）。

参与式体验包括参加戴维斯当地国际文化节（Davis International Festival），该活动是戴维斯及周边地区一年一度的文化盛事，2018年以“多元融合”为主题，旨在促进全球跨文化交流与沟通，西班牙裔、德裔、亚裔、非裔以及

图5-6 “囍”主题现场互动

美国本土等多族群和文化群体到场参与。项目组成员以穿中式婚服、剪囍字、办中式婚礼等形式开展互动交流（图5-7～图5-11），为20余对体验者装扮具有创新性的中式婚礼形象，加州大学戴维斯分校食品科学与技术实验室主任Matthew教授夫妇（图5-11），换上中式婚服，体验本真的中国婚俗文化。互动体验使得中国婚俗服饰文化得到鲜活表达，令海外受众能够体验具有情感与温度的中国传统文化。体验者纷纷表示他们了解到了真实、立体、有趣的中国民间传统文化，通过开放式的交流与互动，拓展传统服饰文化遗产展览方式，向更多更广泛的美国受众展示优秀的中国传统婚俗文化，使展览达到“看得见、摸得着、听得清”的传播效果。

图5-7 团队老师现场演示剪纸

图5-8 开放式体验互动剪纸活动

图5-9 中国传统婚服体验活动

图5-10 团队成员与婚服体验者合影

图5-11　Matthew教授夫妇现场体验中国婚俗文化

除了静态和动态服饰展出，研究团队在巡展期间还举办了相关学术讲座。潘春宇副教授进行了以“中国婚俗文化的源与流”（Origin and Development of Marriage Culture in China）为题的学术演讲（图5-12），与美国学者及加州大学戴维斯分校艺术系师生座谈、交流，共同探讨当今全球化背景下民族服饰的文化传播与发展，文化独立性与多样性保护的意义与途径等问题。

图5-12　学术讲座现场

巡展适逢孔子学院成立5周年，作为5周年庆典系列庆祝活动之一，举办中国传统婚礼服饰文化创新设计作品展览，对进一步加强与促进民族传统文化交流、增进中美两国人民友谊发挥了积极作用。展台上琳琅满目的喜庆窗花、门贴，配上精美绚丽的中国传统婚庆服饰，吸引了众多年轻情侣和夫妇尝试“穿中式婚服，办中式婚礼”，其中一位美籍华人不由惊叹：“今天亲眼看到中式婚服并穿戴！太惊艳了！”

图5-13　赠送观展纪念品现场

此次展览吸引了来自协办展览院校的师生、在校其他院系师生、志愿者、教职工、校外服饰文化团体、校园游客以及当地媒体。虽然观展的人员来自不同国家、文化背景、性别与年龄，但均对巡展活动给予极高的评价。在学术研讨会上，观众踊跃提问，积极沟通交流，现场气氛活跃。

参观者对展览中的陈列展品、互动性体验的热情度最高，对传统婚俗服饰展品表示最喜爱。受访者非常愿意了解其他民族和国家的文化，纷纷表示被中国婚服和婚俗文化的氛围感染，并对其产生浓厚兴趣。很多观众驻足停留良久，向展览人员了解中国婚礼如何举行，希望日后自己婚礼也可以采用中式婚礼的形式。

现场赠送的设计衍生品，包括手工拼布包、囍字窗花、杯垫、首饰得到服饰文化爱好者的追捧，纷纷认为非常适合家居装扮，极具节日氛围（图5-13）。加州大学戴维斯分校孔子学院外方院长、东亚杰出教授奚密（Michelle Yeh）表示非常高兴能有机会与江南大学团队联合举办此次展览，巡展令他们体验本真、有趣、具有情感和温度的中国传统婚俗文化。加州大学戴维斯分校苏珊·凯瑟教授（Susan Kaiser）认为此次展览对中国婚俗演变有非常详细的介绍，展览形式令人耳目一新，尤其是江南大学学生的创新婚礼服也成其为一大亮点，对中国学生创新和动手能力称赞不绝。

三、专题三

悠——褒衣博带，享一方宁静土
（中国传统服饰——特色面料与制作工艺展）

【北卡罗来纳州立大学站】

当地时间2018年10月16日，巡展“悠”主题在美国北卡罗来纳州立大学纺织学院W.Duke Kimbrell Atrium中心拉开帷幕（图5-14、图5-15）。中国传统服饰技艺历史悠久，种类繁多，是丰富中国传统服饰的独特语言，其发展和演变深刻反映了社会制度、经济生活、民俗风情，也承载着人们的思想文化和审美观念，刺绣技艺中的苏绣，更是形成了自身独特的艺术特征与文化内涵。此次展览旨在借助国家艺术基金的平台，视文化保护、传承与发展为己任，正确传播与推广中国传统服饰文化，加深海外观者对优秀的中华传统文化的认知与感悟，努力讲好中国故事，向世界传播优秀的中华传统文化。

图5-14 “悠”主题展览宣传手册

图5-15 “悠”主题展览海报

延续首展“传播中华传统服饰文化，促进服饰遗产创新应用”主旨，此次北卡罗来纳州立大学站海外巡展以中国传统特色面料与制作工艺为主要内容。

一方面，展示江南大学汉族民间服饰传习馆馆藏清代以来如宋锦、缂丝、

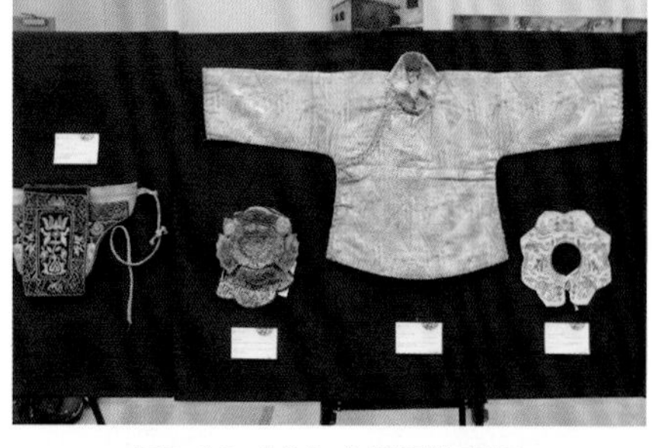

图5-16 “悠”主题展览现场

图5-17 代表展品展示

云锦、刺绣、印染工艺等具有汉民族文化特色的珍贵面料，充分展现了清代以来民间人士高超的织绣技艺与审美情趣，此外还有中国传统蓝印花布成品及制作样布与中国传统织造工艺珍稀面料展示。创新服饰设计部分，包括“2014年APEC会议国家领导人服饰设计江南大学团队作品”，以及刺绣工艺师陆燕绪女士的设计作品，共计70余件，如图5-16、图5-17所示。影像资料方面，巡展期间循环滚动播放了染整、织造、刺绣等传统手工艺纪录片，借助数字平台，更为全面详细地为观者讲解中国传统服饰织造与装饰工艺。观者也可通过展板、宣传手册、海报等文字与图片了解中国传统服饰的技艺与制作过程，有利于帮助观者更加透彻地了解中国传统服饰文化。在多维度的展现中国传统服饰技艺的博大精深的同时，借由中国传统服饰技艺的创新应用设计，丰富传统手工技艺应用新方法，赋予传统手工技艺新活力。

另一方面，开展“苏绣现场展示与研习活动”，由项目负责人梁惠娥教授进行了主题演讲“中国传统服饰技艺和传承”（Traditional Handicraft and Innovation），从中国纺织品类非物质文化遗产的角度解读传统面料的发展与传承问题，与在场的嘉宾和师生分享了中国传统服饰技艺种类，并以刺绣为例详细介绍了手工技艺制作方法、风格特征及文化意涵，结合当下全球发展趋势来展示说明创新设计应用作品，就日后传统技艺传承提出了新的观点（图5-18）。

图5-18 梁惠娥教授学术讲座

与此同时，项目团队还组织进行了刺绣技艺体验活动，如图5-19～图5-21所示。在工艺美术师、苏绣青年艺术家陆燕绪女士与江南大学副教授刘冬云、徐亚平的指导下，来自不同文化背景的海内外观者学习了不同的刺绣技法，体验到刺绣技艺的匠心与巧妙，更加直观地令海外观众感受到博大精深的中国传统文化。她们现场示范刺绣技艺，手把手教授自世界各地的“洋”学生，并配以解说。活动全程受到多方媒体与社会团体的密切关注，他们对此次活动进行了详细的记录与宣传，并给予了极大的肯定。

图5-19 苏绣青年艺术家陆燕绪女士在演示刺绣技法

图5-20 团队老师现场指导学生刺绣

图5-21 外国师生进行刺绣练习

图5-22 刺绣体验作品展示

传统刺绣技艺的体验活动现场反响热烈，更有诸多参观者收到宣传邮件或海报特地慕名而来。其中绝大多数的体验者在此前并无刺绣经验，但表现出极大的学习兴趣，在体验和学习的过程中均可很好地掌握针法应用，并通过后期练习完成了极具个人特色的刺绣小样（图5-22）。

四、专题四

礼——华裾珠履，承千年礼仪邦
（中国传统服饰——服饰品专题展）

【路易斯安那州立大学站】

路易斯安那州立大学是本项目海外巡展的第三站，主题为“礼——华裾珠履，承千年礼仪邦”，此次展演表现了对中华文化的充分肯定，以及对弘扬中华服饰文化的积极践行（图5-23）。展演通过实物展示、海报宣传、动态表演以及学术讲座等多种传播方式，多角度、全方位、多样化的展览形式，为该校师生及社会各界人士提供了了解中国服饰文化的平台和窗口。与此同时，江南大学、江苏省非物质文化遗产研究基地、路易斯安那州立大学“纺织、服装设计与营销系”（Textile，Apparel Design and Merchandising）三方通过此次展演，以展示中国“礼”文化的服饰艺术特征与价值为目的，已建立良好的交流合作经验与深厚友谊，这不仅能促进双方院系的长久合作，还能加强不同文化间的国际交流与传播，为推动国际服饰文化遗产活态传承与时尚产业的发展做出贡献。

图5-23 “礼”主题展览宣传手册

当地时间2018年10月26日，江南大学师生团队在讲座开始前对现场进行布置，力求为观众呈现一个立体可视的讲座环境。以“传统服饰中的礼仪文化”为主题的双语学术讲座为开端，正式为展览拉开序幕，路易斯安那州立大学师生、当地服饰文化爱好者积极参与讲座并进行学术交流，如图5-24、图5-25所示。江南大学崔荣荣教授通过大量精美实物与图片阐释了中国传统服饰是历史传承性、生活方式和民间习俗原发性、民间艺术纯真性、审美广泛性的综合，其中蕴含了大量的传统礼仪精神，使在场师生对中国传统服饰文化有了更加全面的认识。

开幕式结束后，路易斯安那州立大学师生及观展嘉宾前往展览现场欣赏精美的传统服饰及创新作品，崔荣荣教授、Chuanlan Liu副教授就传统服饰的穿着场合、搭配方式、审美情趣及蕴含在传统服饰中的礼仪文化对参观者进行了细致耐心的讲解，并与参观者进行互动交流。大量参观者对展品展现出了浓厚的兴趣，纷纷驻足讨论拍照（图5-26）。

图5-24 崔荣荣教授开设主题讲座

图5-25 路易斯安那州立大学校领导发言

展出于当地时间2018年10月27日在校Student Union Art Gallery正式开幕，该校纺织服装与市场营销

图5-26 “礼”主题现场互动

系的师生、当地媒体、市民、中国服饰文化爱好者出席了开幕式。路易斯安那州立大学师生对中国传统服饰表现出极高的兴趣，驻足观看讲座现场丰富优美的传统服饰及时尚个性的传统服饰创新作品。

本次展览为传统服饰手工艺及其现代设计创新展（图5-27、图5-28），展品共计70余件，中国博大精深的服饰礼仪文化通过精美的服装与服饰品得以呈现，其中包括江南大学汉族民间服饰传习馆馆藏传统礼俗服装与服饰品，例如荷包、云肩、眉勒、三寸金莲等在内的特色传统服饰品；以及以传统服饰品为灵感的文化创新手工产品、江南大学服装设计团队创新设计作品、江南大学与苏州绣娘品牌、云布谣品牌联合设计的作品。一方面，展示了中国优秀的传统服饰手工艺，另一方面，展示了基于传统手工艺的现代创新设计，同时配合主题讲座，讲述中国传统服饰文化及其手工艺的传承发展历程，对现代传统服饰品设计具有启发作用。

动态展示与体验活动方面，注重传统生活环境营造以及传统服饰品的佩戴体验，如云肩穿着、荷包佩戴、刺绣场景的模拟等，力求还原一个真实生动的生活与制作场景，以参与式互动调动观者的视听感受，增加文化传播的影响力。团队与纺织、服装、设计等领域的专家学者分享文化盛宴，共同探讨传统服饰品及创新的未来发展方向。与此同时，来自江南大学人文学院的沈雷强副教授基于中国传统服饰中的礼仪文化，进行了民族音乐的现场表演，音乐与服饰相得益彰，烘托展览氛围，为视觉的、触觉的展览增加了听觉体验，多维度的展览形式、丰富的内容，将开幕式气氛推向高潮。

图5-27 “礼”主题展览现场

图5-28 “礼”主题展品细节

路易斯安那州立大学纺织服装营销系收藏有大批保存完、好品质精美的中国传统服饰，江南大学团队受邀参观了这些流失海外的中国传统服饰品，团队崔荣荣教授就这批藏品的文化内涵进行分析解读。劳拉·罗梅罗（Laura Romero）副教授是这批中国传统服饰的负责人，她认为中国有大量流失海外的传统服饰精品，但对其手工技艺及精神内涵不甚了解，展览对国外加深对中国传统服饰的深刻理解大有裨益，是国外了解中国传统服饰历史文化内涵的重要途径。农学院副总裁兼农业学院院长，领导和人力资源开发学院兼职教授威廉·比尔·理查森博士（William Bill Richardson）认为，展览作品非常具有中国传统服饰历史特色和文化内涵的代表性，体现了中国在古代丝绸发展过程中的历史地位，这次展览是双方院校学习交流的重要机会，为双方了解彼此优秀的服饰文化提供了良好的契机，他希望双方多加合作，多多交流，推动两校学科专业的不断发展。此外，负责本次展览对接的Chuanlan Liu教授就本次展览给予了高度评价。她认为本次展览作品集良好的物质形态与精神内涵于一体，完美呈现了中国传统服饰中的礼仪文化，深刻诠释了中国传统服饰的文化内涵，为路易斯安那州立大学的师生和民众带来一场良好的视觉盛宴。希望双方院校就专业领域深入合作，定期互访，相互交流，促进青年学生对中美两国文化的深入学习和理解。

第三节　巡展多元文化互动与传播思考

一、多元文化的互动

巡展所到美国不同高校与城市，受到当地专家学者、文化爱好者的热烈欢迎，展览活动顺利实施更离不开合作院校、当地文化机构、华人华侨的广泛支持。以服饰艺术为主题的展览活动，贴近生活，润物细无声，给海外华人华侨带去了来自祖国的亲切感，给当地参观者带来了不同以往的中国服饰文化体验，收获了来自美国社会各界的认同，形成了较为持久的社会与经济效益。

习总书记也曾在全国宣传思想工作会议中指出："优秀的传统文化是中华民族的文化根脉……把其中具有当代价值、世界意义的文化精髓提炼出来、展示出来。"因此，建立传统文化在全球化、国际化的背景下跨文化传播模式，发挥文化价值具有十分重要的意义。巡展项目的主要传播对象为美国高校高级知识分子群体，该群体对社会、政治、经济、文化发展发挥着重大引领作用，使他们通过中国服饰文化与中国文化建立关联，将文化认知与交流的宏大叙事落实到具体的情感沟通上，必将有助于海外群体对中国传统文化形成正确认知，构建更加多元的中国形象。

借由巡展的机遇，江南大学与加州大学戴维斯分校、北卡罗来纳州立大学以及路易斯安那州立大学校际的交流活动不断增加。以点带面，中方高校与美国众多高校在前期科研项目合作的基础上，进一步推进人才和文化间的交流，促进本科教学合作、研究生联合培养、高校文化互动等活动的进行。从而，搭建青年一代思想和文化交流的平台，对促进中国与西方国家间平等对话，多维度文化互动合作。

通过服饰这一载体，将传统中国文化融入当地人生活的细微之处，通过具有烟火气的展览活动，有效传承与传播中国传统文化，对增强中国文化认同、国家形象营造具有重要的推动作用。此外，创新设计展品有助于海外受众强化“中国工艺”“文化中国”的品牌形象，对扭转经济局面，拉动对外贸易，刺激文化产品消费具有重要的应用意义。

本次巡展取得了圆满成功，但是仍然存在可以改进的地方，比如参观者人群的多样性和影响力有待提升。2018国家艺术基金“中国传统服饰文化创新设计作品巡展”在前期良好的地缘优势和人员优势基础上，依托美国三地合作院校平台，开展巡展活动。通过调研问卷及传播后反馈统计，参观者当地院校师生占比七成，且多为青年师生群体，校外人员及普通民众约占比三成。展览对象集中在美国高级知识分子群体，对今后青年一代文化交流、平等对话产生了积极的影响，但目标群体略显单一。在后续传播活动中，可丰富观展人员类型，增加境外政界、纺织服装产业、新闻媒体等人员类型，丰富参展人群多样性和影响力。

另外，展览的地区和范围有待进一步扩展。巡展在美国三个州中三所高校取得了良好的传播效果，且总结了我国传统文化艺术海外传播的方法，并形成了理论凝练。由于时间和经费的限制，展览范围还比较局限，美国纽约、华盛顿等政治、经济中心，以及欧洲等地区还未开展类似展览活动。拓展传播范围和传播深度是以后项目成员需要研究的方向。

未来可以以高校为据点，建立文化传播长期合作机制。高等教育学校是人才的聚集区，也是文化交流、学术活动、艺术展览开展的重要场所。通过此次巡展项目为中国传统文化海外传播提供了经验基础，未来江南大学将与全世界众多一流学校建立长期合作，开展校际互访机制，有利于在全球化背景下促进中国优秀传统文化的传播，促进中国优秀传统文化影响和影响世界文化。

借助新媒体技术，丰富展览形式。此次巡展项目采用的多种展览手段，将中国传统服饰文化的多视角展现给受众，取得了良好的展览效果。在以后的传播实践中，可借助更加多样与日益发达的新媒体技术，如数字展示、虚拟体验等，提升参观者的参与度，降低工艺美术展览开展的成本，提升展览效果。

二、关于中国传统服饰海外接受度影响因素的思考

中国传统服饰是中国传统文化遗产的“活化石”，也是传统文化对外交流的重要组成部分。服饰形象具象地体现出中华民族在同其他国家交往时的文化素养，传递了交际礼仪，是当今展现中华民族文化自信、增强民族文化软实力的重要渠道之一。为进一步促进中国传统服饰在海外的传播推广，有必要了解海外受众对中国传统服饰的态度、认知程度和接受程度。研究团队卿源、周倜、梁惠娥发表的《中国传统服饰海外接受度的影响因素分析》[1]基于“中国传统服饰文化创新设计作品美国巡展”北卡罗来纳州立大学站所做的问卷调查，根据统计结果展开相关分析，探讨参访者对多元文化的认识度、中国传统手工技艺的接受度以及对传统元素创新服饰的态度，分析这几种因素对中国传统服饰的海外接受度是否具有影响。通过对中国传统服饰海外接受度的调研分析，以期为传统文化海外巡展与传播、传统服饰创新再设计及中国传统服饰文化海外推广提供参考。

（一）研究内容与假设

1．研究内容

“中国传统服饰文化创新设计作品美国巡展”旨在将历史与现代进行跨越、融合，向美国高校师生以及当地居民展示中国传统服饰之美，以中国传统面料与特色工艺为主要展示内容，结合江南地区传统服饰与制作技艺，将江南地区传统女红的精妙与富丽演绎于现代时尚潮流中。据此，下文所提及的“中国传统服饰”特指以江南地区传统特色为主的服饰及结合现代技艺与时尚的“中国风”传统创新服饰。

根据“中国传统服饰文化创新设计作品美国巡展”展示内容，结合相关学术讲座及体验活动，通过对调研问卷的数据分析，研究中国传统服饰海外接受

[1] 卿源，周倜，梁惠娥．中国传统服饰海外接受度的影响因素分析［J］．服装学报，2020，5（3）：270-276．

度的影响因素。

2. 研究假设

参访者在对新产品或陌生产品进行评价时，会根据其认知环境重新排列知识结构后产生判断、评价[1]。参访者对展览产品的接受度受多种因素影响，参访者所处国家的环境与艺术形象也会影响他们的决策过程[2]。国内外学者对接受度尤其是消费者接受度的研究颇多，例如，Zeithaml[3]指出服务质量往往能决定消费者对产品的接受度；Vicki G Morwitz[4]用大量理论及实证证据表明，产品的市场接受度与消费行为之间存在关联，即其接受行为是可以被预测的；陈新跃等[5]提出消费者的接受度与购买意愿受自身个人因素与其所处环境因素的影响；刘艳[6]认为消费者的感知程度与接受程度基本上呈正相关关系。由此可见，参访者对中国传统服饰的接受度与其心理、教育水平、个人学习经历等个体特征以及文化、政治、经济等环境因素密切相关。根据以上讨论，提出如下假设：

H_1：中国传统服饰及文化的认知基础对中国传统服饰海外接受度具有影响；

H_2：中国传统服饰及工匠精神的认同感对中国传统服饰海外接受度具有影响；

H_3：创新设计作品的呈现对中国传统服饰海外接受度具有影响。

（二）问卷调查

1. 问卷结构设计

该研究采用实地随机发放问卷的调研方法，问卷调查主要分为4个部分，具体如图5-29所示。其中，第2、3部分采用Likert 7级量表，用1~7表示不同意、比较不同意、一般不同意、中立、一般同意、比较同意和非常同意。

---

❶ LEE E J, BAE J, KIM K H.The Effect of Environmental Cues on The Purchase Intention of Sustainable Products [J]. Journal of Business Research, 2019, 12.

❷ SOUIDEN N, AMARA N, CHAOUALI W. Optimal Image Mix Cues and Their Impacts on Consumers Purchase Intention [J]. Journal of Retailing and Consumer Services, 2020: 54.

❸ BERRY L L, PARASURAMAN A, ZEITHAML V A. The Service-quality Puzzle [J]. Elsevier, 1988, 31 (5): 35-43.

❹ SEN S, MORWITZ V G.Consumer Reactions to a Provider' s Position on Social Issues: The Effect of Varying Frames of Reference [J]. Journal of Consumer Psychology, 1996, 5 (1): 27-48.

❺ 陈新跃，杨德礼. 基于顾客价值的消费者购买决策模型 [J]. 管理科学，2003 (2): 59-62.

❻ 刘艳. 服装大规模定制消费者接受度的研究 [D]. 上海：东华大学，2007.

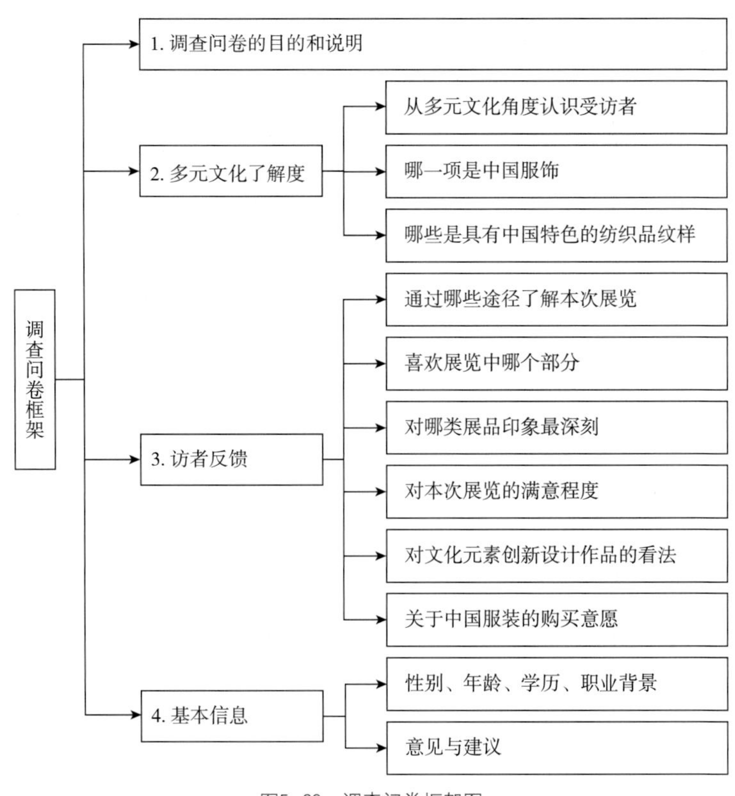

图5-29　调查问卷框架图

2．样本及数据采集

调研时间为2018年10月中旬，调研对象为前来北卡罗来纳州立大学参展的观众，以外国参访者为主，中国籍参访者为辅。期间共发放问卷200份，其中英文问卷150份，中文问卷50份。经筛选，去除无效问卷后得到127份英文有效问卷，回收率为90%；18份中文有效问卷，回收率为38%。根据收回的145份中英文有效问卷，进行参访者对中国传统服饰文化创新设计认识的研究。由于英文问卷占比较大，文中个别图表分析以英文问卷的反馈为主。表5-1为英文问卷样本基本信息统计。

表5-1　英文问卷样本基本信息统计

项目	类别	人数	占比/%
性别	男	32	25.20
	女	95	74.80
年龄/岁	≤17	1	0.79
	18~25	95	74.80

续表

项目	类别	人数	占比/%
年龄/岁	26~34	16	12.60
	35~54	11	8.66
	≥55	4	3.15
学历	高中或同等学力	30	23.62
	职业技术学校	6	4.72
	本科	39	30.71
	硕博士研究生（MS，PhD）	49	38.59
	专业学位（MD，JD，etc.）	3	2.36
职业	纺织行业从业人员	15	11.81
	服装行业从业人员	2	1.57
	高校教育工作者	3	2.36
	研究学者	10	7.87
	行政人员	8	6.30
	服务行业人员	3	2.36
	学生	85	66.94
	其他	1	0.79

由表5-1可知，本次调研参访者以女性居多；样本年龄跨度较大，但主要集中在18～25岁；学历以在校本科、研究生为主，高中或同等学力比重次之；职业方面，学生是主要参访人群。

（三）假设分析

基于问卷采集的数据，通过因子分析、可靠性分析及数字统计分析，对数据进行检验，并对前文中假设进行验证。

1. 信度与效度检验

针对收集到的127组英文问卷的数据，采用SPSS 22.0进行信度和效度检验，样本KMO值为0.87，可进行因子分析。问卷共有19个问项，各观测变量的信度和效度分析结果见表5-2。信度检验方面，各变量的相关性系数（CITC）均大于0.5，量表的整体信度系数Cronbach's α为0.91（$p<0.001$），各变量整体系数Cronbach's α在0.781~0.91（$p<0.001$），均大于0.7的标准，证明量表数据具有较高的可靠性。效度检验方面，各变量因子荷载系数（FL）均大于0.5，信度

组合（CR）均大于0.5，平均抽取变异量（AVE）均大于0.5，说明量表效度较好。综上可得，本研究具有可行性。

表5-2 英文问卷变量测试结果

变量	CITC	Cronbach's α	FL	CR	AVE
（1）有兴趣了解更多生活在其他国家的人	0.585	0.781	0.722	0.758	0.509
与其他文化的人接触感觉受益匪浅	0.507		0.745		
我喜欢和其他国家的人一起学习他们独特的观点和方法	0.587		0.744		
去外国旅游是我最喜欢的事情之一	0.593		0.512		
（2）文化元素创新设计作品比其他作品更时尚	0.566	0.831	0.653	0.755	0.508
文化元素创新设计作品比其他作品具有更好的价值	0.648		0.787		
文化元素创新设计作品比其他作品要贵得多	0.618		0.692		
（3）您是否愿意尝试具有中国特色的文化产品	0.634	0.910	0.695	0.861	0.510
您是否愿意推荐中国风格的服饰给其他人	0.626		0.773		
您是否愿意自己购买或穿着中国风格的服饰	0.636		0.765		
您是否愿意为家人或朋友购买具有中国特色的服饰	0.600		0.776		
在这个展览之后，您是否愿意了解更多中国文化	0.670		0.660		
在这个展览之后，您是否愿意学习一种中国传统服装制作技艺	0.646		0.598		
（4）我很满意本次展览的质量	0.615	0.874	0.784	0.852	0.501
展览为我在研究领域等工作中提供了新的思考	0.560		0.538		
活动形式有吸引力	0.635		0.752		
活动内容的参与性、互动性较强	0.597		0.622		
展览具有鲜明的文化氛围	0.599		0.679		
展览活动与文化类创意作品结合良好	0.634		0.806		

2. 多元文化认识度

多元文化认知反映了个人对别国文化与本国文化之间差异的包容度，也表现出传统服饰在海外传播的有效性，从而体现人们对传统服饰的接受程度。通过实物展览与调查问卷相结合的形式，可以从多元文化社会的角度了解参访者，这也是此次展览中检验传播效度与海外接受度的方式之一。表5-3为国内外不同参访者对多元文化的态度评估值比较。结果显示：国内外参访者对别国文化的兴趣度相差甚微，绝大多数表示非常赞同并持有兴趣接受异国文化；而对于学习与接触他国文化，国内外差异相较稍明显，外国参访者的接受程度更高，主观性表现更强。

表5-3 国内外参访者对多元文化的态度评估表

观测变量	评价		差异值	差异比较标准差	差异显著度
	国内	国外			
有兴趣了解更多生活在其他国家的人	2.67	2.76	−0.034	0.164	0.642
与具他文化的人接触感觉受益匪浅	2.39	2.75	−0.249	0.176	0.490
我喜欢和其他国家的人一起学习他们独特的观点和方法	2.44	2.72	−0.384	0.160	0.526
去外国旅游是我最喜欢的事情之一	2.44	2.53	0.043	0.223	0.797

注：国内样本量为18，国外样本量为127。

问卷就受访者心目中的中国传统服饰形象进行初步了解，所设问题分别从笼统的服饰形象和具体的传统文化元素两方面入手。为避免文字语言描述不准确而造成意向误导，问卷设计成选择题并以图片方式呈现，具体如图5-30、图5-31所示。图5-30为服饰形象类，图5-31为传统文化元素类，两题在选项设置上主要具有以下3个特征：①选择亚洲邻近国家的传统服饰进行比较，具有识别差异性；②所选图片都具备典型性，是各国代表性的文化符号；③兼顾展演的内容，具有实效性。问卷结果统计显示：服饰形象类，在回收的有效中文问卷中，正确率为100%；有效英文问卷中，正确率为74.64%，具体如图5-32所示。由此推测，因为日本、韩国等同属于东亚儒家文化圈的国家受中国传统服饰影响较大，中国唐代服装传入日本后，对其本土服饰产生了影响，和服的交领右衽与中国传统服饰的相似度较高，故容易使外国参访者产生混淆；也不排除部分参访者根据图片中穿着者的五官样貌进行选择，这也可以解释为何印度沙丽的误选率为零。由图5-33可知，传统文化元素类，龙纹样

选项A

选项B

选项C

选项D

图5-30 “哪一项是中国服饰”的题目设置

选项A

选项B

选项C

选项D

选项E

图5-31 “哪些是具有中国特色的纺织品纹样”的题目设置

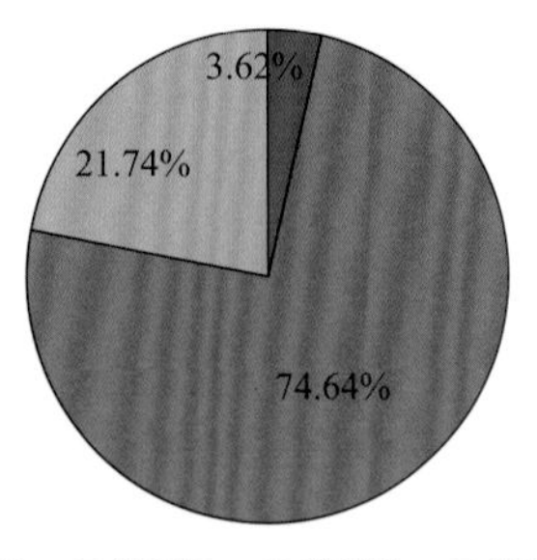

图5-32“哪一项是中国服饰”结论分析

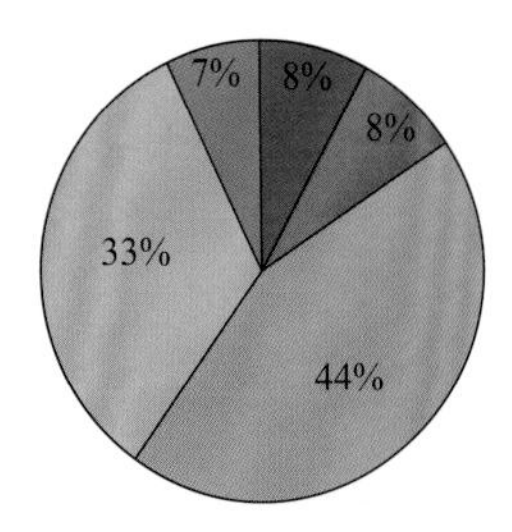

（a）英文问卷

14%
42%
44%
■选项A ■选项B ■选项C ■选项D ■选项E

（b）中文问卷

图5-33 “哪些是具有中国特色的纺织品纹样”结论分析

纺织品选项的正确率最高，中国民间刺绣图案选项的正确率次之，准确选择出中国传统纺织品纹样的国外参访者占总人数的77%，剩余3个选项选择人数占比较少。结合中外参访者（尤其是海外参访者）的问卷数据，发现参访者对“龙、团花、牡丹、蝴蝶”等符号的认知度较高，这些文化符号借由影视、文学、美术或是其他载体呈现，逐渐成为中国传统文化在海外的“代名词”。

3. 对中国传统服饰及工匠精神的认同感

在多媒体快速发展的今天，科技的进步改变了博物馆、展览的展示、收藏方式[1]。参访者对陈列展品的满意程度普遍较高，体现出他们对展品的极大肯

[1] 王嵩山. 博物馆、思想与社会行动［M］. 台北：远足文化事业股份有限公司，2015.

定。结合展览现场情况，发现海外参访者更倾向于动手参与。另外从图5-34可以发现，海外巡展中视频动画的展示也受到当地参访者的好评。

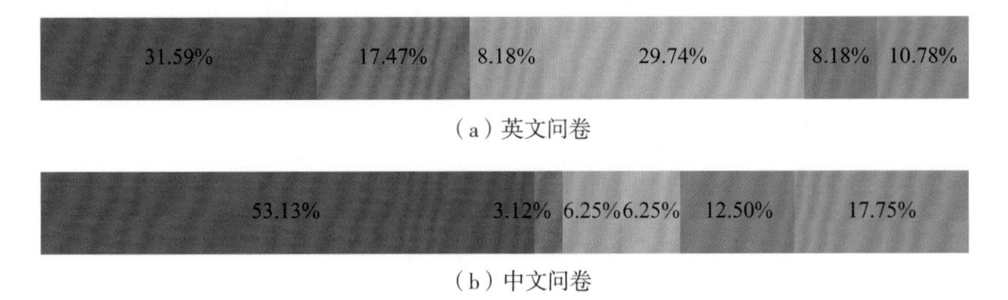

图5-34　展览中各板块受欢迎程度占比

展览重点突出中国江南地区传统服饰的特色面料与制作工艺，展品服饰大多集合了几种传统手工技艺。图5-35为参访者印象最深刻的展品分析，中国传统服饰、传统服饰面料、创新设计服饰、服饰配件四大品类在中、英文问卷中所占比例基本一致；参访者均对技艺精湛、文化内涵丰富的中国传统服饰感兴趣，尤其是国外受众，对中国传统手工技艺严谨认真、精益求精、追求完美的工匠精神及中国传统文化价值观认同度普遍较高[1]。

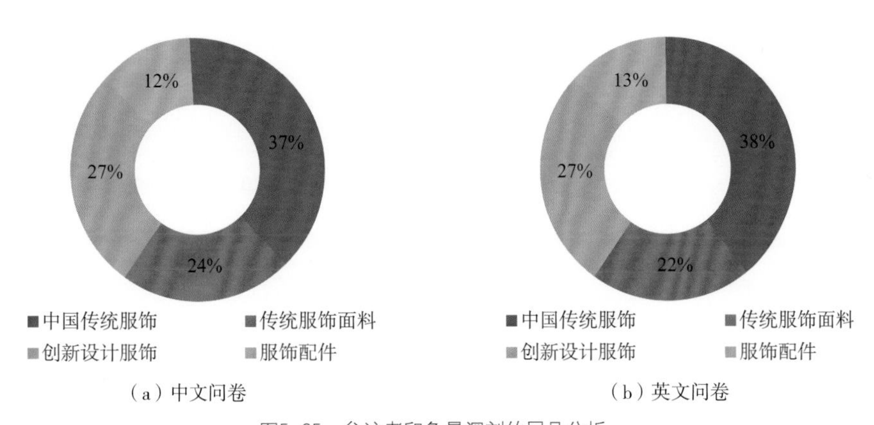

图5-35　参访者印象最深刻的展品分析

4. 创新设计作品对购买意向的相关影响

文化传播是通过采借和接纳的方式，将文化由文化源地向外辐射传输的过程[2]，而“激活”和“再生”才是对传统文化真正的保护与抢救。本次展演的

---

❶ 杨越明，藤依舒．国外民众对中国文化符号的认知与印象研究——《2017外国人对中国文化认知调研》系列报告之一［J］．对外传播，2018（8）：50-53．

❷ 张明星．简析中国传统服饰与文化传播［J］．美术教育研究，2014（4）：37．

创新服饰皆是以传统文化为内涵，现代风格为外延，着眼于传统与时尚的跨界创新，服饰在设计方法上的运用是影响其接受度的重要因素。表5-4为国内外参访者对“中国风”传统创新作品的评价比较，表5-5为参访者对中国传统服饰接受度的描述性分析。由表5-4、表5-5可知：国内外参访者皆对展示的作品给予较积极的评价，差异值较小；但部分国外参访者对文化元素创新设计作品的价值、时尚度持中立或一般不同意的态度。

表5-4　国内外参访者对文化元素创新设计作品的属性评价及其差异

观测变量	评价		差异值	差异比较标准差	差异显著度
	国内	国外			
文化元素创新设计作品比其他作品更时尚	1.67	1.83	−0.160	0.268	0.496
文化元素创新设计作品比其他作品具有更好的价值	2.06	1.85	0.300	0.284	0.016
文化元素创新设计作品比其他作品要贵得多	1.56	1.6	0.099	0.310	0.023

注：国内样本量为18，国外样本量为127。

表5-5　参访者对中国传统服饰接受度描述性分析

观测变量	均数		标准差	
	国内	国外	国内	国外
您是否愿意尝试具有中国特色的文化产品	2.00	1.36	1.24	1.24
您是否愿意推荐中国风格的服饰给其他人	2.33	1.65	0.77	1.14
您是否愿意自己购买或穿着中国风格的服饰	1.94	1.66	1.47	1.17
您是否愿意为家人或朋友购买具有中国特色的服饰	2.06	1.67	1.06	1.17
在这个展览之后，您是否愿意了解更多中国文化	2.50	2.04	0.86	1.06
在这个展览之后，您是否愿意学习一种中国传统服装制作技艺	2.06	2.05	0.99	0.99

注：国内样本量为18，国外样本量为127。

展览中对中国特色文化元素和产品的宣传展示整体较为成功，吸引了海外受众的兴趣，获得了较高评价，参访者表示未来在选择文化产品时，愿意尝试中国风格的服饰和特色产品，并为自己和家人购买。少部分人对中国特色文化产品和服饰的喜好程度较低，说明对中国传统技艺有一定关注，但并未激发其购买意愿，其原因或与自身对文化创新设计作品的认知、接触机会和购买经验有关。观展过程中，国外参访者对传统服饰和技艺均表现出浓厚兴趣，可知其对传统文化元素的创新设计作品有一定的期待值，希望能涌现更多时尚、有价值、有产品附加值的基于中国传统文化元素的设计。产品上的中国元素只有符合其自身特质，才能更好地修饰产品[1]。设计师需不断探索文化创新之路，使产品以一种更“年轻化”的方式为普罗大众接受[2]。

5．研究假设检验结果测试

检测分析显示了假设检验的结果，见表5-6，假设H_1、H_2、H_3均获得了验证。参访者对中国传统服饰与文化的认知度与其购买中国传统服饰的意愿呈正相关关系（标准回归系数β_1=0.285，p <0.001），假设H_1成立；中国传统手工艺及其精神的认同程度对参访者的购买意愿产生积极影响（β_2=0.171，p <0.05），假设H_2得到部分肯定；创新设计作品的呈现形式对参访者接受中国传统服饰具有显著影响（β_3=0.188，p <0.05），假设H_3成立。

表5-6　假设检验结果

假设条件	标准回归系数（β）	p值	结果
H_1：中国传统服饰及文化的认知基础对参访者购买中国传统服饰具有影响	0.285	***	支持
H_2：传统手工艺及精神的认同程度对参访者购买中国传统服饰具有影响	0.171	0.028	部分支持
H_3：创新设计作品的呈现对参访者购买中国传统服饰具有影响	0.188	0.012	支持

探讨“中国传统服饰文化创新设计作品美国巡展”中参访者对中国传统服饰的接受程度，主要结论如下：

（1）部分中国传统服饰和传统文化符号已被海外参访者认识并接受，参访者对多元文化、中国传统工艺及中国精神的认同感将直接影响其对中国传统服饰的接受度。在中国文化向海外输出的过程中，一些服饰元素（如龙凤纹样、牡丹纹样、刺绣等）在海外广泛传播并获得了大批受众，这些元素作为文化传播的“先行者”，是海外受众对中国服装的“第一印象”。在中国传统服饰海外

[1] 黄薇，黄亦斐，吴剑锋．文化认同对中国元素消费意愿的影响及启示［J］．包装工程，2019，40（6）：179-183．

[2] 吴加瑜，陈彬．缂丝的历史传承与当代应用价值［J］．服装学报，2016，1（5）：519-523．

传播及中国传统创新服饰品牌建设时，可以先推广已被海外受众接受的元素，循序渐进扩大中国传统服饰和传统文化的海外传播效力和影响力。

（2）在中国传统服饰海外传播过程中，中国传统文化元素具有一定的辨识度，但一些多元特征的中国文化元素（尤其是传统服饰手工技艺）常常被忽略。可见，在中国传统服饰形象认知的基础上，要加强技艺方法、特征元素等方面的传播，使人“识其物，辨其形，知其然”。应从设计学科的角度出发，展现中国传统服饰设计的全过程，而不是仅停留在设计结果，即最终的服饰形象上，从而全面提升中国传统服饰形成方式与技艺的海外接受度。

（3）中国传统服饰的创新设计形式是影响海外参访者接受度的重要因素；参访者对中国传统服饰的认知基础也直接影响其对中国传统服饰的态度，但不完全影响接受度。此外，服装产品的价格及参访者性别、职业、年龄层也是影响海外接受度的相关因素。在中国传统服饰海外传播推广过程中，需注重展现中国深厚悠久的传统服饰历史与技艺，并结合新时代的需求与审美特征讲好中国故事。这也是未来提升中国传统服饰海外接受度需要努力的方向。

（4）通过因子分析、可靠性分析及描述性统计分析，研究中国传统服饰海外传播中接受度的影响因子与变量因素，为中国传统服饰文化在海外传播的方式提供建议，也为推动呈现创新性、思想性、艺术性与观赏性相兼顾的服饰产品提供一定市场参考。今后在统计分析方法上还可以进一步丰富完善，并开展传统服饰在海外的认知度及传播度方面研究。

三、关于服饰文化海外传播策略的思考

在文化全球化的进程中，服饰文化传播有赖于多元化、多维度、全方位的传播策略。服饰文化传播为激活文化遗产的内在动力和保护传承提供了条件；再者，由于服饰文化符号不突出、不清晰，国外民众对中国服饰等认识还停留在表层印象。目前中国所拥有的国际传播资源和国际话语权还是相对有限，如何能使服饰作为强有力的媒介传递其文化内涵？研究团队考察“中国传统服饰文化创新设计作品美国巡展”相关展览模式，李坤元、梁惠娥，邢乐发表的《服饰文化海外传播策略探索：以美国加州大学戴维斯分校展览为例》[1]以加州大学戴维斯分校站传播策略为依据，分析受众心理与文化需求异质性的传播策

[1] 李坤元，梁惠娥，邢乐．服饰文化海外传播策略探索：以美国加州大学戴维斯分校展览为例［J］．创意与设计，2020（5）：90-94.

略。这是一种基于跨文化差异的传播渠道，在有限资源下发挥传播的广度和深度，是中华服饰文化海外传播的一种尝试。

（一）海外中国服饰文化表层化与标签化

服饰文化的海外传播是我国海外形象构建与文化符号传递的重要载体之一。服饰既包含外在物质层面，也包含情感和认知观念，构成了文化的“深层结构”[1]。它以一种默示的语言支配着各民族的无意识行为模式，是影响个体行为和社会观念的主要动力之一。不同文化逐步突破地域与文化模式的局限，在交流与融合中深刻影响和动摇着文化的深层结构。

随着国家大力推广海外中国文化，以孔子学院和海外文化中心为代表的传播机构如雨后春笋扎根在世界各地，由于缺乏具体专业知识，存在不同程度的重形式求热闹、轻内涵缺深度的现象[2]。服饰作为最早的文化传播载体之一，不可避免地因为脱离母体文化语境以及地缘性阻隔呈现不同程度标签化印象和一定的偏差。例如国外民众对中国传统服饰形象认知固定僵化，中山装和旗袍成为固定的中式着装，对服饰背后所凝结的中华优秀传统思想观念和文化寓意知之甚少。长期以来服饰文化的对外宣传形式相对单一，多依靠博物馆、艺术馆等展陈，呈现线性传播模式。其中也有博物馆之间的联合展览，运用数字化交互方式，吸引大量民众参与体验。然而，此类展览信息流动是单向的[3]，真正对当地普通民众的影响力有一定局限性。

（二）传播路径

服饰的产生与发展依托于生活情境和民俗习惯，若没有了依托情境，其蕴含的人文气息也大部分丧失。如何在有限时间最大限度激活当地民众，最大化的达成活动预期效果是传播者需要思考的问题。德国学者马兹莱克提出的系统论传播模式，传播过程中包括影响和制约传播者和受传者的自我印象、人格环境、社会环境、信息内容的影响或效果，也包含影响和制约媒介与信息的传播者对信息内容选择和加工因素起到的作用和受传者对媒介内容的接触和选择，设计各个环节和影响因素需要系统的分析[2]。

加州大学戴维斯分校站海外传播项目正践行在传播者培养基础上，从受众

---

❶ 孙英春．跨文化传播学［M］．北京：北京大学出版社，2015．

❷ 林坚．当代中华文化海外传播状况及其对策［J］．北京文化创意，2019，6．

❸ 林坚．科技传播的结构和模式探析［J］．科学技术与辩证法，2001（4）：49-53．

分类与媒介分析角度出发，针对不同情境打造适合不同人群的系统论传播策略下差异化传播策略体系，突出传统与创新时尚的融合，整合多渠道的传播方式，这是增强对外话语感染力和创造力的一种尝试。

1．细分受众的传播策略

中华文化的海外传播是一个复杂的过程，展览前期首先需要细分受众的影响和制约因素。婚俗服饰文化展览活动从受众的属性、行为、需求、偏好等因素进行前期问卷分析。展览前期受众分析借助当地孔子学院的传播经验和群众基础，对戴维斯民众心理和价值取向以及文化价值观有一定的了解，将受众分为核心受众、次核心受众和潜在受众。核心受众即是巡展开幕当天活动邀请的重要嘉宾，如各行业的领袖、加州地区服装产业代表、设计师和长期固定参加戴维斯孔子学院活动的中国文化爱好者。次核心受众则是通过前期宣传、邮件申请带有目标性和选择性参与的受众。潜在受众是并非带有目的性、偶然间参与到展览活动中和被吸引到活动现场的当地民众，这部分群众所占比例最高，对中国文化的认知度较低，如何吸引到此类受众，并且在参与过程中产生对中国文化积极正面的认知，是扩大中国文化传播广度的重点之一[1]。这些民众虽有着不同的诉求和动机，若创造积极条件，便可以构架他们所在群体的桥梁，在中华文化推广中起积极影响。

2．媒介差异化传播策略

海外巡展项目大多为短周期的展陈或展演传播方式，利用差异化、针对性的系统传播策略，加强新媒体展示拓宽与公众的互动，不应止于消息的发布，而应该鲜活地调动公众的兴趣。展览总体规划，整个巡展主题“中国传统服饰文化创新设计作品美国巡展”，进一步将戴维斯的活动聚焦于民众喜闻乐见的“囍——风冠霞帔，圆十里红妆梦”的婚俗主题，以清末民国初年的婚嫁礼俗为切入点，以传统与时尚、历史与现代的创新风格为外延，跨越时空与国度表达中华文化“阴阳和合”，与都市人的现代生活接轨。根据对于不同受众定位的分析[2]，在展览过程中提供不同深度的定制化传播项目，对于不同展期进行分类研究与提前预估，并遵循以下三种原则。

（1）平等地研讨对话。在国际传播中，与高校或研究机构合作的高水平、高质量研讨会或讲座会吸引一些学者或专业人士参加，这些核心受众往往在社

---

[1] 白雪．斯里兰卡凯拉尼亚大学孔子学院文化活动调查报告［D］．重庆：重庆师范大学，2019．

[2] 郭镇之，李梅．公众外交与文化交流：海外中国文化中心的发展趋势［J］．对外传播，2018（2）：47-49．

会上有话语权和影响力。例如在戴维斯展览中他们对中国文化有一定的了解或者对服饰研究与当地服装产业有较深的了解，无论是文化传播还是服装行业影响，都有利于达到良好预期效果，并且展期及后续推广仍可作为本土化大使与受众交流推广。次核心受众的特点是前期有一定的心理预期和目的性，乘兴而来，真正精彩有内涵的活动才能充分调动他们的积极性。通过对受众分析，开幕式首日是受邀的核心受众与次核心受众参观展览的爆发时期，因而设立了“学术论坛”。展览内容立足于中国婚俗文化的形成与发展，秉持科学、礼敬和客观的态度，强调研讨与国际传播并重，“以古人之规矩，开自己之生面”，更好地推动中华优秀文化创造性转化和创新性发展。

（2）故事性的情境营造。展览形式上，在强调学术专业性外，还强调实物展示“原态呈现与情境营造”，营造回忆过往的环境，不仅要满足观众的参观需求，更希望让更多的普通观众走进展厅解读展览背后的故事。为了让这个故事能够更加生动地展示在观众面前，婚服展览以“六礼”为轴线，有“父母之命，媒妁之言”的“人谋”与“天人作证”的“鬼谋”阴阳哲学，由此构成的强有力“社会公正”是中国传统社会婚姻长久的重要保障[1]。展览内容设计环环相扣，互为因果，皆使得展陈设计的空间分割非常紧凑，展示晚清民国以来的婚俗变迁。锣鼓喧天、嘹亮高亢的唢呐、红红火火的大红喜字窗花、传统服饰的陈列以及数字化音视频氛围营造。在呈现方式上，打破文物单一陈列的局限性，力求“透物见史，以物见人”，采用大量展板和文物相结合的形式打破以往文物单一陈列的局限性，由于种种原因无法将婚礼的每一个细节和文物都展示给观者，因此将婚礼中具有代表性的节点与故事以喷绘的形式展示，把故事讲得更生动。展厅以棕红色为主，数字投影从晚清到现代婚礼全程，并且设立体验专区，数字化传播技术使观众穿越时空与地域回到婚礼现场。

（3）多维互动的文化体验。以潜在受众为中心的互动体验活态展示，立足于感官刺激受众的参与性与文化认同感。展览形式采用“走出去”，突破了传统展览的固化模式——展品陈列后被动等待参观者欣赏。展览在择期时考量到利用一年一度的戴维斯国际文化节（期间来自不同国家的学会代表及民众将展示自己民族的特色，当地民众乃至周边各城市共赴活动）。文化节的传播形式可增强各国间文化接触面与交流度，培养跨文化传播的敏感度与意识感，减少文化传播障碍与文化交流隔阂，增加“文化熟悉度”，便于文化互动与有效的

[1] 黄德锋．古代婚育信仰中的神秘主义［J］．寻根，2018（4）：17-23．

文化传播。文化事件给受众提供了直接接触和互动的机会，使之得以深刻了解中国婚俗文化，因此参与这样的节日活动给受众带来的是“一生中的真实文化体验的观感”。展览主办者在展览过程中，身穿“中国红”婚嫁服饰，从服装、妆容、发型、礼仪等多角度立体展现中华传统婚俗文化，似一种无声的语言，以极具中国特色的服饰文化元素吸引海外受访者的眼球，给海外受众传递“中国特色”的视觉享受。受众在环境氛围的影响下，亲身感受中华婚俗文化的特色，突出观众的参与体验效果，强调参观者与传播者的互动交流，现场“穿婚服”“梳红妆”“剪囍字”活动，引来了数百名戴维斯民众体验与驻足观看。在参与过程中产生对中国文化积极正面的认知反应，是扩大中国文化传播广度的重点之一。更深一层上来看，将潜在受众吸引成为次核心受众，并利用熟人社交传播方式，有利于更深层次推广中国传统文化。

（三）整合海外资源形成联动传播

海外文化传播在得到政府的大力支持下，广泛应用现代数字媒体技术，实施因人制宜的传播策略；更要聚力和借力海外文化中心，营造文化空间，进一步延伸和转化中华文化符号，构建多维度、多层次的传播格局。

1.“借力”海外中国文化机构与艺术节

从现有的海外传播对策来看，海外中国文化中心、孔子学院等机构是在海外文化传播过程中最容易“借力”的组织。2017年中央印发的《关于实施中华优秀传统文化传承发展工程的意见》强调了在海外文化传播过程中要充分运用海外中国文化中心、孔子学院、文化展览、博览会等活动。文化机构对当地中华文化的发展情况、受众接受程度有清晰的了解，综合运用大众、群体、人际传播等方式，构建全方位、多层次、宽领域的中华文化传播格局。国内机构与海外文化机构联合充实海外传播模式，邀请海外文化机构研究员前期参与大众文化偏向和需求调研，对文化活动的策划活动给予积极辅助，帮助收集受众的反馈信息和展后传播效果的衡量，有效地客观评价，验证传播效果，探索国际传播与交流的新模式，助推中华优秀传统文化渗透世界。借助其他国家和地区举办的文化节或艺术博览会，促进文化间交流，感受中华文化特有的魅力。

2.情景还原与文化延伸

服饰文化传播需要全方位立体地营造一种文化空间，广泛应用现代数字媒体技术服务于传统文化符号。埃德蒙曾指出：“当某种特定服装最后习惯地与某种特定仪式相联系，该服装的任何特征部分都可能成为这种仪式的转喻代号[1]。”传播时选用应景中国传统乐器配乐，力图达到情景还原而非单一华服的呈现，引导外国受众达到“心意相通”的境界，同时满足他们对异域文化的猎奇心态。然而一时的新鲜感需要更深层次文化的延伸和转化，例如传统婚俗深层次体现了道家的“阴阳相合”，如何处理“家庭之间和谐关系”的命题。

[1] 颜惠芸．文化元素转换时尚设计因素探讨——以纽约大都会博物馆“中国：镜花水月”时装展为例［J］．设计学报，2017，2．

后记

《享千年文化遗韵，承霓裳彩衣精粹服饰文化传承与传播研究》一书完稿于2020年的盛夏，这个特殊的庚子年给了全世界太多不同的记忆。

年初白衣战士在一线负重前行，下至幼儿园、上至高校师生居家上课，每个人都默默坚守在自己的岗位上。江南大学服饰文化与创意设计研究团队的师生们，克服一切困难，线上课程、线下实践、文献分享、成果互评，相互学习、互相修正、同力协契，营造出良好的学术氛围。也正是在多年形成的研究习惯指引下，团队不断涌现新的成果。

近年来，社会各界逐步认识到文化的独立性对国家和社会发展的重要意义，国家对传统文化遗产保护资金与人力投入增加，不乏各类传统服饰保护与传承方法的探讨。然而，多数研究集中在服饰遗产的物质性保护，忽略了文化的不断传播、融合、发展才是文化得以传播的有效途径。此外，随着我国政治经济的快速发展，中国消费者成为世界众多时尚品牌竞相拉拢的目标顾客，中式风格、中国元素成为时尚舞台的风向标。中国传统服饰文化常常被国外设计师、时尚品牌甚至文化爱好者误读，因文化差异而引发政治与文化偏见。可见，建立文化交流与对话的有效途径显得尤为重要。

中华传统文化体系内，服制在引导国家治理、传播礼仪风范上的作用不容忽视，而今服饰具有显性文化特征和文明标识价值的作用，是审美表现最直接的载体之一，包含着丰富的物质文化、社会文化和精神文化三个层面的内容。基于此，本书分为上下两个篇章，上篇通过对“服饰礼俗”“服饰地域差异”“服饰造物理念”三个章节，考析了我国传统服饰所包含的文化内涵、审美情趣以及哲学思想；下篇通过我国传统服饰文化传承现状分析，依托团队承担的2018年国家艺术基金“中国传统服饰文化创新设计作品美国巡展”项目实践，提出传统服饰文化海外传播的思考，具有重要的应用价值。

本书是团队多年研究成果的汇总，也是反思和规划未来方向的一个契机。我们总是在不停地前进，从收集保藏传统服饰品，到研究这些传世品的艺术魅力，再到探讨如何将其创新应用，在努力做着理所应当的工作时，停下来想想，服饰文化研究的目的是什么？为了保藏历史遗存，展示在博物馆欣赏？

还是古为今用，推陈出新？诚然，服饰遗产需要“挽救保护、激活再生和传承创新”，更需要在传承创新的路上切实可行地域当代社会生活相融合，让更多人了解、喜欢、热爱，成为中国文化的一种标识。于是，我们开始尝试服饰文化的传播工作，到幼儿园里普及汉服知识、在大学课堂上引导民族服饰设计实践、举办展览、讲座，参与各类学术活动。国家艺术基金传播推广项目的征集给我们的工作带来了指引，通过三年申报、两次答辩，团队终于成功获批2018国家艺术基金传播推广项目“中国传统服饰文化创新设计作品美国巡展”。团队成员欢欣鼓舞，同时也压力倍增，巡展工作需要方向和方法的规划，更需要精细的琐碎安排。在美国三所合作院校的协助下，团队成员勠力同心，顺利完成美国巡展工作。随后，我们对展览期间调研问卷、访谈进行数据分析，撰写并发表论文，对展览过程、实践进行总结，结合前期成果完成此书。

由项目实践至书稿撰写完成，时光漫漫，让我们体会到想做好一件事情着实不易，需要感谢的人、感恩的事儿太多。

首先，感谢国家艺术基金的资助，并指导团队按时、规范地完成巡展活动。

感谢美国加州大学戴维斯分校、北卡罗来纳州立大学、路易斯安那大学，国内无锡工艺职业技术学院、苏州绣娘集团、绣裳花工作室等合作单位的大力支持。

感谢美国加州大学戴维斯分校Adele Zhang女士，孔子学院外方院长Michelle Yeh教授、中方院长刘丽霞教授，北卡罗来纳州立大学徐英娇副教授、路易斯安那州立大学Chuanlan Liu副教授，以及媒体朋友等海外华人华侨对巡展成功推进给予的帮助。

感谢团队崔荣荣教授、张竞琼教授、潘春宇副教授、王蕾副教授、徐亚平副教授、刘冬云副教授、吴欣副教授、牛犁副教授、邢乐副教授、张露讲师、沈奕君讲师无锡工艺职业技术学院陈珊教授、国交处副处长许蕴文副教授等不辞劳苦，前前后后，承担展览策划、筹备、实施等工作。

感谢江南大学社会科学处、教务处、原纺织服装学院、江苏省非物质文化遗产研究基地、江南大学汉族民间服饰传习馆、江南大学设计学院等领导与同事对项目推进的指导与支撑。

感谢团队博士研究生贾蕾蕾、周倜、李坤元、李冬蕾、靳璨、吴玥，硕士研究生卿源、谢梦彬、陈依婷等在设计实践、展览实施以及资料整理等工作中的出色表现。

感谢江南大学设计学院、江苏省非物质文化遗产研究基地（江南大学）、江南大学产品创意与文化研究中心、中央高校基本科研业务费专项资金（2019JDZD02）对本书出版提供的经费支持。

书稿是近年来理论研究的总结、巡展实践的提炼，也是一个新的研究方向的讨论，必然有些许不足之处，还望专家学者、服饰文化爱好者批评指正。

梁惠娥　邢　乐

2020年8月于江南大学